戦後日本鉄鋼業
発展のダイナミズム

上岡一史

日本経済評論社

目次

1950年代前半の主要鉄鋼工場

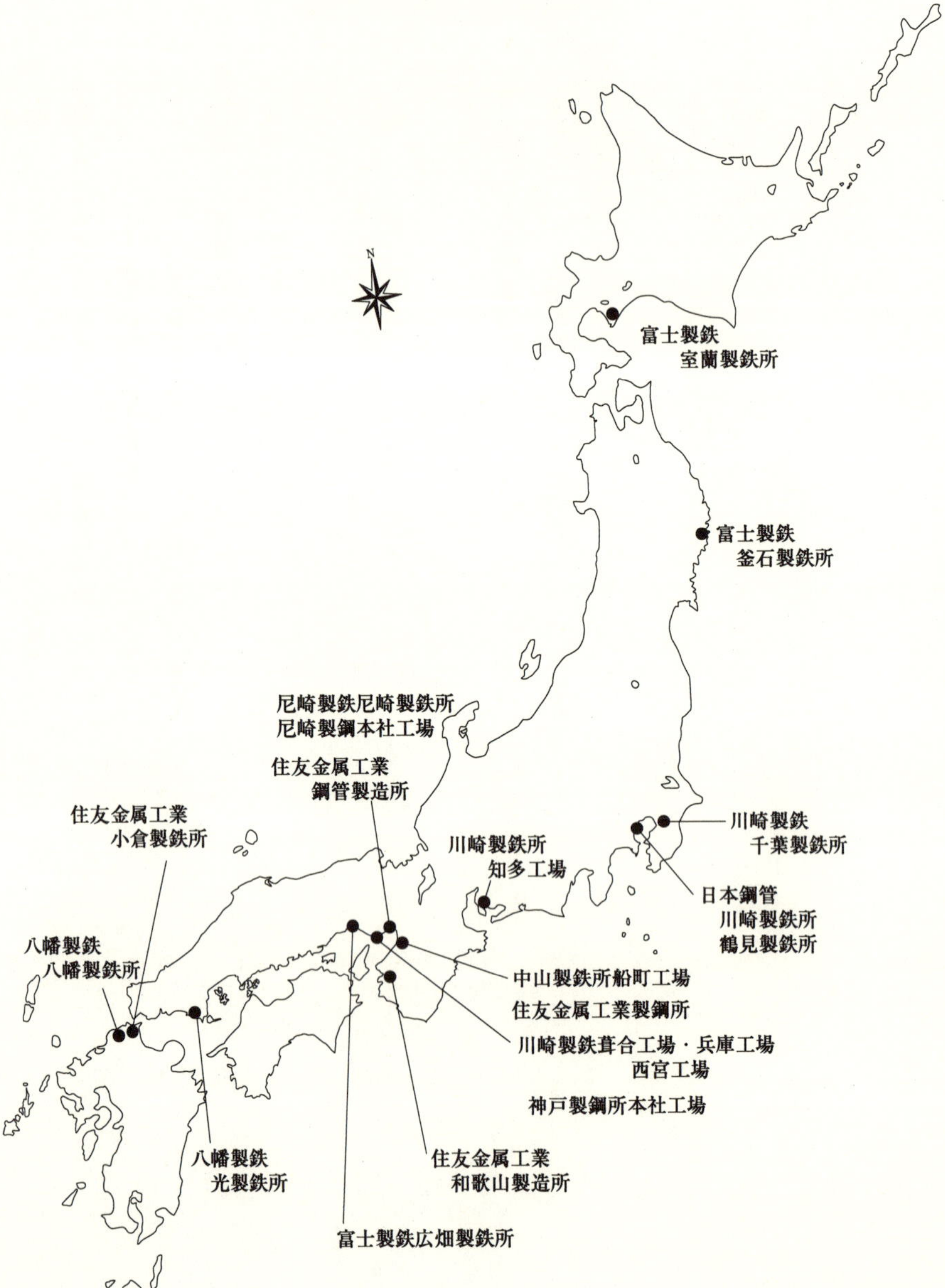
N
富士製鉄
室蘭製鉄所
富士製鉄
釜石製鉄所
尼崎製鉄尼崎製鉄所
尼崎製鋼本社工場
住友金属工業
鋼管製造所
住友金属工業
小倉製鉄所
川崎製鉄所
知多工場
川崎製鉄
千葉製鉄所
日本鋼管
川崎製鉄所
鶴見製鉄所
八幡製鉄
八幡製鉄所
中山製鉄所船町工場
住友金属工業製鋼所
川崎製鉄葺合工場・兵庫工場
西宮工場
神戸製鋼所本社工場
八幡製鉄
光製鉄所
住友金属工業
和歌山製造所
富士製鉄広畑製鉄所

序章　課題と視角

現在の日本社会を問題にするとき、一九五五（昭和三十）年から一九七〇（昭和四十五）年ごろまで約一五年間続いた高度成長を無視するわけにはいかない。[1] この高度成長をもたらした要因について様々な説明がなされている。大内力氏は一九六〇年代初めに、それまでの日本経済の高度成長後に第一次高度成長と呼ばれた成長について、「日本資本主義の『後進性』と『戦後性』」の二つの要因から説明した。[2]

氏によると、まず「後進性」とは、一方で「日本の工業技術の後進性」であり、他方で「社会構造の後進性」であって、そのうちでも「低賃銀労働の豊富な存在」であるとされる。

なお大内氏がこの後進性について、「明治以来日本経済のもっていた特質であるが、しかしそれは戦争の過程でとくにいちじるしく格差をひらかせていた」といっていることについて、後述する筆者の問題意識との関係から注目しておきたい。ただし氏はこの点についてこれ以上説明していないので、その含意は明らかではない。

また「戦後性」については、「多くをあげうるが、さしあたりつぎの五点は重要である」として、①戦争とインフレーションにより既存の投資が破壊、償却されたため新投資の余地がつくられたこと、②労働組合の解放、農地解放などによって国内消費市場が拡大する条件がつくられたこと、③「過当競争」が激化したこと、④軍備の縮小などにより生産的投資が拡大されたこと、⑤世界市場が順調に拡大したこと、があげられた。

この大内氏の論議を受けて柴垣和夫氏は、「戦後日本の高度成長の内実は、重化学工業内部の諸部門における固定投資需要の拡大を軸としたものであった」[3] としたうえで、その動因は、「さきに大内教授が『戦後性』として列挙されているような、とかく過渡的諸要因に偏した根拠以上の、むしろその背後にあるところのより構造的に深部の根拠にもとづくもの」[4] にあるとする。そしてこの根拠を、次のように述べている。即ち、戦後の国際環境においては「軽工業製品をもって『帝国』の産業的基盤とするような再生産構造」は根底から破壊されたため、「日本資本主義が、資本主義としてその生存を維持し、復興し、発展しようとするならば、いな、しうるとするならば、それはほかならぬ重化学工業的発展の道をおいて、ほかにありえようがなかった」と。[5]

しかし重化学工業的発展が必要だったことと、これが実現されることとの間には決定的な間隙がある。柴垣氏は、重化学工業化の重要性とその背景を指摘することによって論議を深めたが、この重化学工業の発展を可能にした根拠については説明しえなかった。それは氏が、戦前期日本の重化学工業の発展を軽視して、「敗戦とともに残された遺産は、軍需に偏したしかも質的には老朽化した重工業の量的大きさのみであった」[6]としていることに関連すると思われる。産業構造の転換という断絶に着目しながら、その背後にある連続性がつかみきれなかったため、この転換を可能にしたものが見つけられなかったのである。氏の言うように「第二次世界大戦が終わったころ、日本の技術水準は先進諸国に二十年以上のおくれをみせていたといわれ」[7]ていた。しかし同時にそれは、先の大内氏の言にあるように、「戦争の過程でいちじるしく格差をひらかせ」た結果なのである。明治以来のキャッチアップによって、日本の重工業の技術水準は、勿論生産分野によって大きな差はあるが全体としてみれば、いったんはかなりの程度に欧米先進諸国に迫っていた。にもかかわらず戦時期、とりわけ対米戦争期に技術進歩が停滞したことにより、再度格差が開いた。このいったんは獲得した技術的基礎があったからこそ、戦後の急速な技術導入を受け入れ、使いこなすことが出来たことを強調する必要がある。戦後の重化学工業化は、この戦前のキャッチアップの遺産があったからこそ可能になったのである。

日本経済の高度成長をもたらした要因については、高度成長が終わった後に、山崎広明氏によって、第一次と第二次高度成長、そしてその間の転型期の三つの時期について、重化学工業化の進展と関連づけながら整理された。そして第一次高度成長については、「戦時経済の遺産」が「日本の重化学工業化の技術的前提となった」と指摘した。[8]また橋本寿朗氏も、日本経済が重化学工業化の方向へ比較優位の構造を変化させはじめたことについて、「その基礎には日本の産業の潜在的な技術水準の高さがあった」[9]と指摘した。

以上のような論議によって、第一次高度成長の客体的条件についてはほぼ出尽くしたと思われる。これに筆者なりに補足すると、高度成長の要因としての「後進性」のうちの「工業技術の後進性」は、単に日本資本主義が先進諸国から大きく遅れて出発したということによるだけではなく、戦前期にいったんはかなりの程度にキャッチアップしたにもかかわらず、戦時期、とくに対米戦争突入から戦後の数年間に再度大きく遅れをとったものとして、戦時期の断絶を経た、いわば〝二重の後進性〟として理解する必要がある。かかる意味での技術の後進性が戦後の発展の強力なバネとなった。また後進性が発展のバネとなったのは工業技術だけではなく、後進ゆえの軽工業中心の産業構造や、各産業内部の後進的な生産構造などについても言えることである。戦前のキャッチアップの過程で固定化し、一部はキャッチアップの桎梏と化していたこれらの社会構造が、戦後の諸事件、例えば占領政策による経済改革、民主化、労働改革などによって破壊され、または流動化し、さらなる発展のバネとなったのである。

このように客体的条件を整理した上で、次に問われるのは、戦後の高度成長の主体的条件についてである。客体的条件の変化は、人間主体にインパクトを与え、この変化に対応しうる主体的条件を作り出し、この主体が歴史を創るからである。

橋本寿朗氏はまず、「日本人の意識や行動規範」をあげ、具体的には「アメリカの物的な生活水準の豊かさを眼のあたりにした」ことによる「豊かさへの渇望」とか、「科学的なもの、合理的なものへの希求」などを挙げている。(10)これらは確かに重要な点である。しかしこれ以上の追求は、もっと具体的に、産業・企業のレベルに、さらには経営者・労働者のレベルに降りていくことによってしか明らかにされないだろう。

経営者のあり様については、「企業家精神」、「企業家的革新」などの追求として諸方面で進められている。(11)また労働者のあり様についても様々な研究がなされ、その企業目的への包摂の仕組みとしてたとえば「会社主義」という形で理論化の方向性が示されている。

これらの高度成長の担い手の主体的な問題については、各産業・企業の具体的な研究の地道な積み重ねからしか明らかにはならないだろう。本書は、以上のような問題意識を持って、高度成長前夜である一九五〇年代前半（昭和二十年代後半）の鉄鋼業の投資行動を検討するものである。

周知のとおり、戦後日本の鉄鋼業は飛躍的な発展を遂げた。

敗戦の翌年である一九四六（昭和二十一）年には、粗鋼生産はそれまでのピークとなった一九四三（昭和十八）年の生産量の七・三％（五六万トン弱）に、とりわけ普通鋼生産の主力である平炉及び転炉による生産は二・八％（一七万トン）にまで落ち込んだ。また銑鉄生産部門においては、三七基あった高炉は、一九四六（昭和二十一）年末には、わずか三基が稼働するにすぎない状態になり、その生産量は、同年には戦時期のピーク（一九四二年）の四・八％にまで落ち込んだ。

その後、表序-1に見られるように、日本の鉄鋼生産は急速に回復した。一九五〇（昭和二十五）年には四八四万トン、翌五一（昭和二十六）年には六五〇万トンの粗鋼を生産し、ほぼ復興過程を完了した。そしてその後も積極的な設備投資が行われ、一九五五（昭和三十）年には、粗鋼生産が一九五〇（昭和二十五）年の約二倍の九四一万トンに、さらに五年後の一九六〇（昭和三十五）年には一九五五年の二倍強の二二一四万トンに増加した。五年ごとに倍増しているのである。その過程で、一九六一（昭和三十六）年には粗鋼生産量でイギリスを、一九六四（昭和三十九）年には西ドイツを追い抜き、アメリカ、ソ連に次いで世界第三位の粗鋼生産国になっている。

表序-1　主要国の粗鋼生産の推移

（単位：千トン）

	日　本	アメリカ	イギリス	西ドイツ	ソ　連
1950年	4,839	87,848	16,554	12,121	27,300
55年	9,408	106,173	20,008	21,335	45,271
60年	22,138	90,067	24,995	34,100	65,292
65年	41,161	119,260	27,439	36,821	91,000

資料：鉄鋼統計委員会編『統計からみた日本鉄鋼業100年の歩み』(1970年)。

表序-2　鋼材トン当たり費用の比較

(単位：USドル)

	日本				アメリカ				西ドイツ			
	主原料費	労務費	資本費	合計	主原料費	労務費	資本費	合計	主原料費	労務費	資本費	合計
1955年	53.5	22.3	14.0	89.8	40.5	61.9	10.6	113.0	41.3	22.1	12.5	75.9
60年	49.4	23.3	21.9	94.6	40.5	86.7	12.0	139.2	43.2	29.1	15.3	87.6
64年	44.4	19.8	20.7	84.9	36.0	83.1	16.6	135.7	43.5	39.5	15.6	98.6

資料：八幡製鉄株式会社常務取締役斎藤英四郎「資本自由化を控えた日本鉄鋼業の国際競争力」(『鉄鋼界』1967（昭和42）年6月号）12頁。

また世界の鉄鋼貿易量に占める日本の鉄鋼輸出の割合は、一九六二（昭和三十七）年不況を契機に大きく伸び、以後安定したシェアを確保している。このことは、この時期に国際競争力を獲得したことを物語っている。[12] さらに、表序-2にも見られるように、日本の製鉄コストは、一九六〇年代前半に西ドイツに追いついた。このことからも同様の結論を得ることができる。

また、この表序-2から読みとれることは、日本の鋼材生産コストの低下は、主原料費の一貫した低下と労務費の低さによるということである。[13] 主原料費は主原料の単価と原単位の積であり、その低下は一つには原料価格が徐々に低下していることによるが、それ以上に生産過程における合理化努力の結果（原単位の低下、とりわけコークス原単位の低下）が大きな役割を果たしている。[14] また労務費は労賃単価と労働生産性の逆数との積であり、その低さは、労賃単価が低いことともに、労働生産性の上昇にもよっている。そして労賃単価は高度成長の過程で大幅に上昇しているから、労働生産性がやはり合理化努力の結果上昇してこの労賃単価の上昇をカバーし、なおかつ労務費全体を引き下げた。

一九五〇（昭和二十五）年ごろに復興過程を完了して以降の一〇年間は、第一次及び第二次合理化という、当時の日本鉄鋼業としては命がけの飛躍と言っても過言ではないような大規模な設備投資を実施した時期であった。そしてこの一〇年間の積極的な投資行動の結果、一九六〇年代前半（昭和三十年代後半）、即ち第一次高度成長が終ったころには日本鉄鋼業はほぼキャッチアップを完了し、世界の鉄鋼生産の先頭集団の一員となったのである。

このキャッチアップは、大手六社が、大枠としての協調体制のなかで、激しい設備投資を行ったことによって実現した。すなわち、一九五〇年代前半の第一次合理化と五〇年代後半の第二次合理化において、各社とも個々の設備の更新投資を行うとともに、製銑から圧延に至る一貫生産体制の整備を積極的に行った。

この日本鉄鋼業のキャッチアップの過程は、同時に六社体制と呼ばれる競争的寡占体制の確立過程でもあった。即ち、一貫生産体制をもつ大手六社（八幡製鉄、富士製鉄、日本鋼管のいわゆる旧一貫三社と、川崎製鉄、住友金属、神戸製鋼のいわゆる新一貫三社）が、それぞれに近代的一貫製鉄所を建設し、かつこの六社がそれぞれの傘下に中小規模の平炉・単圧メーカーを組み込んで激しい競争をくりひろげる体制がこの過程で確立し、世界の先頭に立った日本鉄鋼業を支えていたのである。

この戦後一五年間余は三つの時期に分けられる。第一期は、敗戦の年である一九四五（昭和二十）年から一九五〇（昭和二十五）年までの復興期である。この第一期から第二期に至る転換の契機が一九四九（昭和二十四）年のドッジラインと一九五〇（昭和二十五）年の朝鮮戦争の勃発（及び動乱ブーム）である。そして第二期が一九五一（昭和二十六）年から一九五五（昭和三十）年まで、いわゆる第一次合理化の時期である。ついで一九五六（昭和三十一）年から一九六〇（昭和三十五）年までが第三期、いわゆる第二次合理化の時期である。

第一期は、敗戦により壊滅した鉄鋼業がその生産を、様々な制約条件のなかで、国家的保護を受けて、復旧する過程である。またこの復興期には、後述する戦前型生産構造がほぼそのまま復活した。

第一期から第二期への転換は、ドッジ・ラインと動乱ブームによってもたらされた。ドッジ・ラインは、鉄鋼業を保護していた温室を外し、外気に直接あてることによって合理化を強要するものであり、動乱ブームは冷たい外気にあたり瀕死の状態になるかと思われた鉄鋼業に滋養を与えて成長を促す役割を果たした。またこの時期には、復活した戦前型生産構造の存立基盤が脆弱なものであることも明らかになっていた。

第二期は、動乱ブームによる資本蓄積と国家的支援に助けられて各社が積極的な第一次合理化を計画し実現した時期である。この第一次合理化によって日本鉄鋼業は新たなキャッチアップへの基盤を確立した。またこの第一次合理化は戦前型生産構造の変容をもたらし、やがて六社体制として確立するにいたる戦後日本鉄鋼業の生産構造形成の出発点となった。

第三期は、おりからの日本経済の高度成長の開始と並行して、第二期の第一次合理化の成果の上に、これに数倍する大規模な設備投資を実現した時期である。この第二次合理化によって、日本鉄鋼業はほぼキャッチアップの課題を果たし、世界のトップグループの一員となった。また生産構造の変容の結果、この第三期の末には六社体制がほぼ確立することになる。

本書ではこの第二の時期にあたる第一次合理化期の鉄鋼業の投資行動に注目した。それは、日本鉄鋼業の激しい設備投資競争の端緒がこの時期に創られたからであり、この端緒の形態がその後の設備投資競争のあり方を決定づけたと思われるからである。

この第一次合理化期の鉄鋼業の投資行動については、充分な研究がなされているとは言い難い。いくつかの産業史的研究(15)、技術史的研究(16)がこの時期の鉄鋼業について扱っているが、いずれも全体を概観するにとどまっている。また米倉誠一郎氏の研究(17)は、具体的な検討としては川崎製鉄に限られており、他社についてはこの川崎製鉄の投資行動のインパクトの受け手としてしかとらえられていない。また米倉氏の論議を批判的に検討した橋本寿朗氏の研究(18)も同じく川崎製鉄の検討にとどまっている。また岡崎哲二氏の研究(19)は、前述のように一九五〇年代の設備投資の重要性を指摘し、このような「技術進歩を体化し規模拡大をともなう設備投資が活発に行われた原因を探(20)」るとしながら、「鍵は鉄鋼業と需要産業・インフラストラクチュア・金融機関などとのコーディネーションの仕組みにあった(21)」として投資行動の主体についてではなく、産業政策の分析へと横滑りしてしまっている。

戦後日本鉄鋼業の積極的な投資行動については、その担い手である経営者、とりわけ川崎製鉄の西山弥太郎社長が注目されている。

米倉誠一郎氏は川崎製鉄による千葉製鉄所の建設のインパクトが日本鉄鋼業の発展をもたらしたとする、いわゆる「川鉄パラダイム」論を展開した。(22) また橋本寿朗氏は、日本鉄鋼業の発展を「実現するためには革新的企業家活動が不可欠であった。その点で（中略―上岡）千葉製鉄所新設のインパクトが大きい」(23)としてやはり川崎製鉄（西山社長）に注目した議論を展開した。また橘川武郎氏も、「川崎製鉄の西山弥太郎のような二番手以下の企業の経営者による企業家的革新がみられたこと」が鉄鋼業界の競争を激化させ、これが鉄鋼業の発展をもたらしたとしている。(24) これらの論述が共通して指摘するのは、西山の「企業家精神」であり、「企業家的革新」である。しかし「企業家的革新」の存在を結果論的に指摘するだけで、はたして鉄鋼業の発展は説明できるのだろうか。そしてそこに止まる限り、偉人伝、英雄伝とどれほどの違いがあるのだろうか。この企業家的革新の存在の指摘からもう一歩前へ進むためには、「なぜ企業家精神に満ちていたのか」(25)を問うことが必要であろうが、これも「必ずしも明らかになっていない」(26)という。この問題をさらに進めるためには、その「主体的条件」と「客観的条件」を明らかにした上で、これを総合した企業者の経営構想を、結果論的にではなく、「その形成過程に即して取り扱うという分析方法」(27)が不可欠である。

本書では、このような研究の現状に踏まえて、一九五〇年代前半（昭和二十年代後半）の時期の鉄鋼業について極力具体的に検討することを課題とする。

この際の重要な視角を次のように設定した。それは、第一に戦後日本鉄鋼業の技術について、第二にその生産構造について、そして第三に、この両者の発展の指標としての意義を持つ近代的一貫製鉄所建設について、その戦前・戦時から戦後への推移を明らかにしながら具体的に分析することである。

まず第一の製鉄技術の面では、後発製鉄国日本の製鉄技術が、戦前にかなりの程度にキャッチアップを実現したことが重要である。そしてこのキャッチアップにもかかわらず戦時期から戦後にかけての一〇年余の間に、日本の鉄鋼技術が世界の水準に再度大きく遅れをとった。ここでいわば「二重の後進性」が生じたのである。この二重の後進性は、戦時期から戦後復興期にかけては、海外の製鉄技術の動向から遮断されていたため自覚されないでいたが、来日した米人技師の指摘などにより、戦後数年して明らかとなった。そして日本経済の軽工業中心の産業構造が限界をみせ、重化学工業化が要請され、鉄鋼業も自立すること、即ち国際競争力を獲得することが要請された。このことが基礎となり、ドッジ・ラインがこの要請を駄目押し的に鉄鋼業につきつけたことによってその克服が目指されることになった。

この製鉄技術における二重の後進性は、戦後日本鉄鋼業にとって発展の第一のバネとなった。すなわち、戦前のキャッチアップの努力の結果、製鉄技術が「戦前相当高い水準にあったという自信と気魄[28]」が、にもかかわらず戦争によって遅れをとってしまった悔しさと重なって、再度のキャッチアップのバネとなった。

この点について、一例として、一九五〇（昭和二十五）年の米国鉄鋼視察団の一員として渡米した日本鋼管の技術者である富山英太郎の言を挙げておきたい。富山は、「アメリカの製鉄業は、確かに日本の製鉄業よりマスプロダクションという点においては進んでいる。しかし同じ条件をもって日本人があの仕事にあたれば、アメリカ人よりまだまだうまい仕事をしてみせる。というようなウヌボレというか、自信をもって帰って来たのが大部分の方だったと思う[29]」と回顧している。同じ一九五〇（昭和二十五）年七月に渡米しフォードの工場を見学したトヨタ自動車の豊田英二が、「フォードではトヨタが知らないことはやっていなかった」と言い、「技術面ではそう大きな差はなかったと思う。違いは生産規模で、トヨタの規模が大きくなれば、日本でも米国流の生産方式は十分こなせると思った[30]」と述べていることと共通する、それまでに獲得した日本の技術水準に対する自信と、米国なにするものぞ、という意地を窺わせるものである。

第二の生産構造の面について。戦前期には、後発である日本鉄鋼業が銑鋼一貫生産を主軸とする生産構造を持つことが出来ず、銑鋼分離と銑鋼アンバランスという特徴をもつ、後進的と言われてきた生産構造（本書ではこれを「戦前型生産構造」と呼ぶ）を持っていた。この生産構造が戦後も復活し、様々なひずみを生み出していたこと、そしてこの復活した戦前型生産構造が、戦後の発展にとって桎梏となっていたことが重要である。ここから第二のバネが生まれた。

ところで、この一貫生産体制が未発達だった戦前型生産構造の中から近代的一貫製鉄所建設の方向性が芽生え、戦時期に広畑製鉄所として結実する。

そして戦後、前述の二つのバネが、大手六社をして近代的一貫製鉄所の建設に集約される大規模な設備投資に邁進させることになる。

この第三の、「近代的一貫製鉄所」の意義について、簡単に説明しておきたい。本書では、これを①臨海立地の、②合理的なレイアウトを持った、③新規の立地に建設された、④世界最新鋭の量産技術を備えた、⑤銑鋼一貫製鉄所、と規定する。

①臨海立地の意義は、臨海に大規模な港湾をもった製鉄所を建設することにより、海外の質・コストともに最良の原料を、大規模な原料専用船によって海外の生産地から低運賃で直送することにある。これによって、日本鉄鋼業は世界の鉄鋼生産国のうち最も原料条件に恵まれることとなった。米欧の鉄鋼先進国では、それぞれ国内に原料資源を持ち、このためほとんどの一貫製鉄所が内陸に立地していた。しかし戦後の世界経済の発展過程において、鉄鋼需要が伸長するにともない、国内資源では不足し、海外資源に依存するようになると、この内陸立地が逆に桎梏となってきたのであり、これが日本の製鉄所の資源生産性の低位を克服したのである。これが原料原単位引き下げの努力を徹

底したことと相まって、日本鉄鋼業の原料コストを低くした。

また②合理的なレイアウトは、③新規の立地に建設されたことによって可能になったものであるが、原料の搬入から製品の搬出までの一貫した流れをつくることにより運搬コストを最小限に抑えることを可能にしたものである。鉄鋼業は、製品（及び原料）の重量当たりの価格が極めて低いため運送コストが全体のコストを大きく左右するからである。またこのことは、橋本氏の言うように、日本鉄鋼業が用地の制約を克服しようとしたことにもよっている。[31]

④世界最新鋭の量産技術は、アメリカを筆頭としながらもその他いくつかの国からバラバラに導入されながら、一貫生産体制が全体として効率的に機能するように目的意識的に配置されている。[32]そしてこれを最大限に活用する操業技術と相まって、日本鉄鋼業の技術水準を世界の最先端に押し上げた。

⑤一貫製鉄所であることの意味を最後に確認しておきたい。

銑鋼一貫生産[33]は、まず第一に、製銑工程で生産される、熱せられ熔解した銑鉄（熔銑）をそのまま平炉・転炉に装入し、また製鋼工程で生産される、熱せられた鋼塊を圧延工程に送ることによって、再加熱のコストを削減する。また第二に、コークス炉および高炉から排出されるガスを製鋼・圧延工程の熱エネルギー源として使用することによって、燃料コストを削減できる、などのメリットを持つ。

以上のような特徴を持つ近代的一貫製鉄所がこの時期に建設された。即ちまず第一次合理化では、富士製鉄が、戦時期に建設を開始し、中断していた広畑製鉄所の完成を目指す工事を一九五〇（昭和二十五）年から開始し、一九五四（昭和二十九）年には製銑工程からストリップ・ミルに至る一貫生産体制を一応完成した。またこれまで高炉を持たない平炉メーカー[34]だった川崎製鉄は一九五一（昭和二十六）年から千葉製鉄所の建設を開始し、一九五三（昭和二十八）年六月に第一高炉を稼働させ、一九五八（昭和三十三）年にストリップ・ミルを完成させることによって、高炉からストリップ・ミルに至る一貫生産体制を確立した。さらに第二次合理化において、八幡製鉄が戸畑地区に新たな一貫生産体制を建設し、神戸製鋼所が灘浜に高炉を建設した。また住友金属工業も、和歌山に一貫生産体制の建設を開始し、日本鋼管も小規模ながら水江地区に一貫製鉄所の建設を開始した。(35)

本書では、以上のような視角を踏まえながら、第一章では、まず第一節で、戦前の日本鉄鋼業による欧米鉄鋼先進諸国へのキャッチアップの到達点を明らかにし、またこのキャッチアップを担った鉄鋼業の戦前型生産構造が形成されたこと、そしてさらに、やがてその存在基盤を揺るがされ、にもかかわらず戦時期にはこれが維持されたことを明らかにする。また第二節では、戦後日本鉄鋼業の発展の軸となった近代的一貫製鉄所が、戦後突然生み出されたのではなく、戦前の発展の過程で生み出され、広畑製鉄所の建設として結実したことを明らかにする。

第二章では、まず第一節で、戦後五年を経過した一九五〇（昭和二十五）年頃の鉄鋼業の状況を、その後の発展の初期条件として概観し、第二節で、第一次合理化が出発する経緯を明らかにする。

第三章から五章までは、一九五〇年代前半（昭和二十年代後半）の鉄鋼業の投資行動を、富士製鉄、川崎製鉄、八幡製鉄の三社について明らかにする。ここでは日本鉄鋼業の戦前型生産構造がその存立基盤を失ったにもかかわらず存続したことの矛盾が各社においていかなる形のひずみをもたらし、これを経営者達がいかなる形で認識し、そこからいかなる経営構想を導きだしたのか、そしてこの経営構想がいかなる経緯をもって実現したのか、あるいは実現しなかったのか、を明らかにする。そしてこの過程で、各社に第二次合理化に連続する必然性が生じたことをも明らかにする。

第六章では、第一節で、六大メーカーのうち、上記の三社以外の日本鋼管、住友金属、神戸製鋼所の投資行動についても簡単に検討し、上記の三社と併せて第一次合理化の特徴を明らかにする。次に第二節では、この第一次合理化が戦前型生産構造を変容させていく過程を分析する。

註

(1) このことは、日本経済の高度成長が日本人を幸せにした、などという肯定的な観点から言っているわけでは勿論ない。高度成長の結果、物質的に豊かになり、我々もこれを享受していることは確かであるが、しかし同時にこの成長が人間を駄目にしていることもまた事実である。高度成長の総合的な検討は現在の筆者の手に余る。今後出来得れば、馬場宏二氏の「過剰富裕化論」などに学びながら、この検討もしてみたいと考えている。とりあえず本書は、日本の高度成長を、あるがままに認識するためのものである。

(2) 大内力『日本経済論　上』(東京大学出版会、一九六二年)二九七〜二九八頁。

(3) 柴垣和夫『日本資本主義の論理』(東京大学出版会、一九七一年)七二頁。同書のこの章は『思想』一九六四年六月号に発表されたものの再録である。したがってここでいう高度成長は第一次高度成長のことである。なお、この大内氏、柴垣氏の論議はいずれも国家独占資本主義論をめぐる論議として展開されているが、ここではこの問題には触れない。

(4) 同右七三頁。

(5) 同右七四〜七五頁。同氏は後に「第一次高度成長の根拠」として「戦後のアジアにおける情勢の変化が、日本資本主義にいや応なしに重化学工業化を強制した、あるいは要請した、という事実がある」と、より端的に述べている(大内力編『現代資本主義の運命』東京大学出版会、一九七二年二一三頁)。

(6) 同右七四頁。

(7) 東京大学社会科学研究所編『戦後改革8　改革後の日本経済』(東京大学出版会、一九七五年)八三頁。

(8) 山崎広明「高度成長期の日本資本主義」(『経済学批判3　特集現代日本資本主義』、一九七七年)。

(9) 橋本寿朗『日本経済論』(ミネルヴァ書房、一九九一年)三九頁。

(10) 同右三六〜三七頁。

(11) 馬場宏二「現代世界と日本会社主義」(東京大学社会科学研究所編『現代日本社会1　課題と視角』東京大学出版会、一九九一年)。

(12) 岡崎哲二氏は、鋼材の国際市場シェアの推移を、日米相対価格の推移などを勘案しながら検討し、「一九五〇年代は日本の鉄鋼業が比較劣位産業から比較優位産業に転換した決定的な一〇年間であった」としている(岡崎哲二「鉄鋼業」武田晴人編『日本産業発展のダイナミズム』東京大学出版会、一九九五年、第二章、八〇~八一頁)。
(13) 以下の鋼材コストの分析は主に、松崎義『日本鉄鋼産業分析』(日本評論社、一九八二年)による。
(14) 一九五一(昭和二十六)年から二〇年間に、鉱石原単位は九・三%、コークス原単位は四七・四%低下した(松崎前掲『日本鉄鋼産業分析』九四頁)。そしてこのコークス原単位の低下は、一九五一~五五(昭和二十六~三十)年が最大で二二%、一九五六~六〇(昭和三十一~三十五)年に一二%、一九六一~六五(昭和三十六~四十)年に一〇%で、これ以降は微減状態である(同右八五頁)。
(15) 有沢広巳編『現代日本産業講座II 鉄鋼業付非鉄金属鉱業』(岩波書店、一九五九年)、大橋周治『現代の産業 鉄鋼業』(東洋経済新報社、一九六六年)、飯田賢一・大橋周治・黒岩俊郎編『現代日本産業発達史IV 鉄鋼』(交詢社、一九六九年)、通商産業省『商工政策史 第十七巻 鉄鋼業』(商工政策史刊行会、一九七〇年)。
(16) 飯田賢一『日本鉄鋼技術史』(東洋経済新報社、一九七九年)。
(17) 米倉誠一郎「戦後日本鉄鋼業試論」(『ビジネスレビュー』Vol. 31 No. 2、一九八二年)、同「戦後日本製鉄業における川崎製鉄の革新性」(『一橋論叢』九〇巻三号、一九八三年)、同「鉄鋼」(米川伸一・下川浩一・山崎広明編『戦後日本経営史 第一巻』(東洋経済新報社、一九九一年、第五章)、同「戦後の大型設備投資」(森川英正編『ビジネスマンのための戦後経営史入門』日本経済新聞社、一九九二年、第四章)、同『経営革命の構造』(岩波新書、一九九九年)。
(18) 橋本寿朗「資源・用地・資金制約下における大量生産型産業の飛躍」(『証券研究』一一二、一九九五年)、またこの論文を再録した同『戦後日本経済の成長構造』(有斐閣、二〇〇一年、第四章)、同「コンパクトな量産型工場の形成」(由井常彦・橋本寿朗編『革新の経営史』有斐閣、一九九五年、第八章)。
(19) 岡崎前掲「鉄鋼業」、同「戦後市場経済移行期の政府・企業間関係」(伊藤秀史編『日本の企業システム』東京大学出版会、一九九六年)。
(20) 岡崎前掲「鉄鋼業」八七頁。
(21) 同右九〇頁。
(22) 米倉前掲「鉄鋼」、同前掲「戦後の大型設備投資」、同前掲『経営革命の構造』。
(23) 橋本前掲「資源・用地・資金制約下における大量生産型産業の飛躍」二四頁。

(24)　橘川武郎「中間組織の変容と競争的寡占構造の形成」(山崎広明・橘川武郎編『「日本的」経営の連続と断絶』岩波書店、一九九五年)二五九頁。
(25)　橋本寿朗「高度成長のメカニズム」(『日本の企業システム　第四巻　企業と市場』有斐閣、一九九三年、第九章)二六九頁。
(26)　同右。
(27)　大河内暁男『経営構想力』(東京大学出版会、一九七九年)一四三頁。
(28)　川崎勉『戦後鉄鋼業論』(鉄鋼新聞社、一九六八年)一〇～一一頁。
(29)　「座談会　戦後の鉄鋼業を回顧する　第二回」(昭和三十三年九月十五日)(戦後鉄鋼史編集委員会『戦後鉄鋼史』日本鉄鋼連盟、一九五九年、三七頁。傍点は上岡。
(30)　豊田英二『決断』(日本経済新聞社日経ビジネス文庫、二〇〇〇年)一五二～一五三頁。
(31)　橋本前掲『戦後日本経済の成長構造』一二六頁。
(32)　このことについて星野芳郎氏が次のように的確に説明している。即ち、「日本の製鉄所は、高炉からストリップ・ミルに至るまで、これはアメリカ、これはドイツ、あれはベルギーというように、各国の技術を全ラインの中に縦横無尽に導入しているが、それらのバランスがみごとにとれていたというのが注意すべき点である。木に竹を継いだようになっていないのである。」と(「戦後技術の時代区分」(中山茂編『日本の技術力――戦後史と展望』朝日新聞社、一九八六年、九五頁)。
(33)　銑鋼一貫生産とは、製銑工程(高炉等により鉄鉱石等を精錬して銑鉄を生産する工程で、主原料である鉄鉱石等の事前処理、同じく主原料であるコークスを生産するコークス炉、などを含む)、製鋼工程(銑鉄を精錬して鋼を生産する工程で、この時期には主に平炉によっており、他に転炉によるものもあった。なお電気炉による製鋼工程は、屑鉄を主原料とするもので、主に特殊鋼の生産に向けられる小規模なものであった)、圧延工程の三工程を連続して行うものをいう。
(34)　平炉メーカーは、製銑・製鋼・圧延の三工程のうち製銑工程を自社で行わず、外部から銑鉄の供給を受けて、平炉による製鋼及び圧延を行う。単独平炉メーカーなどともいう。

(35) 住友金属和歌山製鉄所には自立した一貫生産体制が建設された。八幡製鉄所戸畑地区は、概ね自立した一貫生産体制を持つが、同時に旧来の八幡地区との連携を持ち、これを補完する役割をも持っている。日本鋼管水江製鉄所と神戸製鋼灘浜地区は、それぞれ旧来のシステムと一体となって運営されるシステムとして建設された。詳しくは後述する。

第一章　戦後日本鉄鋼業の発展の基礎

はじめに

前史をもたない歴史はない。歴史の連続性を軽視し、いたずらに断絶のみに目を奪われていては事態の本質を見誤ることにもなる。本章では、日本鉄鋼業の戦後の展開をみるために必要な限りにおいて、戦前の日本鉄鋼業の発展を、技術と生産構造の面から概観する（第一節）。またさらに、この戦前の発展過程ですでに芽生えており、やがて広畑製鉄所として結実する近代的一貫製鉄所建設への歩みをみる（第二節）。

第一節　戦前期のキャッチアップと戦前型生産構造

1　キャッチアップの進展と戦前型生産構造の形成

日本鉄鋼業は、表1-1にみられるように、二〇世紀初頭に操業を開始した官営八幡製鉄所を中心に、第一次大戦を経て一九二〇年代から三〇年代にかけて著しい発展を見せた。

鋼材の国内生産は、一九二〇（大正九）年には五三万トン余、二五（大正十四）年には一〇四万トン、三〇（昭和五）年には一九二万トンとほぼ五年ごとに二倍になり、戦後の発展にも匹敵する生産の伸びを示した。これに伴い、鋼材自給率も、二〇年には三七％にすぎなかったのが、二五年には七二％、三〇年には八八％と伸びた。三〇年代に入っても発展を続け、一九三四（昭和九）年には、生産は三〇〇万トンを超え、自給率も一〇〇％を超えた。八幡製鉄所創業から三〇年余で輸入代替を概ね達成したのである。

表1－1　鋼材生産・輸出・輸入と自給率の推移

（単位：トン、％）

	生　産	輸　出	輸　入	自給率
1910年	167,967	9,831	289,303	37.5
15年	342,870	25,507	202,749	65.9
20年	533,387	75,065	980,079	37.1
25年	1,042,978	90,023	496,713	71.9
29年	2,033,880	166,760	760,331	77.4
30年	1,921,066	161,920	422,856	88.0
31年	1,662,838	179,765	247,558	96.1
32年	2,112,598	195,551	223,222	98.7
33年	2,791,948	256,332	397,419	95.2
34年	3,322,657	487,563	387,201	103.1
35年	3,978,373	649,055	350,267	108.1
36年	4,548,112	730,893	331,492	109.6

（注）自給率は、生産／（生産－輸出＋輸入）。
資料：鉄鋼統計委員会編『統計からみた日本鉄鋼業100年間の歩み』（1970年）。

表1－2　品種別生産・輸入高及び自給率

（単位：千トン、％）

	1929（昭和４）年			1932（昭和７）年		
	生産	輸入	自給率	生産	輸入	自給率
条・竿	939	191	89	821	39	104
板	526	187	80	574	22	102
ブリキ	18	82	18	34	63	36
線　材	68	157	30	215	28	90
軌条類	271	35	102	234	6	120
筒　管	78	63	59	96	8	109
その他	132	89	75	138	63	184

資料：小島精一編著『日本鉄鋼史（昭和第一期篇）上』267頁。

品種別にみると、表1-2にみるように、一九二九（昭和四）年にはまだ多くの品種が輸入に依存していたが、一九三二（昭和七）年には「ブリキ、線材及其他中の帯鋼、鋼鉄板を除くと自給化過程は略々完了に入りつつあることが察せられる。実際上の不足はブリキ板と帯鋼、鋼鉄板とに限られ[1]」るに至った。

鉄鋼業は、歴史的経緯や経済的条件などを捨象して技術的側面のみからみれば、序章でも述べたように、製鉄・製鋼・圧延工程が分離された生産体制と比較して、一貫生産体制に優位がある。一九一〇年代のイギリスの例によれば、非一貫生産の場合、一トンの鋼材を生産するために使用される石炭は「二トン半を下ることは決してない」のに対し、一貫生産の場合「一・六トンの石炭を使用するだけで、他はすべて排出ガスの利用ですますことができた」のである。[2]

日本においては、官営八幡製鉄所は当初から一貫生産体制をもった製鉄所として計画されたが、他の製鉄所は、一貫生産体制がなかなか確立されなかった。輪西製鉄所は銑鉄生産のみにとどまり、また釜石製鉄所も一貫生産体制を一応とってはいたが、その主力は銑鉄生産におかれていた。他方、第一次大戦の前後から操業を開始した鉄鋼企業の多くは、消費地に隣接して建設された小規模な平炉メーカーとして出発した。そして一九二〇年代に、その原料である銑鉄を、国内で生産された銑鉄より安価で良質なインド銑鉄の輸入に依拠することによって生産を伸長させた。一方で製銑工程が、製鋼・圧延工程を持たない単純製銑企業として固定化し、他方で製鋼・圧延工程が平炉メーカー及び単純圧延メーカー（単圧メーカー）[3]として固定化するという、いわゆる銑鋼分離という日本鉄鋼業の一つの特徴ができ、さらにこの平炉メーカーが国内の単純製銑企業からではなく、インド銑鉄に依拠することによって、銑鋼アンバランスというもう一つの特徴を生み出したのである。

さらに一九二〇年代に至っても、鋼材生産の増大は、勿論官営八幡製鉄所の役割は大きいが、同時に、平炉メーカーの発展が大きく貢献していた。一九二九（昭和四）年には一貫メーカーは粗鋼生産の六〇％、鋼材生産の五一％を占めたにすぎず、平炉メーカーが粗鋼生産の三九％、鋼材生産の三九％を占め、さらに電炉メーカー及び単純圧延メーカーが鋼材生産の五％を占めていた[4]。この二〇年代には、一貫メーカーは鋼材生産の半ばを占めていたに過ぎず、平炉メーカー、単圧メーカーが大きな比重を持つ、欧米の先進諸国にはみられない生産構造、本書でいう戦前型生産構造が出来上がったのである。

この戦前型生産構造が成立した理由についてはこれまで様々な論議がなされてきた。有沢広巳編『現代日本産業講座II　鉄鋼業付非鉄金属鉱業』は、「第一に資金事情であ」り、「第二には、国内に釜石以外の鉄鉱資源をもたず、製銑事業の原料確保の困難な事情も作用していた」としている[5]。確かに資金事情と原料賦存状況は一つの要因ではあったであろう。しかしこの要因を日本鉄鋼業のおかれた状況を無視して一般的に指摘するだけならば、なぜ、先進国イギリスの鉄鋼業がかつてそうしたように小型高炉から出発しなかったのか、あるいは、原料を海外から輸入すればよいのではないか、との反論を許すことになる。

森川英正氏は、これを市場の狭隘さから説明した[6]。即ち、昭和初年の各社の鋼材生産量から必要な銑鉄量を試算し、これを生産するには各社とも「中小規模の高炉を1－2基建設すれば事足りる状態であった」から、大容量の高炉に比し、「建設費も製銑コストも割高となり、競争上悪条件に置かれることは必然であ」り、このため高炉を建設しなかったと。しかしこの説明も、鋼材市場の半ばを官営製鉄所が占めていたこと、そして残りの鉄鋼市場に小規模な民間企業が乱立し、集中が進んでいなかったことの原因を説明しない限り不充分な説明である。

必要なのは、日本鉄鋼業がそして日本資本主義が置かれた世界史的状況を踏まえた説明である。水谷驍氏は、「日本鉄鋼業の構造は、世界史的後進性に規定された日本資本主義の特質の一つのあらわれであった」[7]として次のように説明した[8]。即ち、欧米先進諸国の大規模な鉄鋼企業によって生産された「輸入鉄鋼に対抗して安価な鉄鋼を供給するためには当初から近代的かつ大規模は鉄鋼企業の設立が要請されたが、それを可能にする資金的蓄積も技術的蓄積も当時の日本には存在」していなかった。このため殖産興業政策の一環として鉄鋼企業の育成を図り、陸海軍工廠において製鋼作業を行い、「そして最終的には、官営八幡製鉄所を設立することによって、他方において、官営八幡製鉄所の周辺に、それによってカバーしきれない間隙を埋める分野に位置することによって、はじめて可能になったのである」と。こうして〝いびつな〟形で成立した日本鉄鋼業には、第一次大戦後、安価なインド銑鉄が大量に供給されるようになったため、この「安価な外国銑の大量輸入は、一方では、単純製銑企業を圧迫して圧延部門への進出を困難にし、他方では、製鋼圧延企業がみずから製銑部門を経営して銑鋼一貫化へ向かうことを不必要ならしめ[9]」たのだと。

2　戦前型生産構造の動揺

しかし、一九三〇年代に入り、この輸入銑鉄に強く依存した戦前型生産構造の経済合理性が揺らぎだし、一貫生産体制の確立が強く求められるようになった。それは、金輸出再禁止に伴い円為替レートが低下して輸入銑鉄の価格が上昇したこと、また一九二〇年代以来の製銑工程の合理化が進展したことにより国内銑鉄の価格が低下したこと、さらには銑鉄関税の引き上げの効果もあって、輸入銑鉄はその優位性を喪失して銑鉄共販のコントロールの下に置かれ、「日本の製銑・一貫企業は日本市場における国際競争力を確実なものとした」ことによる。そして、「一九三三年以降日本鋼管・浅野小倉製鋼所のように従来の非一貫製鋼企業の中から高炉建設の動きが現れたが、この動きは以上のような銑鉄生産の国際競争力の上昇を条件としたものであった[10]」。日本鋼管は一九三三（昭和八）年に、小倉製鋼所（後の小倉製鋼）は三四（昭和九）年に、中山製鋼は三五（昭和十）年に、それぞれ高炉建設についての製鉄業奨励法に基づく認可申請を政府に提出した。

また、すでに一九二〇年代末に日本鋼管は高炉建設計画をたてており、そこでは「安定的に廉価な銑鉄が確保できることが一貫化のねらいであったと思われる」が、恐慌の到来によりその計画は実現しなかったとの指摘もある[11]。この時期から戦前型生産構造の破綻が見通されていたことになろう。そして日鉄が成立し日本鉄鋼業の一貫生産体制の確立を図ったのも一九三四（昭和九）年であり、神戸製鋼の浅田長平が「『やっぱり溶鉱炉持たなあかん』と」語った[12]のも、川崎造船所の西山が銑鋼一貫化を構想し始めたのもこのころだという[13]。戦後に大きく進展した一貫化の起点をこの時期に求めることができるだろう。一九三〇年代は戦前型生産構造の動揺期であった。

3　日鉄拡充計画と戦前型生産構造の補完

一九三四（昭和九）年に日本製鉄が成立した。官営八幡製鉄所を中心に、三井系（輪西製鉄所・釜石製鉄所）、三菱系（兼二補製鉄所）などを糾合して日本における一貫生産体制の確立を目指したのである。この日鉄合同についても様々な論議がなされてきたが[14]、ここでは、岡崎哲二氏の論議などに依拠して、日本鉄鋼業の銑鋼一貫生産体制を確立するため、八幡製鉄所と三井・三菱系の製銑・一貫企業を参加させることが優先されたととらえておく。そしてこの財閥系企業にインセンティブを与えるため資産の評価に当たって若干の操作が加えられたと考える。

日鉄は合同直後から大規模な拡充計画の策定に取り組むことになるが、すでにこれ以前、八幡製鉄所では、一九二七（昭和二）年末、従来の八幡製鉄所敷地に隣接した埋立地である洞岡地区に、「わが国最初の海に築く製鉄所＝八幡製鉄所洞岡工場の建設が決定され、五〇〇トン熔鉱炉六基、銑鉄年産一〇〇万トンの計画が立てられた」[15]。この「わが国最初の海に築く製鉄所」の意義については次節で述べる。

まず洞岡第一高炉が一九三〇（昭和五）年に操業を開始した。この五〇〇トン高炉[16]は、「戦後の大型高炉の端緒となった」[17]と評価されるもので、これを設計した山岡武（当時八幡製鉄所第二製銑課長）は、「『我国における製鉄原料特にコークスの性質上、大型溶鉱炉の建設並びに操業の成果は一般より疑問視されていたが、諸種の困難を克服して洞岡熔鉱炉を建設し、ほぼその予定の成績に到達せしめたのは、単に我国製銑業発展の先駆たるのみならず、将来の発展に重要な暗示を与えたもので、斯界に貢献するところ甚大であった』として」日本鉄鋼協会から服部賞を受賞した[18]。また高炉の生産性の指標のひとつである出銑比、すなわち製出銑鉄トン当たりの炉容積もこの洞岡第一高炉により一・二立方メートルを記録し、「第一次大戦期ころまでに達成されたヨーロッパの銑鉄トンあたり炉容積の水準に到達することができた」[19]。

さらにこの洞岡地区に第二高炉の建設が計画される。当初の計画では日産五〇〇トンであったが、「当時すでにアメリカで一〇〇〇t高炉が出現していたことから、日本でもそれをめざすこととなり、その一つの段階として七〇〇t高炉を建設する方針に変更し」[20]て建設に着手し、一九三三（昭和八）年十月に操業を開始した。

一九三四（昭和九）年二月に成立した日本製鉄ではさっそく大規模な拡充計画を策定したが、とりあえず既存の用地を活用した第一次及び第二次拡充計画が策定され実行に移された。

まず第一次拡充計画においては、洞岡地区にさらに第三高炉を、さらに大型化した日産一〇〇〇トンの高炉として建設することになり、一九三四（昭和九）年十月着工し、三七（昭和十二）年二月に操業を開始した。この第三高炉は「当時としては世界水準をゆくわが国最大の設備であり、機械部分が送風機（ターボ・ブロアー）をのぞき全部国産品によったことも注目すべきものであ」[21]り、「その自力建設はわが国の設備技術が国際的水準に近づいたことを示すものであった」[22]。

第一次拡充計画ではこの他、八幡製鉄所に高級鋼板工場、新第一製鋼工場、高炉セメント工場を建設した。このうち、新第一製鋼工場は、「本格的な熔銑鉱石法の実施を企図したわが国最初の大容量傾注式平炉」[23]で、一〇〇トン平炉[24]四基と三〇〇トン予備精錬炉一基をもち、年産三〇万トンの能力を持つものであった。また、輪西製鉄所にはコーライト工場、焼結工場が、釜石製鉄所には同じく焼結工場が、富士製鋼所においては帯鋼工場が建設された。

第二次拡充計画は、その前半分においては、輪西及び兼二補製鉄所の高炉各一基が改造され、三五〇トン炉として火入れされた。

さらに第二次拡充計画の後半分では、八幡製鉄所洞岡地区に第四高炉が、第三高炉に続いて日産一〇〇〇トンの規模で建設された。八幡ではこの他、製鋼設備の補設が行われた。また釜石製鉄所においては、七〇〇トン高炉一基などの製銑設備、第二製鋼工場（一〇〇トン平炉四基）、分塊圧延機という、製銑から分塊までの一貫生産体制が建設された。

ついで第三次拡充計画から、新規に一貫製鉄所が建設された。即ち第三次拡充計画では輪西製鉄所仲町地区の埋立地に、新たに一貫生産体制が建設され、第四次では兵庫県に広畑製鉄所が、第五次では朝鮮半島に清津製鉄所が建設された。この広畑製鉄所建設の意義については次節で述べる。

なお、第三次拡充計画では、輪西製鉄所仲町地区の一貫製鉄所の他に、八幡製鉄所戸畑地区にストリップ・ミル工場が建設された。先に述べたように、一九三〇年代の半ばには、鋼材の総量としては自給を達成したが、ブリキを始めとするいくつかの品種ではまだ輸入に依存していた。このうちブリキは、日本での生産は遅れ、一九二三（大正十二）年になってようやく八幡製鉄所が製造に成功したが、生産が需要に追いつかないまま、需要が年々増加し、またこのブリキ及び帯鋼の素材としての広幅帯鋼の輸入も増加していた。このため、新たにストリップ・ミル工場を建設し、ブリキの増産と品質向上を目指した。このころアメリカではストリップ・ミルが普及しつつあり、このストリップ製品をメッキしたブリキが海外市場にも進出し、それまでブリキ市場を独占したイギリスのシェアを侵食しつつあった。ヨーロッパ諸国ではまだストリップ・ミルは建設されておらず、唯一イギリスで一社がその建設を企画中であった。戸畑のストリップ・ミル建設は、「かかる時機にかんがみ、むしろイギリスに先んじて、このストリップ・ミルを建設し、優秀なるストリップ製ブリキを生産して、東洋市場はもちろん、その他ひろく海外にその販路を広めんとし(25)」た意欲的なものであり、後述の広畑製鉄所に建設された連続式厚板圧延機とともに、世界の技術水準の先端を行く設備であった。

前述のように、この時期には平炉メーカーの存立基盤が揺らぎ、一部に一貫化を進める動きもでるようになったが、大手平炉メーカーが日鉄合同に際してこれに参加せず、アメリカから大量に輸入されるようになった屑鉄に依拠してさらに生産を拡大した。また、やがて日鉄がこの平炉メーカーに銑鉄を供給するため、製銑能力を拡大したことも助けとなって、存立基盤が揺らいでいた平炉メーカーがなお存続し、戦前型生産構造が持続することになった。国際情勢が厳しさをますなかで、鉄鋼の量的確保がまず目指されたのであり、生産構造の再編成により一時的にせよ生産力の上昇を停滞させるわけにはいかなかったのである。

即ち、一九三四（昭和九）年に成立した日本製鉄は、「豊富な鋼の供給（これは輸入屑に頼ることが一番早道である）という任務と並行して、屑鉄依存からの脱却（これは日鉄ばかりでなく、日本鉄鋼業全体を脱却させる必要がある）という、短期的にみれば矛盾した二つの任務を負わされた(26)」。この日本鉄鋼業全体を屑鉄依存から脱却させるという二つ目の任務は、自ら「鉱石法による製鋼を増加させると同時に、数多い平炉メーカーに銑鉄を供給し、屑鉄依存の不安を緩和すること」[27]だった。こうして日鉄は、経済合理性を喪失しつつあった平炉メーカーを支えて鉄鋼の増産を支え、そうすることで動揺する戦前型生産構造の存続を助けることになったのである。

第二節　戦前期における一貫製鉄所の発展

1　八幡製鉄所一貫生産体制の発展と爛熟

日本における近代的一貫製鉄所の建設は、戦後になって、川崎製鉄による千葉製鉄所建設に始まる、と考えられることが多い。米倉誠一郎氏は、千葉製鉄所の合理的なレイアウト、臨海立地、消費地立地という特徴を、「これまでの延長線上にない」[28]ものであるとした。この米倉氏の論議を批判的に検討した橋本寿朗氏は、臨海立地という点については、千葉製鉄所以前にも、八幡製鉄所が洞海湾に臨んで建設されたことを指摘しながら、「水深九mで水路の狭い八幡港では、一万重量トンを超える大型鉱石専用船の受け入れは不可能であった」ことをもって、「『原料輸入に適した』という表現を極めて好意的に読み込めば」、つまり「『原料輸入に適した』という語句が、一九五〇－六〇年代に展開した鉱石専用船、石炭専用船の大型化による海上輸送コストの大幅な低下という、技術革新の継続的活用をも含意しているとすれば、米倉の指摘は的確」だとしている[29]。

しかし、日本鉄鋼業における一貫製鉄所の立地とレイアウトについては、もう少し踏み込んだ検討が必要である。

一九〇一（明治三十四）年に操業を開始した官営八幡製鉄所は、洞海湾に面した臨海立地ではあったが、この立地条件を活かしたレイアウトにはなっていなかった。近代的一貫製鉄所は、巨大な輸送船を横付けできる岸壁を持ち、

図1-1　八幡製鉄所高炉及び製鋼工場配置図

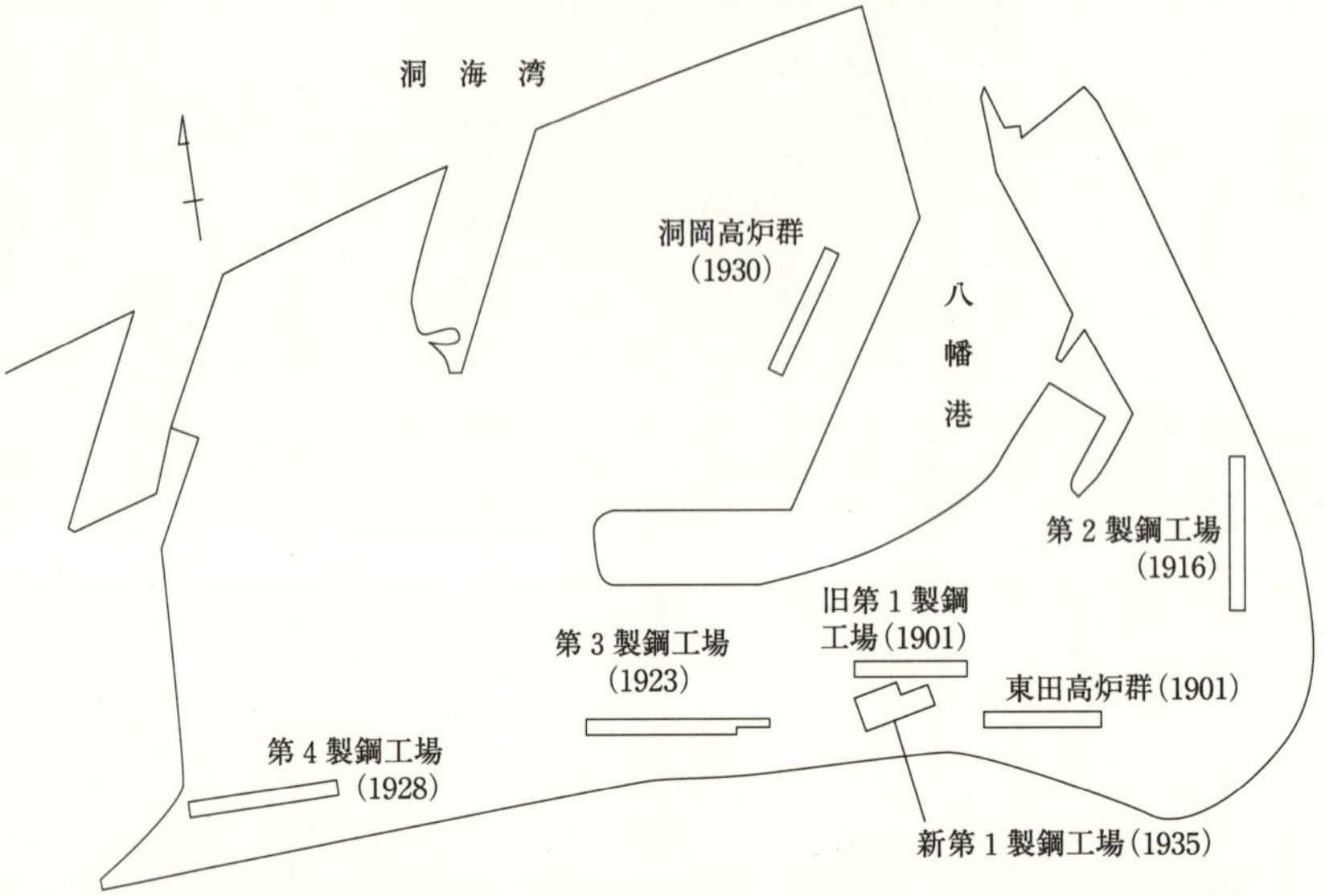

(注)　1．東田高炉群とは、東田第1～第6高炉、洞岡高炉群とは、洞岡第1～第4高炉である。高炉群名の後の(　)内の数字は、それぞれの第1高炉が第一次操業を開始した年である。
2．製鋼工場は、平炉工場のみを記載し、電気炉工場等は省略した。製鋼工場名の後の(　)内の数字は建設された年である。ただし第4製鋼工場は、第一次大戦中に九州製鋼の製鋼工場として建設されたが、大戦後の不況に遭遇して稼働しないままおかれ、1928年に八幡製鉄所第4製鋼工場として稼働を開始した。
資料：『炎とともに　八幡製鉄株式会社史』251～252頁図表－15昭和25年当時の八幡製鉄所(八幡地区)から作成。

この岸壁に隣接して原料置場、原料事前処理設備、その後ろにコークス工場、高炉などが建設され、さらに高炉から製鋼工程、圧延工程にスムーズに流れる合理的なレイアウトをもっている。ところが八幡製鉄所のレイアウトは違っていた。同製鉄所は、「地形上一五m、七m、四mの三段の地盤となり、岸壁より一番奥の高いところ（東田）に高炉、ついで下へと自然の勾配による製鋼、圧延の流れとなり、船による製品出荷というわけで、鉱石類は索道によって岸壁より上方へと運ばれ」[30]るというレイアウトとなっていた。高炉などの製銑設備（図1-1の東田高炉群）が岸壁から見て一番奥の一五メートル地盤にあり、陸揚げされた原料を索道で運搬しなければならなかったのである。当初の計画では、石炭を筑豊炭田から陸上輸送することになっていたためであり、またモデルとなったドイツの製鉄所がこのようなレイアウトであったためでもある。また「海岸の地盤が悪かったということもあ[31]」ったともいわれる。しかし「その後の原料は大部分海外からの船舶による輸入となり、汽車や索道による構内輸送費がかさんだ[32]」。このため、昭和初年に新たに銑鉄の生産増強のため計画された高炉群は、洞海湾に面した埋立地である洞岡地区に建設された（図1-1の洞岡高炉群）。ここに、先に述べた日産五〇〇トンというわが国初の世界的水準の容量を持つ大型高炉である第一高炉が建設されたのに始まり、日産七〇〇トンの第二高炉、日産一〇〇〇トンの第三、第四高炉が建設され、また「岸壁は一万トン級五隻を横付け出来るようにし、鉱石ヤードは岸壁に沿って設けられ[33]」た。八幡製鉄所は、この洞岡地区の高炉建設によってようやく臨海立地のメリットをある程度享受できるようになった。しかしまた、「八幡港への導入部に航路幅の狭い屈曲部があるために長大船は航行操作上困難性があ[34]」るなど、その港湾も不充分なものであった。戦後の発展まで考えると、橋本氏の言うように、八幡製鉄所は近代的一貫製鉄所とはいえないのである。また洞岡地区には、その時代的制約から、原料事前処理への配慮もなされていなかった。これは、洞岡地区の高炉が建設された昭和初年には、原料の事前処理技術についてはアメリカでも研究が開始されたばかりで、実際に破砕・篩分けプラントが建設されるのは一九三〇年代後半（昭和十年代前半）であったからである。

またこの「『海に築く製鉄所』の先駆け[35]」である洞岡高炉の建設によっては、高炉群から始まり圧延部門に至る合理的なレイアウトが建設されたわけではない。同製鉄所は、建設されて以降、継ぎ足し的に発展してきたため、レイアウトが錯綜し「構内輸送の鉄路延長は、当初の二二㎞から日鉄時代には三五〇㎞に延びた。また鉄道網は幾度かの改良補修のため、かなり複雑[36]」となるなど、その一貫生産体制は非効率なものとなっていた。図1-1を見ても、東田高炉と第三・第四製鋼工場との位置関係が錯綜していることがわかる。またこの図では省略したが、圧延工場の位置はさらに錯綜している。洞岡高炉群は、この東田高炉群とこれに続く非効率なレイアウトに外から接ぎ木されたに過ぎなかった。八幡製鉄所は、それまで製銑能力が不足していたが、この高炉群の建設によって「銑鋼一貫設備のバランスのとれた生産単位となった[37]」のであるが、そのレイアウトの非効率性が克服されたわけではなかったのである。

日鉄成立の当初、一貫生産体制の充実による生産力拡充が計画されたが、この時すでに既存の製鉄所の「余積をそのまま利用して大規模な銑鋼一貫設備を建設することには、八幡製鉄所の戸畑作業所以外には該当するところがなかった。[38]」八幡地区の一貫生産体制はすでに爛熟期に入っていたのである。このため、この八幡の一貫生産体制とは別個の、新規立地の一貫製鉄所を建設することが企図された。そこでは戸畑作業所と、北海道（石狩川河口、苫小牧付近、室蘭輪西のいずれか）の二ヶ所が候補に挙がったが、「ひとまず後日の研究課題として保留され[39]」、先に述べたように、既存の用地を活用した第一次及び第二次の拡充計画が実施された。しかし、「この時すでに鋼塊五〇万t単位の一貫工場が二ヶ所考慮されていたことは、注目すべきことであった[40]」。

2　広畑製鉄所の建設

第三次拡充計画から新規立地の一貫製鉄所の建設が始まる。まず第三次計画において、既設の輪西製鉄所に隣接した仲町地区に、第四次においては兵庫県の広畑に、さらに第五次においては朝鮮半島の清津に、新たな一貫製鉄所が建設された。このなかでも広畑製鉄所は、原料資源とは離れて、当時日本最大の鉄鋼消費地だった阪神地区に建設された消費地立地、また原料を海外に求めることを想定した臨海立地であり、これにふさわしい港湾設備を持ち、工場レイアウトも合理的に検討されたものであった。「日本の鉄鋼工場は、広畑においてはじめて、銑鋼一貫作業にふさわしい合理的、計画的な工場配置をとることができた[41]」と言われるように、この広畑製鉄所こそ、近代的一貫製鉄所の先駆けであったのである。この広畑製鉄所について、詳しく見ておきたい。

ⓐ 立地とレイアウト

日鉄は、第三次拡充計画から新規の一貫製鉄所を建設することとなった。この第三次計画では、「石炭もある、鉱石もある」[42]北海道の輪西製鉄所仲町地区に一貫製鉄所を建設することが一九三六（昭和十一）年十二月に決定した。しかし第四次拡充計画においては、「石炭や、鉱石のある地域はもう内地には適当な場所がないから、今度はせめて消費地に近いところにやろうじゃないかということにな」[43]った。消費地立地の「利点としては、①市場に近いため、市場の要求に対して敏速な供給体制がとれること。②副成品が利用価値が大きいこと。③修繕、加工、物品の購入など、時間的にも値段的にも有利であること。④社宅、宿舎、配給所、病院、学校その他の福利厚生施設にかかる費用が比較的少なくてすむこと。などがあげられた」[44]が、他方、「以上ノ諸点モ原料輸送費ヲ補ヒテ余リアルヤ否ヤニハ多大ノ疑問アリ」[45]とも考えられていた。原料立地から消費地立地への過渡であることを示すものである。そして、「たまたま海軍方面から呉鎮守府に近いところ、つまり瀬戸内海沿岸にという希望も伝えられたので、結局阪神周辺地区に建設するという方針が固まり」[46]、大阪、和歌山、兵庫の各府県で適地の実地調査を行い、堺市、尼崎市、大塩村、海南市、広村（広畑）の五ヶ所が候補地に挙がり、水運、陸運、水利、地盤など多方面から検討した結果、一九三七（昭和十二）年三月一日に日鉄重役会が広畑を選定した。

この広畑製鉄所には、原料の鉄鉱石と石炭を中国や東南アジアなど海外に求めるために港湾が整備された。当時すでに、水深の深い海岸が天然の良港であるとは考えられておらず、「海底が砂質に近いものであれば、むしろ浅い海を望むようになっ」[47]ており、これが広畑の選定の理由の一つとなっていた。水深が浅ければ沖合の堤防も作りやすく、またこの砂浜を浚渫して埋立に使えるからであり、この埋立地に「輸送施設も最も能率的に配置され、（中略—上岡）工場と港湾とが初めて一つの有機体として最高能率を発揮出来るようになった」のであり、これが「単独工場として最も完成したものは広畑港」であった[48]。この広畑港は、一万トン級の船の出入りを想定して干潮時の水深が九メートルの港湾が建設された。そして岸壁に隣接して鉱石置場、石炭置場が設けられ、ここからコークス炉、焼結工場、そして高炉、製鋼設備、圧延設備が連続して円形に配置され、最終製品が再度別の岸壁から積み出されるように、途中に「交叉やあともどりのない(49)」合理的なレイアウトをもって各工場が建設された。また「原燃料の受入れから装入にいたる工程に対してコンベヤーを十分に活用した(50)」。第三次拡充計画で建設された輪西製鉄所仲町地区の一貫生産体制が、原料立地であったため、石炭置場が内陸側(鉄道側)につくられるなど必ずしも近代的一貫製鉄所とは言い切れない面を残していたのに対し、広畑はわが国最初の近代的一貫製鉄所であった。

ⓑ 大量生産方式の採用

また広畑製鉄所の生産設備は、「各設備の単位能力をなるべく大きなものとし、これにより、建設費の低下と大量生産による生産費の低下及び生産管理の向上を図った(51)」のであり、これも戦後の一貫製鉄所を先取りする大量生産方式をとるものであった。まず高炉は、当時、日本最大の高炉である洞岡第三・第四高炉と同じ設計の一〇〇〇トン高炉であった。この高炉は依然として世界水準の規模を持つものではあったが、広畑にはその配置までそのまま建設された。しかし洞岡高炉が建設された当時はアメリカで鉄鉱石の整粒の研究が開始されていたがまだ実用化はされてはいなかったため同高炉の設計にはこの配慮がなされていなかった。広畑製鉄所はこれをそのままコピーしたため、製銑設備の配置にも鉄鉱石の整粒に対する配慮はなされなかった。「建設を急ぐことが新技術の採用の大きな制約になった(52)」のである。平炉は、当初一二〇トンの炉容のものが計画されていたが、これも世界的な平炉の大型化の傾向をうけ、一五〇トン平炉五基を建設することとなった(53)。また「燃料には高炉やコークス炉の余剰ガスを最大限に利用することとし、ガス発生装置などは設置しないこととした(54)」。この面でも一貫製鉄所としてのメリットが追及されていたのである。なお平炉は、一九四四(昭和十九)年にさらに一基増設され、合計六基の平炉をもって終戦を迎えることとなった。

そして広畑製鉄所の大量生産システムの最大の特徴は、アメリカから輸入した連続式厚板圧延設備であった。「最初独逸クルップ会社の案として、二重粗ロール機及び三重仕上ロール機各一基からなる厚板圧延機能力年間二一万屯と三重式中板ロール機年産六万屯とする内容のものが検討されていたが、これは在来のものと何等異る所がなく生産能率の向上や製品の優秀等は期待できないとして採用されず、結局米国で発達して好成績を挙げていた連続式鋼鈑圧延設備を採る事とな[55]」った。この設備は、ホット・ストリップ・ミルの前半部分を厚板設備として導入したもので、粗圧延三スタンドと仕上げ圧延四スタンドを持ち、「厚さ四・五㎜から二五㎜、幅二〇〇〇㎜まで、最大長さ四〇mの[56]」厚板、中板を連続的に生産するものであった。

この厚板圧延設備は、当時の情勢を反映して、主に造船用厚板の大量生産を目的としたものであったが、計画はこれに止まらなかった。即ち第二期計画として、二基の仕上げ圧延スタンドやコイラー（巻取機）などの付帯設備を増設してホット・ストリップ・ミルとして完成することにより熱延コイルや熱延薄板を生産することが計画されており、二基の仕上げスタンドのための基礎が第一期工事においてすでに打たれていた。さらにこの計画では、ホット・ストリップ・ミルに続いてコールド・ストリップ・ミルを建設して冷延薄板を生産する計画で、その用地も確保されていたのである。それは「今は戦争の真っ最中ですから厚板がいりますが、戦争が終わったら今度は平和産業につかう薄板の時代がきっと[57]」くるという見通しのもとに、「自動車用、および鉄道車輌用その他の高級中薄板を製作する計画[58]」であったという。この計画こそ、戦後の鉄鋼需要を見通した先駆的なものであった。

この厚板工場は一九三七年から一九三八年（昭和十二年から十三年）にかけて検討され、一九三八（昭和十三）年九月にアメリカのUE&F社に発注されたが、この直前、一九三五（昭和十）年六月から三六（昭和十一）年五月まで米欧を視察して帰国した三島徳七が三六（昭和十一）年六月に鉄鋼協会で講演した[59]。この講演において三島は、視察に出発する以前から、「日本製の鋼鈑は米国製に比べて其品質に於て非常な遜色があり殊にDeep pressingを必要とするものになると残念乍ら米国製鋼鈑を使はねばヒビやシワが出て製品にならない」との不平を耳にしていたが、視察の結論として、「従来日本で使用されて居る型式の圧延機のみをもってしては如何に苦心しても米国鈑に競争出来る製品を出すことは先づ不可能と云って差支無いと思ふ。従て現在の侭では国産自動車用鋼鈑の自給自足は覚束ない」としてストリップ・ミルを日本の技術者に紹介している。なおこの時期に、自動車製造事業法が成立し、日産自動車及び豊田自動織機が同法の許可会社となっている。

ⓒ 未完のまま中断された近代的一貫製鉄所建設――戦前型生産構造のひずみ――

戦争の激化と敗戦により、この計画は中断するが、一九五〇（昭和二十五）年四月に至りこの製鉄所を継承した富士製鉄にとっては、この近代的一貫製鉄所は貴重な遺産となったのである。ただし、この広畑製鉄所と、第三次計画で建設された輪西製鉄所仲町地区は、前節で述べたように、いずれも当時の日本鉄鋼業の銑鋼アンバランスに対応し、日本鉄鋼業を全体として輸入銑鉄・屑鉄依存から脱却させることを目的として、製鋼・圧延能力に比し、製銑能力が過大に建設された。即ち、当初の計画では銑鉄年産七〇万トン、鋼塊五〇万トン、鋼材四〇万トンとされ、製鋼工程に投入されない余分な銑鉄は平炉メーカーに外販されるものとされていた。実際、第一期の計画が完成し、戦時中の最大の生産を上げた一九四三（昭和十八）年に、銑鉄生産四五万九〇〇〇トンのうち、二九万三〇〇〇トンが熔銑として自家使用され、一五万八〇〇〇トンが外販用の製鋼用型銑として生産された(60)。これは明らかに一貫生産体制としては不完全なものであった。前述のように、日鉄が平炉メーカーに銑鉄を供給する任務をもったことが平炉メーカーの存続という形で戦前型生産構造を残したのであり、またこの反面として日鉄の一貫製鉄所にも歪みをもたらしたのである。このことが、負の遺産として、戦後これを継承した富士製鉄の企業行動を規定する。このことは第三章で詳しく述べる。

おわりに――戦時期における戸畑一貫生産体制建設構想の出現――

以上のように、戦前期の日本鉄鋼業のキャッチアップの過程は、いったんは日本鉄鋼業を世界の先進国の水準に近いところまで押し上げた。しかしそこには一貫生産体制を十分に持つことのできない戦前型生産構造が形成された。そしてその生産構造は動揺しつつも後進性を脱却しきれず、戦前型生産構造が残存した。

このキャッチアップの過程で、形成が遅れていた一貫生産体制も徐々に進歩し、ついに広畑製鉄所として近代的一貫製鉄所が登場した。しかしこれも戦前型生産構造が残存したことに関連して、未完成のまま戦後を迎えることになり、この完成は戦後の課題として残されることとなった。

また近代製鉄業の発祥の地、八幡製鉄所においても、八幡地区にはすでに設備を拡張する余地はなく、日鉄の拡充計画策定の当初においても戸畑地区に新たに一貫生産体制を建設することが検討された。さらに日鉄第五次拡充計画においては、朝鮮半島の清津製鉄所とともに、戸畑地区の一貫生産体制建設計画が追加されたが、この戸畑の計画は結局、「予算・資材・人員不足等のため中止とな」った(61)。

また一九三九（昭和十四）年ごろの八幡製鉄所で、技師長及び部長・関係課長らによる技術会議というものが設けられ、そこで当時の所長であった渡邊義介(62)も出席して「戸畑に高炉、平炉を中心に一貫作業の設備を構想されて立案討議を重ねた(63)」と言われる。

このように八幡製鉄所では次は戸畑だ、という認識は強く存在したと思われるが、これも戦後の課題として残されることとなった。

註

(1) 小島精一編著『日本鉄鋼史（昭和第一期篇）上』二九六～二九七頁。
(2) 飯田他前掲『現代日本産業発達史Ⅳ　鉄鋼』九～一〇頁。
(3) 単純圧延メーカー（単圧メーカー）とは、製銑・製鋼工程を持たず圧延工程のみ、あるいは圧延工程と二次製品製造工程を持ち、一貫メーカー又は平炉メーカーから半成品の供給を受けて鋼材を生産するメーカーのことである。
(4) 長島修『戦前日本鉄鋼業の構造分析』（ミネルヴァ書房、一九八七年）一五頁。
(5) 有沢前掲『現代産業講座Ⅱ　鉄鋼業付非鉄金属鉱業』三四～三五頁。
(6) 森川英正「戦前日本のおける銑鋼一貫化運動」（『経済志林』一九六〇年）。
(7) 飯田他前掲『現代日本産業発達史Ⅳ　鉄鋼』一七四頁（水谷驍稿）。
(8) 同右一八四頁。
(9) 同右二一一頁。
(10) 岡崎哲二『日本の工業化と鉄鋼産業』（東京大学出版会、一九九三年）一九八頁。
(11) 長島前掲『戦前日本鉄鋼業の構造分析』一一〇～一一二頁。
(12) 外島健吉談（鉄鋼新聞社『先達に聞く（下巻）』一九八五年、四頁）。なお浅田長平は、京都帝大で採鉱冶金を専攻した技術者であり、この昭和十年ごろには神戸製鋼常務取締役であった。終戦直後に社長に就任し、追放され、その後社長に復帰し、同社の一貫化を担う（鉄鋼新聞社『鉄鋼巨人伝　浅田長平』一九八二年、による）。
(13) 橋本前掲『戦後日本経済の成長構造』一一七～一一九頁。
(14) 有沢前掲『現代産業講座Ⅱ　鉄鋼業付非鉄金属鉱業』、飯田他前掲『現代日本産業発達史Ⅳ　鉄鋼』、奈倉文二『日本鉄鋼業史の研究』（近藤出版社、一九八四年）、橋本寿朗『大恐慌期の日本資本主義』（東京大学出版会、一九八四年）、長島前掲『戦前日本鉄鋼業の構造分析』、岡崎前掲『日本の工業化と鉄鋼産業』、安井國雄『戦間期日本鉄鋼業と経済政策』（ミネルヴァ書房、一九九四年）など。
(15) 飯田前掲『日本鉄鋼技術史』二八八頁。
(16) 高炉の規模は公称日産トン数で表される。五〇〇トン高炉とは公称日産能力五〇〇トンの高炉である。

(17) 飯田前掲『日本鉄鋼技術史』二八八頁。
(18) 同右二九一頁。
(19) 飯田賢一編『技術の社会史　第四巻　重工業化の展開と矛盾』（有斐閣、一九八二年）一七〇頁。
(20) 日本鉄鋼協会、鉄鋼科学・技術史委員会　製銑ワーキンググループ『原燃料からみたわが国製銑技術の歴史』（日本鉄鋼協会、一九八四年）三〇頁。なおアメリカで一〇〇〇トン高炉が出現したのは一九二五年である（八幡製鉄所所史編さん実行委員会『八幡製鉄所八十年史　総合史』新日本製鉄株式会社八幡製鉄所、一九八〇年、八五頁）。
(21) 日本製鉄株式会社史編集委員会『日本製鉄株式会社史』（一九五九年）六九頁。
(22) 日本鉄鋼協会前掲『原燃料からみたわが国製銑技術の歴史』三一頁。
(23) 日本製鉄前掲『日本製鉄株式会社史』五一〇頁。
(24) 平炉の規模は一回の出鋼量で表す。五〇トン平炉とは一回で五〇トン出鋼する平炉である。
(25) 日本製鉄前掲『日本製鉄株式会社史』一〇一頁。
(26) 同右三〇九頁。
(27) 同右四五〇頁。なお、政府及び日鉄が合同当初には「屑鉄依存からの脱却」という二つ目の任務を「平炉メーカーに銑鉄を供給」することによって果たそうと考えてはいなかったと思われる。このことはいわゆる日鉄中心主義の検討と関連させて論議されなくてはならないが、おそらくこの政策の転換（一九三六年＝昭和十一年）以降のことと思われる。
(28) 米倉前掲「鉄鋼」二九二頁。
(29) 橋本前掲『戦後日本経済の成長構造』一一四～一一五頁。
(30) 川崎勉『日本鉄鋼論』（一九七六年）二八七頁。
(31) 進來要談「五十年回顧座談会」（八幡製鉄株式会社八幡製鉄所『八幡製鉄所五十年誌』一九五〇年）三九五頁。
(32) 八幡製鉄所所史編さん委員会前掲『八幡製鉄所八十年史　総合史』（一九八〇年）八四頁。当時は東田地区の外側に敷設されていた鹿児島本線は、現在は東田の一五メートル地盤と七メートル地盤の間に敷設換えされている。ＪＲのスペースワールド駅からみて山側の小高い土地が一五メートル地盤であり、ここのモニュメントとなった東田第一高炉がそびえ立っている。海岸からここまで原料を索道で運ぶのだから明らかに無駄であった。

(33) 川崎前掲『日本鉄鋼論』二八七頁。
(34) 田代透「八幡製鉄における構内輸送の現状」(『鉄鋼界』昭和三十五年七月号)。
(35) 八幡製鉄所所史編さん委員会前掲『八幡製鉄所八十年史　総合史』八四頁。
(36) 日本製鉄前掲『日本製鉄株式会社史』六五九頁。
(37) 長島前掲『戦前日本鉄鋼業の構造分析』四〇三頁。
(38) 日本製鉄前掲『日本製鉄株式会社史』二四九頁。
(39) 同右二五〇頁。
(40) 同右六八頁。
(41) 星野芳郎「現代日本技術史概説」(一九五六年)(『星野芳郎著作集四』勁草書房、一九七七年、所収)二一四頁。同氏はつづけて、「八幡製鉄所といい、日本鋼管といい、それらの工場設計は、当初はさして規模も大きくなかったのが、(中略—上岡)、つぎつぎに各種の設備を増大していったために、工場配置はいわばつぎはぎだらけのものとなって、いずれも流れ作業としては、技術的にかなりの矛盾をはらんだものになってしまっ」ていたが、「広畑では、将来をみこしてかなりの規模の生産計画をみこみ、それによって計画的に各種工場や設備を配置したので、全体の工程が矛盾なく流れているのである」と説明している(同右二一四〜二一五頁)。
(42) 足立元二郎(広畑製鉄所建設当時の臨時建設局広畑支部工務主管・部長)の回想(新日本製鉄株式会社広畑製鉄所『広畑製鉄所三十年史』一九七〇年)二〇頁。
(43) 進來要(広畑製鉄所建設当時の同製鉄所臨時建設局工務部長)の回想(前掲『広畑製鉄所三十年史』二〇頁)。
(44) 新日本製鉄前掲『広畑製鉄所三十年史』一二頁。
(45) 進來要『昭和十六年六月廿八日　建設ヲ顧ミテ』六頁。
(46) 新日本製鉄前掲『広畑製鉄所三十年史』一二頁。
(47) 通産省通商企業局『我国の産業港湾について——産業合理化の一環としての検討』(石川一郎文書K-四七-三)三頁。
(48) 同右。
(49) 同右六頁。

(50) 日本製鉄前掲『日本製鉄株式会社史』六六〇頁。
(51) 広畑製鉄所総務課『広畑製鉄所年誌　自昭和十一年七月　至昭和十五年三月（創設時代）』三頁。
(52) 日本鉄鋼協会前掲『原燃料からみたわが国製銑技術の歴史』二〇一頁。
(53) 新日本製鉄前掲『広畑製鉄所三十年史』五七頁。
(54) 同右五八頁。
(55) 広畑製鉄所総務課前掲『広畑製鉄所年誌　自昭和十一年七月　至昭和十五年三月（創設時代）』三〜四頁。
(56) 新日本製鉄前掲『広畑製鉄所三十年史』六〇頁。
(57) 平世将一（富士製鉄株式会社広畑製鉄所『創業二五周年記念誌』一九六四年）四頁。
(58) 日本製鉄前掲『日本製鉄株式会社史』二八〇頁。
(59) 三島徳七「欧米に於ける金属工業視察談」（日本鉄鋼協会『鉄と鋼』第二二巻第一二号、昭和十一年十二月、八〜九頁）。ただしこの講演においては、ストリップ・ミル製品の品質については詳述されているが、量産効果についてはほとんど触れられていない。当時の日本の自動車産業がまだ小規模だったことを反映しているのであろう。なお、この三島徳七は、工学博士で、ＫＳ磁石鋼の発明者であり、かつまた、西山弥太郎と旧制一高から東大工学部を通じての同窓であり、親友であったという（飯田賢一「現代日本の技術者像④西山弥太郎」（『ＩＥ』一九七八年七月号、八九頁）。
(60) 広畑製鉄所総務課『広畑製鉄所年誌　自昭和十八年四月　至昭和二十年三月（操業時代）』一九頁。
(61) 八幡製鉄所所史編さん実行委員会前掲『八幡製鉄所八十年史　総合史』一一三頁。
(62) 渡邊は、敗戦後社長となり、追放され、一九五二（昭和二十七）年に社長に復帰し、第五章で詳述するように、八幡製鉄の第一次合理化の見直しを行い、さらに戸畑一貫生産体制建設計画をたてた。
(63) 伊能泰治「思出の数かず」（渡邊義介回想録編纂委員会『渡邊義介回想録』一九五七年）一〇八〜一〇九頁。

第二章　戦後復興と鉄鋼業戦後第一次合理化の出発

はじめに

第一章で述べたように、日本鉄鋼業は、敗戦を機に壊滅状態に陥った。製鉄設備の破壊はさほどではなかったが、原燃料の不足が決定的だった。また初期の占領政策も生産再開の足かせとなった。このような状態のなかで、各企業は、残存していた生産設備を復旧・稼働させながら、生産復興に取り組んだ。

本章ではまず第一節で、この復興の過程を概観し、さらに復興がおおむね完了した一九五〇（昭和二十五）年ごろの鉄鋼業の状況を、技術と生産構造を中心として検討する。これが一九五〇年代前半（昭和二十年代後半）に行われた第一次合理化の初期条件となる。次いで第二節で、政府・通産省の支援を受けながら鉄鋼業界各社が第一次合理化を開始する過程を概観する。

第一節　戦後復興

1　既存設備の復旧による生産の回復

日本の粗鋼生産は、一九三四（昭和九）年には三三二万トンに達し、一九四三（昭和十八）年には七六五万トンにまで成長した。しかし戦況が悪化するにしたがって生産は急速に落ち込み、そして敗戦とともに壊滅した。表2－1は敗戦の翌年から一九六〇（昭和三十五）年までの粗鋼生産をみたものである。これにみるように、一九四六（昭和二十一）年には、粗鋼生産高は五六万トン弱、戦時期のピークの生産高の一四分の一強、七・三％に落ち込んだ。と

表2-1　戦後の粗鋼生産の推移

（単位：トン、％）

	平炉・転炉計			電気炉	粗鋼生産合計		
	生産高	伸び率	対ピーク時	生産高	生産高	伸び率	対ピーク時
ピーク	5,963,538			1,852,420	7,650,184		
1946年	166,862	-89.5	2.8%	390,325	557,188	-71.6	7.3%
47年	485,207	190.8	8.1	466,906	952,113	70.9	12.4
48年	1,159,989	139.1	19.5	554,687	1,714,676	80.1	22.4
49年	2,503,124	115.8	42.0	608,288	3,111,412	81.5	40.7
50年	4,086,039	63.2	68.5	752,483	4,838,522	55.5	63.2
51年	5,569,676	36.3	93.4	932,173	6,501,849	34.4	85.0
52年	6,039,364	8.4	101.3	948,995	6,988,359	7.5	91.3
53年	6,627,374	9.7	111.1	1,034,787	7,662,161	9.6	100.2
54年	6,729,332	1.5	112.8	1,020,584	7,749,916	1.1	101.3
55年	8,220,296	22.2	137.8	1,187,399	9,407,695	21.4	123.0
56年	9,415,876	14.5	157.9	1,690,510	11,106,386	18.1	145.2
57年	10,383,647	10.3	174.1	2,186,519	12,570,166	13.2	164.3
58年	10,037,450	-3.3	168.3	2,080,541	12,117,991	-3.6	158.4
59年	13,516,897	34.7	226.7	3,111,686	16,628,583	37.2	217.4
60年	17,673,967	30.8	296.4	4,464,418	22,138,385	33.1	289.4

（注）　ピークとは戦時期に生産がピークになった年で、平炉・転炉計は1943（昭和18）年、電気炉は1944（昭和19）年、粗鋼生産合計は1943（昭和18）年である。

資料：鉄鋼統計委員会編『統計からみた日本鉄鋼業100年間の歩み』（1970年）から作成。

りわけ平炉による粗鋼生産は一七万トン弱、転炉によるそれはゼロ、平炉と転炉による生産の合計で、戦時期のピーク時の三六分の一強、二・八％にまで落ち込んでいた。これに対し、電気炉による生産は平炉によるそれと比較すれば落ち込みが少なく、一九四六（昭和二十一）年には、ピーク時の五分の一強にあたる三九万トンを生産し、この年の粗鋼生産の約七〇％を生産した。当時豊富だった戦争屑[1]を原料とし、また比較的豊富だった電力を使い、敗戦直後の鉄鋼生産を支えたのである。

粗鋼生産はその後、一九四七（昭和二十二）年には一・七倍に、四八年、四九年にはそれぞれ前年の一・八倍に伸び、さらに五〇年には一・六倍、五一年には一・三倍と急激に増加し、戦時期のピークの八五％にまで回復した。また平炉と転炉による生産の合計は、五一年には戦時期のピークの九三・四％にまで回復した。

このように粗鋼生産は一九五一（昭和二十

六）年まで順調に復旧を遂げた。その後一九五二（昭和二十七）年から一九五四（昭和二十九）年までは伸びが停滞し、一九五五（昭和三十）年から再度、生産が急上昇する。

次に、表2-2(1)によって平炉の稼働状況をみる。昭和二十年末には、全設備能力の九・七％が稼働しているにすぎなかった。これに対し、この表にはないが、電気炉は五〇％が稼働していた。[2]

表2-2　平炉稼働状況の推移

(1)基数・年産能力

	全平炉		うち稼働平炉		平炉稼働率（能力）
	基数	公称能力（年産）	基数	公称能力（年産）	
1943年12月末	214	6,982千トン	208	6,768千トン	96.9%
45年12月末	203	6,997	23	680	9.7
46年12月末	199	6,912	22	677	9.8
47年12月末	197	6,901	41	1,398	20.3
48年12月末	197	6,901	66	2,197	31.8
49年12月末	196	7,176	82	3,403	47.4
51年3月末	190	7,013	114	5,056	72.1
52年3月末	187	7,405	124	5,368	72.5
53年3月末	182	7,565	126	5,906	78.1
54年3月末	178	7,704	121	5,953	77.3
55年12月末	159	7,273	121	6,018	82.7

(2)1基当たりの平均年産能力

	全平炉		稼働平炉		非稼働平炉	
	基数	平均能力	基数	平均能力	基数	平均能力
1943年12月末	214	32.6千トン	208	32.5千トン	6	35.7千トン
45年12月末	203	34.5	23	29.6	180	35.1
46年12月末	199	34.7	22	30.8	177	35.2
47年12月末	197	35.0	41	34.1	156	35.3
48年12月末	197	35.0	66	33.3	131	35.9
49年12月末	196	36.6	82	41.5	114	33.1
51年3月末	190	36.9	114	44.4	76	25.8
52年3月末	187	39.6	124	43.3	63	32.3
53年3月末	182	41.6	126	46.9	56	29.6
54年3月末	178	43.3	121	49.2	57	30.7
55年12月末	159	45.7	121	49.7	38	33.0

資料：戦後鉄鋼史編集委員会『戦後鉄鋼史』（1959年）468頁から作成。

平炉の稼働状況は一九四七（昭和二十二）年からはっきりした上昇に転じる。稼働率は、その公称能力でみると、一九四七（昭和二十二）年末には二〇・三％、四八年末には三一・八％、四九年末には四七・四％となり、さらに一九五一（昭和二十六）年三月末には七二・一％に至った。この時期の平炉による生産の回復はこのように既存の設備を復旧させながら行われた。

その後平炉の稼働率は、一九五四（昭和二十九）年三月に至っても七〇％台にとどまっている。特に稼働基数の増加はほとんどなく、一九五四（昭和二十九）年には減少しており、能力のみが若干増加している。既存の平炉の復旧は、一九五〇（昭和二十五）年度に大幅に実施されたのを最後に、以後三年間は一部を除いて、ほとんど行われなかったのである。このことが前述の一九五二〜五四年の粗鋼生産の伸びの停滞に対応している。

また表2-2(2)に平炉の基数と平均炉容をみる。敗戦から一九五五（昭和三十）年まで、非稼働を含む全平炉の基数は減少し、平均炉容は拡大している。稼働平炉は基数、平均炉容ともに伸長している。この平炉の炉容拡大の傾向は一九五一（昭和二十六）年三月まではゆるやかであり、これ以降急速に進む。稼働平炉と非稼働平炉の炉容を比べると、敗戦直後は稼働平炉の方が小さく、一九四九（昭和二十四）年を境に稼働平炉の方が大きくなっている。非稼働平炉の平均炉容は一九四八（昭和二十三）年十二月末までは横這いで推移し、それ以降小さくなってくる。これらのことから推測して、戦後当初は小型平炉が主に稼働し、やがてこれらが休止し、そのうちのいくつかは廃棄された。この小型平炉の休止に伴って、これに代わって大型平炉が稼働し始めた。また稼働に際して炉容の拡大が行われたものもあった。復興が進むにつれてこれらの傾向が進行し、特に一九五〇（昭和二十五）年頃以降はこの傾向が強くなる。

次に、表2-3によって普通鋼鋼材の生産についてみる。

普通鋼鋼材の生産も、粗鋼生産と同じような傾向をたどって復旧し、その生産量は一九五一（昭和二十六）年には戦時期の生産量のピークとなった一九三八（昭和十三）年の生産量の九五％にまで達する。このうち普通鋼圧延鋼材についてみると、九七・九％になる。

この鋼材の場合、当然のことながら、品種によって復旧の程度に大きなバラツキがある。これをみるため、表2-

4で鋼板生産の回復状況をみてみる。厚板と薄板で対照的な傾向を見せる。即ち厚板は、戦時期には艦船建造などのため生産が伸びていたが、戦後の回復は遅い。これに対し薄板は、戦時期にはあまり需要がなく、一九三六（昭和十一）年にピークを迎えた。戦後は薄板需要が旺盛で、一九五〇（昭和二十五）年には敗戦前のピークを大きく上回った。

表2-3　普通鋼鋼材生産高の推移

（単位：トン、%）

昭和	普通鋼鋼材			うち圧延鋼材		
	生産高	伸び率	対ピーク	生産高	伸び率	対ピーク
ピーク	5,269,692			4,908,811		
1946年	443,939	-58.1%	8.4%	359,405	-60.0%	7.3%
47年	665,000	49.8	12.6	569,074	58.3	11.6
48年	1,248,842	87.8	23.7	1,115,395	96.0	22.7
49年	2,280,928	82.6	43.3	2,141,395	92.0	43.6
50年	3,641,654	59.7	69.1	3,486,137	62.8	71.0
51年	5,007,863	37.5	95.0	4,807,201	37.9	97.9
52年	5,064,401	1.1	96.1	4,874,420	1.4	99.3
53年	5,634,899	11.3	106.9	5,418,453	11.2	110.4
54年	5,795,822	2.9	110.0	5,593,120	3.2	113.9
55年	7,147,237	23.3	135.6	6,931,752	23.9	141.2
56年	8,474,152	18.6	160.8	8,183,470	18.1	166.7
57年	9,672,970	14.1	183.6	9,316,619	13.8	189.8
58年	9,372,406	-3.1	177.9	9,130,497	-2.0	186.0
59年	12,412,178	32.4	235.5	12,089,973	32.4	246.3
60年	16,478,975	32.8	312.7	16,050,653	32.8	327.0

（注）　ピークとは、敗戦前の生産高のピークの年の生産高で、1943（昭和13）年である。
資料：『統計からみた日本鉄鋼業100年間の歩み』から作成。

　このように、需要の多い品種が早いうちに生産を回復させたのに対し、需要の少ない品種は回復が遅かった。これが、鋼材総体の生産が戦時期のピークに比べ低かった要因の一つであった。

　一般に、戦後の鉄鋼生産の回復が達成された時期は、粗鋼生産が戦時期のピークの生産量を超えた一九五三（昭和二十八）年とされている。しかし戦時期のピークはコストを無視し、また設備の保全も考えずに、ただ量の増加を求めて行われたもので、これを生産能力の水準と考えるのは無理であろう。実際に、このピークの生産を担わされた設備の一部は、先に表2-2から推測したように、すでに老朽化して、戦後の経済的な合理性を求める生産には役立たず、廃棄されているのである。(3) また戦時の需要構造にあわせて建設された圧延設備は、戦後の需要構造

表2－4　鋼板の品種別生産高の推移

（単位：千トン）

	厚　板	薄　板	帯　鋼	ブリキ	その他	合　計
ピーク	1,430	520	75	183	121	1,920
1946年	46	50	5	4	6	110
47年	80	105	21	7	16	229
48年	202	212	35	16	26	490
49年	432	413	53	29	35	963
50年	805	638	101	66	35	1,645
51年	1,149	810	199	92	47	2,297
52年	1,404	681	173	86	35	2,379
53年	1,408	654	278	114	70	2,523
54年	1,084	981	257	151	67	2,539
55年	1,681	1,082	230	181	48	3,222

（注）　1．帯鋼には、熱延及び冷延広幅帯鋼、みがき帯鋼を含む。また薄板には熱延、冷延薄板を含む。
　　　2．ピークとは敗戦前に生産がピークになった年で、厚板は1943（昭和18）年、薄板は1936年、帯鋼は1943年、ブリキは1940年、その他は1940年、合計は1943年である。

資料：『統計からみた日本鉄鋼業100年の歩み』。

とはズレを生じていた。このことから考えて、製鋼・圧延部門に関する限り、旧設備の復旧による生産の上昇は概ねこの一九五〇（昭和二十五）年をもって完了したと考えてよいだろう。この後、一九五四（昭和二十九）年までの三年余は粗鋼生産の伸びが停滞し、一九五五（昭和三十）年から粗鋼生産は再度急上昇する。この一九五五年は周知のとおり、日本経済の高度成長が開始された年であり、この年以降の粗鋼生産の急上昇はこの高度成長に伴うものと考えられる。従って一九五一（昭和二十六）年ごろまでの復旧による粗鋼生産の急上昇と、高度成長期にはさまれた三年余はこの復興期と成長期の過渡期のように考えられる。

このように製鋼・圧延設備の復旧が一九五〇（昭和二十五）年頃に概ね完了したのに対し、高炉などの製銑設備の復旧は遅れた。表2－5にみるように、銑鉄の生産は一九五〇（昭和二十五）年に至っても戦時期のピークとなった一九四二（昭和十七）年の生産高の五二・五％にしかならず、一九五一（昭和二十六）年にいたってようやく七三・五％にまで至る。その代わり粗鋼及び鋼材の生産が五二（昭和二十七）年以降、一九五四（昭和二十九）年までほぼ横ばいで推移したのに対し、銑鉄生産は順調に伸び、一九五三（昭和二十八）年には戦時期のピークを超える。

表2－6(1)で高炉の稼働状況をみても、三七基あった高炉のうち、一九四九（昭和二十四）年末に一〇基、一九五一（昭和二十六）年三月末にいたっても一四基しか稼働しておらず、稼働率は公称能力でみて、一九四九（昭和二十

四）年十二月末には三〇%、一九五一（昭和二十六）年三月末に至っても四五・七%にすぎなかった。また表2-6(2)の高炉の基数と平均炉容をみると、稼働高炉の炉容は一九四九（昭和二十四）年十二月末に非稼働高炉より大きくなり、その後も拡大する。これは敗戦直後、原料供給が不安定だったことからまず小型高炉に火入れされたが、徐々にこれが休止し、代わって大型の高炉が稼働したことによると思われる。また一九五三（昭和二十八）年三月末には、高炉の基数が減るとともに平均炉容が拡大している。また全高炉の基数がこのときには減っているが、平均炉容は拡大している。小型高炉が廃止され、さらに川崎製鉄で高炉が一基建設され、また旧来の高炉の再開が炉容の拡大を伴って行われたことによると推測される。

　このように銑鉄生産の回復が粗鋼及び鋼材の生産回復に比べて遅れたのは、二つの理由が考えられる。一つは、製銑原料である鉄鉱石と原料炭の安定的な供給体制が確立されていなかったためである。高炉はいったん火入れすると操業を中断するわけにはいかないため、その火入れが最低限に抑えられていたのである。もう一つの理由は、戦争屑が豊富であったため、製鋼原料としての銑鉄が相対的に少量ですんだことが挙げられる。実際、戦時中には六〇%前後だった銑鉄配合率は、一九五〇（昭和二十五）年には三五%にまで低下していた[4]。そしてその後、原料の供給体制を固め、また屑鉄が涸渇しはじめ、価格が高騰するのに伴い銑鉄配合率を高めるため、高炉などの製鉄設備の復旧が進んでいくのである。

表2-5　銑鉄生産高の推移

（単位：トン、%）

	生産高	伸び率	対ピーク時
ピーク	4,256,348		
1946年	203,527	-79.2%	4.8%
47年	347,417	70.7	8.2
48年	808,025	132.6	19.0
49年	1,548,687	91.7	36.4
50年	2,232,911	44.2	52.5
51年	3,126,918	40.0	73.5
52年	3,474,204	11.1	81.6
53年	4,518,140	30.0	106.2
54年	4,608,309	2.0	108.3
55年	5,216,766	13.2	122.6
56年	5,987,104	14.8	140.7
57年	6,815,415	13.8	160.1
58年	7,393,783	8.5	173.7
59年	9,445,820	27.8	221.9
60年	11,896,233	25.9	279.5

（注）ピークとは敗戦前に生産がピークになった年で、1942（昭和17）年である。

資料：『統計からみた日本鉄鋼業100年間の歩み』から作成。

表2－6　高炉稼働状況の推移

(1)基数・年産能力　（単位：基、千トン、％）

	全高炉		うち稼働高炉		稼働率
	基数	公称能力（年産）	基数	公称能力（年産）	（能力）
1943年12月末	36	5,373	35	5,264	98.0%
45年12月末	37	5,558	7	1,692	30.0
46年12月末	37	5,558	3	418	7.5
47年12月末	37	5,558	4	504	9.1
48年12月末	37	5,558	8	1,131	20.3
49年12月末	37	5,558	10	1,666	30.0
51年3月末	36	5,450	14	2,488	45.7
52年3月末	37	5,558	18	3,232	58.2
53年3月末	34	5,374	20	3,737	69.5
54年3月末	35	5,560	21	3,923	70.6
55年12月末	33	7,715	21	5,627	72.9

(2)1基当たり平均年産能力　（単位：基、千トン）

	全高炉		稼働高炉		非稼働高炉	
	基数	平均能力	基数	平均能力	基数	平均能力
1943年12月末	36	149	35	150	1	109
45年12月末	37	150	7	242	30	129
46年12月末	37	150	3	139	34	151
47年12月末	37	150	4	126	33	153
48年12月末	37	150	8	141	29	153
49年12月末	37	150	10	167	27	144
51年3月末	36	151	14	178	22	135
52年3月末	37	150	18	180	19	122
53年3月末	34	158	20	187	14	117
54年3月末	35	159	21	187	14	117
55年12月末	33	234	21	268	12	174

資料：戦後鉄鋼史編集委員会『戦後鉄鋼史』（1959年）468頁から作成。

前述のように、戦前・戦時から引き継いだ生産設備を活用し、これを復旧・稼働させながら行われた鋼材生産の復興は、銑鉄生産とのアンバランスは残しながらも概ねこの一九五〇（昭和二十五）年頃に完了し、それ以降一九五四（昭和二十九）年までは稼働生産能力の量的な増強は停滞する。

しかしこの一九五一（昭和二十六）年から一九五四（昭和二十九）年にかけて、粗鋼生産の伸びが停滞する反面で、設備投資が急増する。後述する第一次合理化である。生産の増強は、一九五〇（昭和二十五）年までの既存設備の復旧中心のものから、一九五一（昭和二十六）年以降は新規の設備建設によるものへと変化したのである。(5)

次に、この一九五〇（昭和二十五）年ごろまでの復興過程を規定した外部環境の変化について概観してみたい。

2　戦後復興を規定した外部環境の変化

(1)　占領政策とその方向転換

前述のように、一九四五（昭和二十）年八月十五日の敗戦により、日本鉄鋼業はほぼ壊滅した。これに追い討ちをかけるように、占領軍による賠償政策が発表された。それはまず同年十二月に発表されたポーレー特使の「賠償中間報告」によって、「年産二五〇万トンの製鋼能力を超える能力全部を撤去する」と伝えられた。当時の生産設備のほぼ三分の二を撤去するというものであった。

その後極東委員会は、「対日中間賠償計画」を一九四六（昭和二十一）年六月に発表した。これはポーレー「賠償中間報告」に比べると緩和され、年能力で、銑鉄二〇〇万トン、鋼塊三五〇万トンを超える能力を賠償に充てるとされている。GHQは、これに基づき、同年八月、鉄鋼業一三社二二工場を賠償撤去の対象として指定した。日本製鉄は戦災の著しい釜石製鉄所を除いて全工場が指定された。民間有力会社では、日本鋼管、川崎重工、神戸製鋼所が指定から外され、住友金属（当時は扶桑金属）も和歌山製造所が指定された以外は指定されなかった。賠償指定を受けた工場は、「第八軍司令官の許可なしには、工場の閉鎖も操業継続もできず、いつ実施されるかもしれない賠償指定工場を管理維持・保全する義務を負わされるという、不自由、不安定な状態のおかれた」。その後一九四六（昭和二十一）年十一月、ポーレー賠償案の「最終報告」がさらに厳しい内容で発表されるなど、復興の見通しを不透明にした。

またこれとともに、鉄鋼各社は、財閥解体、独占排除などの戦後改革によっても翻弄される。まず「持株会社の解体に関する覚書」に基づき、鉄鋼会社の主だった一一社が制限会社に指定された。さらに一九四七（昭和二十二）年十二月には「過度経済力集中排除法」が制定され、鉄鋼業では一三社が企業分割の対象として指定された。一三社とは、(4)で詳述する日本製鉄をはじめ、日本鋼管、扶桑金属（旧住友金属）、川崎重工、神戸製鋼、小倉製鋼、中山製鋼、日本製鋼、大同製鋼、三菱製鋼、日亜製鋼、大谷興業、東京製綱であった。併行して各企業の戦時期の経営陣が追放され、経営者の交代が行われた。これに伴い、戦後の発展を担うことになる若手の経営者が登場する。この経営者の交代は、この時点では各企業をとまどわせたが、結果的には戦後鉄鋼業発展のひとつの意図せざる布石となった。

さらに、占領政策によって奨励された労働組合がほとんど全ての鉄鋼企業に発足し、多くが労働協約によって経営権にまで介入してきた。経営者達は数年間、この労働攻勢にも悩まされることとなった。

このような制約下で、鉄鋼各社は復興を開始する。そして占領政策が転換するに伴い、この制約も徐々に解消していく。

賠償政策については、アメリカの占領政策の転換を背景として一九四七（昭和二十二）年八月に来日したストライク使節団が翌年二月に出した報告により「軍事施設を除き、日本で有効に使用できる生産施設の撤去は行わない」とされたことによって不安がほぼ解消された。さらに三月に来日したドレーパー陸軍次官を団長とする使節団が五月に出した報告（ジョンストン報告）でも鉄鋼施設を賠償から除外することが確認されることにより、不安は完全に解消されることとなった(6)。

また過度経済力集中排除法による指定も一九四八（昭和二十三）年中に、日鉄を除く一二社については取り消された。

労働組合による経営権への介入については、経営者側の積極的な巻き返しが成果をあげた。一九四八（昭和二十三）年四月の日経連発足と同連盟による経営権確保にむけた運動が開始された。そして同年十二月、GHQが労働組合法の改正準備を日本政府に指示し、同月、労働省は「民主的労働組合及び民主的労働関係の助長について」という次官通牒を出した後、一九四九（昭和二十四）年四月、新労働組合法が公布施行された。またレッド・パージの効果もあって、各社で一九五〇（昭和二十五）年半ば以降、新労働協約が締結されることにより、経営側のヘゲモニーが確立する。(7) 鉄鋼業の労資協調体制が、他産業に先駆けて形成されたことは、鉄鋼業の発展をもたらした一つの要因でもあり、この過程はさらなる検討を要するが、今後の課題としたい。

(2)　傾斜生産と復興の開始

鉄鋼生産の復興は、一九四六（昭和二十一）年暮に策定され、翌年になって開始された「石炭鉄鋼超重点増産計画」、いわゆる傾斜生産方式とによって本格的に開始された。この政策によって超重点産業とされた鉄鋼業には、復興金融金庫による融資が与えられ、また原料購入に伴う補給金、そして鉄鋼製品販売に伴う鋼材補給金などと相俟った「手厚い保護」が与えられ、その下で戦時期以来の設備による生産復興が行なわれた。「鉄鋼企業は一方で低水準の販売価格で市場を保証され、他方では生産費を価格調整補給金で保証されて戦後の壊滅的状態から脱却して、生産増強に専念することができた」(8)。補給金は一時は、裸生産者価格に対し、銑鉄で八七％、棒鋼で七二％にまで達した。(9) またこの傾斜生産方式は、占領軍に対して日本政府の復興への熱意を示すことによって重油等の輸入が認められるという副次的効果を持ち、鉄鋼の生産復興にとって大きな助けとなった。(10) このような「保護」に助けられて、日本の鉄鋼生産は他産業に先駆けて回復過程をたどり、一九四八（昭和二十三）年には粗鋼生産が敗戦前のピークの二二・四％に、翌四九年には四〇・七％にまで回復した。

(3)　ドッジ・ライン

しかし一九四九（昭和二十四）年に実施されたドッジ・ラインは、単一為替レートを設定し、また補給金などによる保護を撤廃し、日本経済の市場メカニズムを回復することによって、鉄鋼業に自力で国際競争に立ち向かうことを現実の課題として突きつけた。鋼材補給金は、当初GHQは一九四九（昭和二十四）年八月をもって全廃しようとした。これに対し政府・業界は強く抵抗、結局三段階に分けて削減され、最終的に一九五〇（昭和二十五）年七月一日をもって全廃されることとなった。前述のように、鋼材補給金は一時は裸生産者価格の七割強に達していたのであるから、各企業の努力によりコストを引き下げない限り需要の大幅な減退は避けられなかった。また国内炭の特定産業向け補給金が一九四九（昭和二十四）年八月に廃止された。これらのことは、「企業にとっては統制下に忘れられていた能率とか、コスト、生産性というものの自覚を甦らしめた」[11]。また、銑鉄補給金も翌年四月をもって全廃されることとなった。

(4) 日本製鉄の分割

また一九五〇（昭和二十五）年四月一日、日本製鉄が四分割され、鉄鋼部門では八幡製鉄と富士製鉄という二つの民間企業が成立した。このことは、日本鉄鋼業の発展の方向を規定する大きな要因となった。

この日鉄分割は、敗戦から半年経過した一九四六（昭和二十一）年二月、GHQ法律顧問のリーバートが「日鉄各作業所の分割を示唆」[12]したことに始まり、翌年にGHQアンチトラスト課が分割を指示し、同年十二月に公布された過度経済力集中排除法により指定企業とされたことによる。政府・日鉄による様々な反対運動も実らず、一九四八（昭和二十三）年十二月、決定指令があり、結局一九五〇（昭和二十五）年四月一日をもって分割されることになった。

この日鉄分割の影響は、まず第一に、鉄鋼業の競争条件を大きく変化させ、激しい競争の前提を創り出したことである。戦前には、官営八幡製鉄所、そして日本製鉄が強大な力を持ち、また官営、あるいは半官半民の国策会社であったため、これをリーディングカンパニーとして、業界の協調体制は比較的とりやすかった。しかしこの日本製鉄が分割され、しかも民営企業となったのである。戦後も、八幡製鉄がこの役割を積極的に担おうとしたが、分割によって小さくなったため、そして民間企業として採算を度外視できなかったため、業界の協調体制は、他の産業に比べるとしっかりしていたとはいえ、しばしば崩壊せざるをえなかった。

また第二の影響は、この分割によって、戦前型生産構造の存立基盤が最終的に失われたことが明白になったことである。前述のように、基盤がゆらいだ戦前型生産構造を支えたのは、平炉メーカーに対する、日鉄による銑鉄の供給であった。必ずしも充分ではなかったが、この銑鉄の供給によって、輸入銑鉄を失い、輸入屑鉄を失った平炉メーカーが、戦時・戦後の生産を維持できたのである。ところが、日鉄が分割・民営化されたことによって、この銑鉄の供給は危うくなった。これもすでにふれてきたが、戦時・戦後に平炉メーカーに銑鉄を供給してきたのは、富士製鉄が継承した、広畑、釜石、輪西（後の室蘭）の三製鉄所であった。しかし民間企業としての富士製鉄としては、この銑鉄供給会社的経営では成り立ちえなかった。このため同社は、銑鉄の外部への供給を減らし、これを自家消費して鋼材として市場に出すため、製鋼・圧延設備の増強を図った。平炉メーカーへの銑鉄供給は必然的に縮小せざるをえなかったのである。

(5)　朝鮮戦争の勃発と動乱ブーム

ドッジ・ライン二年目になる一九五〇（昭和二十五）年度も厳しい不況のうちに始まった。鋼材補給金は七月一日には廃止されることになっており、それ以降、鋼材販売の見通しが立たないと思われていた。ところがこの直前の一九五〇（昭和二十五）年六月二十五日、朝鮮戦争が勃発した。この戦争はやがて日本経済に特需景気をもたらし、鉄鋼業界にも特需、輸出、国内の活況に伴う国内販売の増加など多方面から販売の増加をもたらし、多くの利益をもたらした。これが、ドッジラインを契機に設備の更新を必要としていた各社に、そのための資金的余裕を与えた。

3　原燃料供給源の喪失とその確保への努力

(1)　製銑原料

まず製銑原料としての鉄鉱石と原料炭についてみる。

戦前は、鉄鉱石と、原料炭のうち強粘結炭は、ともに中国と東南アジアからの供給に依存した。そしてこの供給は多分に、日本の政治的、軍事的な力を背景にして獲得されていた。ところが、日中戦争が始まるとともに中国からの供給が減少した。しかし対米戦争に突入し、やがて東南アジアからの輸送路が絶たれとともに、再度、中国・朝鮮からの輸移入に依存するようになり、やがてそれも困難となり終戦を迎えることとなった。とりわけ石炭の欠乏が甚だしかった。

戦後は、「東亜鉄鋼資源が吾々の勢力圏外に逸し去った」[13]。また国内炭の欠乏は敗戦によってさらに著しくなった。炭鉱では戦時期には、朝鮮人労働者らを強制的に働かせることによってなんとか生産を上げていたが、これが敗戦により不可能となり、生産は低迷した。このため鉄鋼の生産を再開するためにはまず原燃料の確保が先決となった。当時は勿論海外からの輸入も期待できず、戦後もしばらくは国内原料のみによって生産を続けざるをえなかった。しかしすでに昭和二十一年に日本鉄鋼協会により設置された鉄鋼対策技術委員会が同年に出した報告書にもうたわれているように、「鉱石については中国と南方、石炭については中国からの輸入によるべきである」と展望されていた[14]。そして実際、一九四九、五〇（昭和二十四、二十五）年には、鉄鉱石、原料炭（強粘結炭）ともに中国・東南アジアからの輸入が増加し、戦前以来の供給源が復活するかにみえた。ところが朝鮮戦争の勃発が、この原料状況を振出しに戻してしまった。この海外原料が安定的供給を確保されていなかったこと、さらに自らの海運をもたないため輸送コストがかさむことが、国内産の原料高と相俟って、日本鉄鋼業が国際競争力を獲得するための大きな隘路となっていた。

ⓐ 鉄鉱石

鉄鉱石は、戦前から海外に大きく依存しており、中国及び東南アジアからの供給が多かった。敗戦後しばらくは鉄鉱石の輸入は許可されず、国内原料のみで細々と生産が開始されたが、一九四八（昭和二十三）年から輸入が再開された。海南島鉄鉱石の輸入を皮切りに、アメリカや、フィリピン・マレーなどの東南アジアや中国から輸入されたのである。この一九四八（昭和二十三）年には海南島鉄鉱石が輸入鉄鉱石の四四・五％を占めたが、四九年・五〇年にはフィリピン及びマレー鉄鉱石が多くなった(15)。

ⓑ 原料炭

原料炭のうち強粘結炭については、国内では九州の北松炭以外にはほとんど産出されておらず、大部分海外に依存せざるをえない。一九五〇（昭和二十五）年六月に中国開らん炭の輸入が許可され、同年の原料炭輸入量の五五％を中国からの輸入が占めた。戦前と同様の中国依存が復活するかにみえたが、これも朝鮮戦争に中国が参戦したことを機に途絶し、代わってアメリカから輸入されることとなった。この米炭は品質に優れているが、アメリカ東海岸からパナマ運河を通り太平洋を渡って運ばれるため、運賃がかさみ、とりわけ好景気の際には高騰し、対策が必要とされた。

弱粘結炭については、主に国内炭が使用された。この国内炭は、原料炭以外の発生炉炭、一般炭とともに海外の鉄鋼生産国に比べて、そして戦前の日本に比べても、価格が高く、日本鉄鋼業の高コストの最大の要因と見なされた。

鉄鋼業界としては、「一歩譲って」、「開らん炭が七・五弗、国内炭が七弗（開らん炭の九〇%の使用価値がある）、鉄鉱石が七弗になれば、銑鉄価格は三〇弗となり」、あわせて鉄鋼業自体の合理化を進めることにより国際市場における競争が可能となる、「鉄鉱石はいま一息の努力で」この七弗になるが、「国内炭は現在一四－一五弗」であるという。[16]このため炭価が下がるまで補給金が必要である、というのが鉄鋼業界の要求であり、産業合理化審議会でも、国内石炭産業の合理化により炭価を大幅に下げない限り鉄鋼の国際競争力は獲得できないと考え、これが達成されるまで、石炭補給金を継続することを求めるという結論に達した。[17]

(2) 製鋼原料

高炉を持たない平炉メーカーにとって、製鋼原料である銑鉄及び屑鉄の大部分（自工場における発生屑以外）は外部から供給を受けなくてはならない。戦前の平炉メーカーは、一九二〇年代には輸入銑鉄に依存していた。そして一九三〇年代に入って、為替レートの低落と銑鉄関税により輸入銑鉄に依存するメリットがなくなり、幾つかの平炉メーカーは三〇年代後半（昭和十年前半）に高炉を建設して一貫生産を開始した。しかしそれ以外の多くの平炉メーカーはその後も輸入銑鉄と日鉄による銑鉄供給に依存するとともに、アメリカから輸入する屑鉄に大きく依存して屑鉄の配合率を高めることによって生産を伸ばした。

ⓐ **屑鉄**

戦前は、アメリカから屑鉄が大量に輸入され、これに依存した平炉メーカーが日本の鉄鋼生産に大きな位置を占めた。

戦後は、アメリカからの輸入はしばらく途絶えていたが、いわゆる戦争屑が豊富に供給された。先に述べたように戦後の粗鋼生産は、原料がほとんど屑鉄である電気炉によって再開され、やや遅れて再開された平炉による粗鋼生産も、混銑率を下げ、屑鉄を多量に使用して行われたのであった。

しかし、この戦争屑も、一九四八（昭和二十三）年頃から早くもその涸渇が心配されるようになった。この対策として通産省は、一九四九（昭和二十四）年五月に臨時鉄くず資源回収法を制定した。

また屑鉄の輸入も、「昭和二十三年下期においてすでに早くも、鉄屑輸入の声が上がり初めた」[18]。一九四八、四九（昭和二十三、二十四）年度には駐留軍払下屑がわずかながら供給され、一九五〇（昭和二十五）年度からは韓国などアジア地域からの輸入が始まった[19]。

ⓑ　製鋼用銑鉄

一九三〇年代の平炉メーカーの優位から劣位への過渡期に、アメリカからの輸入屑鉄とともに平炉メーカーを補完したのが日本製鉄による銑鉄の供給であった。日鉄は半官半民の国策会社として、自らの一貫生産を行うとともに、平炉メーカーに銑鉄を供給する体制をもち、とりわけ戦時期には、日本鉄鋼業全体での銑鉄の自給を目指して、製鋼用銑鉄の供給を確保する体制が意識的に作られていた。八幡製鉄所は製銑・製鋼・圧延のバランスがとれ、銑鉄は若干量を平炉メーカーに供給していたにすぎないが、輪西（室蘭）、釜石、広畑の三製鉄所は、その製銑能力に比して製鋼能力が過小になるように建設されており、自社消費能力を超えた銑鉄を外販する体制になっていたのである。そして戦後もこの日鉄による銑鉄の供給は行われた。

しかし前述のように、占領政策によって一九五〇年に日鉄が分割され、輪西・釜石・広畑の三製鉄所が富士製鉄として独立した。この三製鉄所は、製銑能力に比して製鋼能力が過大であり、中間製品である銑鉄を外販せざるをえず、これが平炉メーカーに供給されることになったのであるが、これは同社にとって経済合理性を欠く体制であり、製鋼・圧延部門の能力のバランスを図るであろうことは目にみえていた。また、もともと製銑能力と製鋼能力のバランスがとれていた八幡製鉄、日本鋼管から多くの銑鉄を供給することは期待できなかった。このため、平炉メーカーにとって、銑鉄不足が生産の隘路となりつつあった。

平炉メーカーはまず銑鉄の輸入に活路を求めようとした。しかし戦前に大量の銑鉄を供給したインドは、戦後は自力による一貫作業を行うべく設備の拡充を進めており、多くを期待しうる状況にはなかった。そしてより根本的には、日本鉄鋼業にとって、銑鋼一貫生産体制を確立することが比較優位を獲得するための必要条件であり、また外貨の節約を考えても、一時的な平炉メーカーの救済策として以上には、銑鉄を輸入することを政府・通産省は考えてはいなかった。高炉をもたない平炉メーカーにとって、その必要とする銑鉄が外部から安定的に供給される体制はもはや望みえなくなっていたのである。

4　技術水準の遅れとその回復

(1)　戦前・戦時の技術水準

戦前の日本鉄鋼業は、第一章で述べたように、軽工業優位の産業構造のなかで、官営八幡製鉄所を中心として、欧米先進国の技術を採り入れながらキャッチアップを目指した。そして一九三〇年代の半ば（昭和十年前後）までには、低為替レートや関税などによる保護を受けながらではあったが、鋼材のほとんどの品種で輸入代替を実現し、さらに自国の勢力圏には輸出をもしうるまでに至った。技術的には、八幡製鉄所洞岡地区の大型高炉や、この操業を支えたコークス製造技術は、世界水準を自負するものであった。また多くの設備を輸入機械に依存せざるをえなかった圧延部門にしても、この時期には必要とする全ての品種を生産しうるようになっていた。また当時の圧延技術の最先端を行くものとして、アメリカにおいて普及しつつあったが、ヨーロッパにはまだ設置されていなかったストリップ・ミルを導入してブリキの国内需要を満たすだけでなく、東南アジアにまで輸出しようと企図し、八幡製鉄所戸畑地区にこれを建設するまでに至った。当時の「技術水準を一流国にくらべると、平常時であった第二次世界大戦前において、日本は一流製鉄国に続いて進んでいた程度[20]」にまでキャッチアップを実現していたと考えられていた。また日鉄社史は「当時としては、ヨーロッパにくらべれば勿論だが、アメリカとだってそうひどく遅れているわけではなかった[21]」と述べている。

ところが戦時期に先進諸国との交流が途絶えてしまった。そして、「戦後、お互いの交流がひらけてみると、日本の遅れが目立っていた[22]」。それはまず、戦時中は、生産設備の更新は行われず、設備は酷使され技術は荒廃したことによる。即ち、「原料も非常に苦しくなってくる。また陸海軍もあせってくるということで、製鉄業そのものが技術的に働くというより、むしろ政治的に押されてしまって、本当に技術的に良心的な作業ができなくなってしまった。殊に終戦近くなった時には量が第一であって、（中略―上岡）極端にいえば『鉄でありさえすれば良い』というところまで行ってしまった。（中略―上岡）現場ではかなりでたらめな作業が行われていた[23]」という事態に至ってしまった。要するに、戦前期の日本鉄鋼業が獲得した技術水準すら、この戦時時に見失われていたのである。この技術の停滞は、敗戦後もしばらく続いた。そこでは、復金融資と補給金に手厚く保護され、「先ず駄目になった設備を何とかして動かすということに力が集中された。従ってその間以前のような技術的訓練もできなければ、本当の研究問題にも手がつかなかった[24]」のである。

ところがこのように日本の製鉄技術が停滞あるいは退歩した戦時期に、アメリカでは製鉄技術が大きく進歩した。またヨーロッパでも、戦後、マーシャルプランの後押しを受けて、このアメリカにおける技術進歩を摂取しようとしていた。かくて戦前期にキャッチアップ途上にあった日本の製鉄技術は、戦時・戦後のキャッチアップの中断によってできた遅れがプラスされ、二重に遅れをとってしまったのである。

(2) ドッジ・ラインとアメリカ人技師の指導

一九四七、四八（昭和二十二、二十三）年頃、アメリカの占領政策に大きな変化があり、一九四九（昭和二十四）年にドッジ・ラインという形で日本鉄鋼業に合理化を強制すると同時に、アメリカ人技師を日本に派遣して技術指導にあたらせた。製鋼部門については、一九四九年（昭和二十四）に第二次鉄屑調査団の団員として来日したウォーク（USスチール・ホームステッド製鋼部長）、コールター（太平洋ベスレヘムスチール熱管理部長）が、調査終了後も残留して主要平炉工場で平炉操業の指導にあたったのをはじめ、同年四月にはヘイス（USスチール本社熱管理部長）、マックラウド（元USスチール・ディケイン工場長、平炉出身）が、製鋼作業とくに熱管理について、全国各工場を巡回して指導に当たった。またその他、やはり製鋼技術についてヒル（元USスチール平炉専門家）が来日し、指導した。

圧延部門では、八幡製鉄所戸畑のストリップ・ミルの操業指導が行われた。このストリップ・ミルは、「昭和十六年に建設されたものであるが、たまたま国際関係の緊迫によって技術指導が受けられなかったため、十分に能力が発揮されなかったものである。米国側においてもこれに着目し」[25]、一九四八（昭和二十三）年十一月初旬から翌年二月初旬にかけて、ソウエル（USスチール）がホット・ストリップ・ミルによる熱延作業を指導し、さらに一九四九年（昭和二十四）三月中旬から八月上旬までマックレーン（ベスレヘムスチール・スパロースポイント工場）が来日してコールド・ストリップ・ミルによる冷延作業を指導した。熱延作業は、ソウエル来日前には月産二〇〇〇トンから四〇〇〇トン、歩留りが九〇％以下であったのが、指導の結果、月産六〇〇〇トン、歩留り九二％に向上した。また冷延作業も、指導を受ける以前には平均月産一六〇〇トンであったのが、指導により二～三〇〇〇トンに上昇、さらに帰国後、同（一九四九）年末には四〇〇〇トンにまで上昇した。[26]

製銑部門については、アメリカ側でもその技術的遅れはさほどない、と考えていたため、主として原料関係の指導が行われた。すなわち、右記の技師にやや遅れて二十六年四月から三ヶ月、高炉操業、とりわけ原料の事前処理についてジョセフ（ミネソタ大学教授）が指導にあたった。[27]

また一九五〇（昭和二十五）年には、今度は日本の技術者が米国鉄鋼調査団として、二月に第一班（製鋼・圧延班）一〇名（日本製鉄三名、日本鋼管二名、新扶桑金属、神戸製鋼所、川崎重工、尼崎製鋼の四社から各一名、通産省一名）が渡米し、さらに四月には第二班（コークス・製銑班）四名（第一班から残留した日本製鉄・日本鋼管各一名、新たに渡米した三菱化成、日本製鉄各一名）が米国内の製鉄所を視察して帰国した。

(3)　製鉄技術の世界水準からの大きな遅れ、そして戦前水準の回復

以上のような米人技師の指摘、また渡米した日本人技術者の見聞から明らかとなった日本の製鉄技術の状況は、概ね次のようなものであった。

まず製銑部門は、米国側も「高炉・コークス炉については、わが国の技術を高く評価していたようで[28]」あり、鉄鋼調査団の一員として渡米した日鉄の和田亀吉もいうように[29]「一般に製銑設備及び作業は製鋼・圧延程のひらきはなかった。そもそも「製銑技術にはいちじるしい進歩はなく、極端にいえば二〇年一日といってよい位で、近代化の程度は炉容の大きさ、従って銑鉄の日産能力によって比較されるのがふつうである[30]」が、その炉容は稼働高炉の平均日産でみると、アメリカが六二八トン、日本が六一四トンと、ほとんど差はなかった。ただし休止中の高炉を含めてみるとやや見劣りするし、日本で最大の高炉は八幡製鉄所洞岡と広畑製鉄所の各二基、計四基の公称日産一〇〇〇トンであるのに対し、アメリカでは最大公称能力日産一八〇〇トン（ベスレヘムスチール・スパロースポント工場）であった。ヨーロッパをみると、イギリスの稼働高炉の平均日産は二七〇トン、西ドイツ三六五トン、ベルギー二二八トン、ルクセンブルグ二六七トン、フランス二一一トンなど、いずれも日本の方が勝っていた。[31]

なお、製銑部門では、原料の事前処理の必要性が指摘された。また、日本の技術者にとっても、事前処理の必要性については戦中から認識されていたことでもあり、戦時中に原料の粗悪化に対処できなかった経験、そして前述のジョセフ教授の指導などにより、その必要性の認識が高まった。しかしこれも、既存の製鉄所では、敷地の問題、あるいは設備費の問題などがあり、徹底的には取り入れられる状況ではなかった。

製鋼部門についても平炉の炉容の大小がその生産性を左右する最大の要因であるが、この容量の面での劣位は高炉より大きかった。即ち、日本の平炉が平均五〇トン、最大一五〇トンであったのに対し、アメリカでは平均一五〇トン、最大四〇〇トンに達していた。[32] また熱管理の面からも様々な指摘がなされた。平炉の燃料原単位を比較すると、「米国では鋼塊一屯に対し一〇〇万キロカロリーでもって足るのに反し日本では平均一六〇万キロカロリー程度を要している」。これは「管理組織および技術の後進性によるもので、（中略－上岡）『カン』にたよるような作業方法をとっているためである」と指摘[33]されており、負圧操業であるため炉内に空気が侵入し、燃料が浪費されていること、原料装入時間が長いことなども指摘され、その改善が勧告された。

圧延部門については、その設備が、八幡製鉄所のストリップ・ミル、広畑製鉄所の連続式厚板圧延整備など一部の設備を除いては、アメリカの設備とは格段の差があった。「最も立劣れているのはこの圧延部門であってその設備の老朽化は、技術の問題をはるかに越へて如何ともし難い現状[34]」であった。もっとも全ての圧延設備がアメリカに遅れていたわけではない。例えば「棒鋼についてはむしろ例外で、その機械設備において世界的な進歩が特に行われたわけではな[35]」かった。遅れが特に目立ったのは、薄板、厚板などの鋼板類であった。

このような技術の遅れを自覚した日本鉄鋼業の技術者・経営者は、戦後の数年間、とりわけドッジ・ライン下、とりあえず既存の設備を復旧し、使用しながら主にその操業面において、部分的には設備の簡易な補修によって、その克服に努めた。このため、一九四九（昭和二十四）年には「未だ戦前の線まで到着していない[36]」とみられていた製鉄技術は、一九五一（昭和二十六）年には「漸く最近は昔の線にほぼ近づいてきた。中には従来以上に進んでいるものもあり、中にはまだ到達していないものもあるが、大体において戦前の線にまで恢復した」[37]といえる状態に至った。

高炉における原単位は戦前の水準を取り戻した。コークス原単位（銑鉄一トンを生産すのに要するコークス）は戦前には一トンを僅かながら割っていたが、戦後には一九四九（昭和二十四）年に再度一トンを割る成績をあげた。

平炉における熱管理の面でも、「二十五年春以来その消費熱量は戦前程度に回復し」[38]、例えば一九四九（昭和二十四）年十一月に操業を再開した釜石製鉄所第二製鋼工場では、良塊トン当たり一一〇～一二〇万キロカロリーに低下した。また広畑製鉄所製鋼工場では、同じく一二五万キロカロリーを達成した。

また平炉の生産性も上昇し、鋼塊一工当たりの生産高は、「二十一年には戦前平均の三二％に落ちたが、一九五一（昭和二十六）年には九六％とほぼ戦前の水準に復し」[39]た。

こうした操業面を中心とした改善により日本の鉄鋼技術は戦前に到達した地点に再度立つことが出来た。それは再度先進諸国に対するキャッチアップの再出発のスタート台に立ったことを意味した。しかしその再度のキャッチアップは、敗戦後数年間のように、既存の設備を活用した操業面の改善によっては不可能であった。「最近に至って原単位の低下が漸く足踏みをはじめたことは、現在の設備による合理化が略々その限界に来ていることを示すものであって、今後は設備資金の投入による近代化に俟つところが大き」[40]かったのである。

以上、要するに鉄鋼生産技術は、とりあえず自らの後進性を克服しようとしたキャッチアップの成果である戦前の水準を取り戻した。しかし戦時期から戦後の一〇数年間の空白は、この日本鉄鋼業の技術水準を再度、欧米の先進諸国の水準、とりわけアメリカの技術水準からから大きく遅れたものにしてしまった。二重の後進性がそこにあったのである。

5 戦前型生産構造の復活と動揺

敗戦後数年間の日本鉄鋼業は、戦前以来の生産構造、本書で言う戦前型生産構造を復活させていた。戦前のキャッチアップの過程で形成されたこの生産構造は一九三〇年代に入ってその経済合理性を揺るがせた。しかし、戦時期、この経済合理性を失った戦前型生産構造は国家によって維持された。即ち、政府は当面の鉄鋼生産を確保し拡大するため、原料銑鉄の供給先を失った平炉メーカーに銑鉄を供給する役割を半官半民の国策会社である日本製鉄に持たせたからである。そして日本製鉄はこの任務を全うするため、既存の製鉄所に高炉を増設するとともに、新規の製鉄所を建設し、そこにおける銑鉄生産力を拡充した。これによって、日本鉄鋼業全体としては、銑鋼アンバランスはある程度は解消される方向に向かった。しかしアメリカからの輸入屑鉄への依存はさらに強まり、平炉メーカーは相変わらず大きな比重を占め、一貫製鉄所の比重が小さく、いわゆる銑鋼分離という特徴は解消しなかった。

そして戦後の復興過程で、一貫メーカーの復興がもたつく間に、中小の電炉・単圧メーカーが、さらに戦争屑と日鉄等が供給する銑鉄に依拠した平炉メーカーが復興を進めた。これによって戦前型生産構造が復活したのである。

しかし、この復活した戦前型生産構造は、この一九五〇（昭和二十五）年ごろには、その存立基盤が脆弱であることが明らかになっていた。即ち、平炉メーカーに銑鉄を供給していた日鉄が占領政策によって一九五〇（昭和二十五）年四月をもって八幡製鉄・富士製鉄という民間企業になり、外販銑鉄の供給源であった輪西・釜石・広畑三製鉄所を継承した富士製鉄は、その生産工程のアンバランスを解消することを目指したため、いずれ銑鉄の供給が減少する見通しとなっていた。また銑鉄の統制も間もなく撤廃されようとしていた。さらに、戦後初期には豊富だった戦争屑もまもなく涸渇する見通しとなり、また銑鉄の輸入の見通しもなかった。

第二節　鉄鋼業第一次合理化の出発

1　第一次合理化の課題

前節で述べたように、一九五〇（昭和二十五）年ごろには、生産設備の復旧は概ね完了し、生産はほぼ敗戦前の水準にまで回復した。

原料については戦前（日米開戦前）の状態は回復していなかった。製銑原料、即ち一貫メーカーにとっての原料基盤は、戦前に確保した安定供給体制を取り戻せないでいたのである。また戦前に平炉メーカーにとって重要な原料基盤であった輸入銑鉄と輸入屑鉄はさらに不安定であった。

また生産技術は、戦前のキャッチアップの結果として日本鉄鋼業が獲得した水準、戦前の時点では先進諸国に比べてさほどの遜色のないところまで到達した水準は概ね取り戻した。しかしこの戦前の水準は、戦後五年たった当時のアメリカ、ヨーロッパの水準からみると、再度大きく遅れたものであった。そこには二重の後進性が存在したのである。

そして生産構造は、戦後の復興過程で戦前型生産構造が復活した。しかしこの生産構造は、その基盤が揺らいでおり、当時の鉄鋼業に課せられた課題、即ちコスト低減により国際競争力を獲得するという課題に応えられるものではなかった。そして実際に、原料基盤の変化と、また日本製鉄の分割を契機として、その存立基盤を喪失していることが明白な状況となっていた。

戦後の日本鉄鋼業は戦後の新しい状況下に、戦前と同じ体制で存続することは許されなかった。戦後当初こそ、鉄鋼業無用論が主張されたが、戦後の日本は、戦前のような軽工業を基軸とする産業構造をもって発展する条件をなくしていることが徐々に明白となってきた。生糸の市場はナイロンの発達により蚕食されており、綿業の市場であった地域にも自給を目指す動きが顕在化してきた。戦後日本が経済的に発展するためには、重化学工業が機軸となるほかキャッチアップを再開する道はなかった。

一九四八（昭和二十三）年五月に経済安定本部によって作成された「経済復興計画第一次試案」は、五年後の昭和二十七年の生産目標として、昭和五―九年を基準年次とした指数で、繊維工業は八四、食料品工業は一〇六であるのに対し、化学工業は二一五、機械工業は二〇二、金属工業は一四一とした[41]。戦前の日本資本主義を支えた軽工業は、戦後には主軸とはなりえないとし、代わって、機械工業や化学工業に徐々にウェイトをうつしてゆかねばならない[42]、そして「このような化学工業や機械工業の発展を裏付けるためには当然併行して鉱業や金属工業の基礎が確立されなければならない[43]」としていた。

また鉄鋼業については、「熱管理、副産物処理等のおける銑鋼一貫作業の優位をみとめるとともに屑鉄の世界的不足等の事情を考慮して原則として銑鋼一貫作業方式を採用」すべきものとしている[44]。

この日本の復興構想に関連して、後に川崎製鉄の一貫化構想をかげで支えることになる商工省技官三井太佶は一九四八（昭和二十三）年九月、鉄鋼協会の講演会で次のように述べた[45]。そこでは、鉄鋼業が国際競争力をもって自立しなくてはならないこと、即ち、「戦前は繊維を中心とした軽工業製品と貿易外収支とを以て重工業資源設備が輸入され、鉄鋼業は手厚い国家の保護の下に発達したが、戦後は軽工業は昔日の偲に復帰しがたく、（中略―上岡）鉄鋼業は昔日の繊維工業の如く自らの力によって物資を輸入し、自らの力による低原価を以て、外国市場に打って出ざるを得ない」と。そしてさらに戦後、労賃コストが上昇したこと、「東亜原燃料資源が吾々の勢力圏外に逸し去った」ため「原価の割高は避けがたい」こと、そして「最も重大にして見逃しがたい事は、日本の鉄鋼生産設備は老朽し、且つ著しく旧式化しつつある。即ち世界的水準より相対的に著しく退歩しつつある」として、鉄鋼業の復興は「現在の遊休設備を逐次昔のままで稼働して行く事である限り、日本の鉄鋼業は質的に何等進歩せず、到底ここに掲げた悪条件を補填することは不可能」である、「五ヶ年計画はリハビリテーションではなくリコンストラクションでなくてはならない」と結論している。

こうして日本資本主義が発展するためには、そしてそこで日本鉄鋼業が生き残ろうとするなら、自らの力で国際競争のなかで勝ち残ることが必要となった。そしてそのためには次のような課題が解決されなくてはならなかった。それは第一に、原燃料の供給が不安定であるということである。まず製銑原料については、前述のように鉄鉱石・原料炭ともに、量・価格両面で不安定であった。また平炉メーカーにとっては、銑鉄・屑鉄の安定した供給が見込めず、製銑設備を持たないことが大きな問題となっていた。

第二に、技術の後進性、とりわけ生産設備についての老朽化と旧式化（陳腐化）という問題であった。とくに圧延設備についてそれは著しかった。

第三に、復活した戦前型生産構造が、この鉄鋼業の戦後の課題にすでに適合しなくなっていたことである。[46] また、中小の単圧メーカーの乱立状態も日本鉄鋼業の非能率性をもたらしていた。[47]

2　政府・通産省による合理化策

政府（通産省）は国際競争力の獲得を大目標とした産業合理化策を確立しようとした。その中心に鉄鋼業の合理化が位置づけられた。それは上記の日本鉄鋼業の発展にとっての三つの問題を解決しようとするものであった。まず一九四九（昭和二十四）年九月十三日の閣議で、「国際価格への速やかな鞘寄せ」を目標とする「産業合理化に関する件」を決定した。[48] そしてこれに基づき同年十二月、産業合理化審議会を設置し、そこに置かれた三一の産業別部会の一つとして鉄鋼部会を設けた。鉄鋼部会は翌一九五〇（昭和二十五）年一月から、「補給金なしで輸出を可能にすることを目標として」審議を開始した。この審議会での論議から答申に至る過程については、『通商産業政策史　第三巻』第四章第二節（岡崎哲二氏執筆）が詳細な検討を行っている。

審議会では、第二の問題、即ち技術の遅れの克服の問題が論議されるとともに、第一の問題、即ち原燃料（とくに国内産の石炭）の高価格の問題が、石炭業の合理化策を鉄鋼業の合理化策と併せて検討するという形で論議された。まず鉄鋼の国際競争が可能となる目標炭価が、最初、原料炭炉前二七八〇円とされ、さらに二八〇〇円とされた。[49] しかしそれでもこの目標炭価の達成には「悲観的」な結論しかでなかった。[50]

六月二十二日に開かれた総合部会においても、「三年後の炭価について石炭部会の出した結論と鉄鋼部会の結論との間に原料炭トン五〇〇円ほどの開きがあり、これをどう調整して炭価を引き下げるかに議論が集中したが、（中略―上岡）遂に歩みよりができず、予定の二十三日の閣議に報告ができなかった」ため、「石川経団連会長、河田日本鋼管社長、井上日銀理事、高木石炭協会会長の四人を小委員に挙げて二十四日午前小委員会を開き最終答申をだすことになった」と報じられている。[51] おそらくこの二十四日午前の小委員会での論議の結果が同日付の答申であろう。

この六月二十四日付答申は、石炭鉱業は合理化により「原料炭価格を三三〇〇円に低下させられるとし」、鉄鋼業における合理化と相俟って、「『昭和二八年度に於いては（中略―上岡）鉄鋼業は略々自立態勢を整えることができる』という結論」となった。[52] そしてこれに対し、「国内炭使用を前提として鉄鋼業の自立が可能という結論に向けてかなり強引な数字操作の上作成された面をもっている」[53]と「非難を込めた指摘がなされている」[54]が、「占領下の制約を受けていたため、韜晦した表現を用いたとみることもできる。国内資源利用という制約を外して、『安い運賃』による輸入のメリットを活用することを追求すれば、資源生産性の低さということは致命的に不利な条件ではなかった」と橋本寿朗氏は述べている。[55] 外貨の制約、石炭産業が輸入に反対していること、また石炭産業を保護する政策などが輸入を阻害しており、それならば、補給金を存続させるというのが審議会の結論であろう。

ところで、この結論は、政府・通産省による鉄鋼業育成方針の具体化であることは勿論であるが、しかし同時に自らの合理化策とそれへの政府の助成を求めるとともに、原料価格の割高を政府の石炭業への助成によってカバーしようとする鉄鋼業界及び各鉄鋼メーカーの思惑を背景とするものであった。

即ち、「審議会の結論は石炭鉱業の主張と鉄鋼業との歩みよりであるがこれに反して本文は業界の率直な要望である(56)」と言われる『日本鉄鋼業の現状と見透し』は、この答申と同時期（同年七月）に鉄鋼連盟から発表されたものであるが、そこには「開らん炭は七・五弗、国内原料炭及び発生炉炭は平均七弗、屑鉄は一二弗の条件が必要であり、「この価格に下がるまでは輸入原料については輸入補給金を継続し、国内炭については炭鉱業者に石炭助成金を交付するのが最もよい」と述べている(57)。

当時鉄鋼業界は高炭価問題を声高に唱えていた。日本鋼管社長の「河田重氏が一万田総裁に面接、親しく炭価高の事情を具申したというエピソードも伝えられ(58)」、この一万田総裁が、高炭価問題が焦点となっていた一九五〇（昭和二十五）年五月十一日の記者会見で「現在米国炭の輸入価格は一トン当り三千三百円見当だが、日本は六千円ぐらいについているので、これでは太刀打出来ない(59)」と語ったという。

また鉄鋼業界による石炭の輸入の要請もこれと並行して行われ、「輸入については三月の連盟理事会でもとり上げられ、その後政府に原料炭、発生炉炭等の輸入促進懇請が行われたが六月七日に至って開らん炭百万屯の輸入契約が、八幡、富士、鋼管三社と開らん炭鉱総務局との間に正式に成立した」。また発生炉炭として撫順炭の輸入も要請されたが、これは「石炭業界並に資源庁方面の反対もあり年内実現を見るに至らなかった(60)」。

さらに「鉄鋼業自体の合理化」については、四二〇億円をかけて遂行されることとなり、「『合理化促進に必要な施策』としては、①鉄鋼四二〇億円、石炭四〇〇億円の資金とこれに関する低金利措置、②復金その他の借入金に対する金利・償還期限面での特別措置、③租税・輸入税の減免と機械化助成策、④外国機械・技術輸入に関する特別措置、

⑤鉄鋼向け石炭鉄道運賃の割引、⑥基準料金での電力割当て増加、⑦原料炭・発生炉炭の所要輸入量確保、⑧屑鉄対策の強化と重油使用の増加、⑨合理化調査・指導機構の確立が指摘された」[61]。このなかには⑤鉄道運賃の割引のように実現しなかったものもあるが、大部分はその後具体化していった。

なお、前記の日本鉄鋼業発展にとっての三つの問題のうち、第三の問題、即ち戦前型生産構造の再編成の問題については、政策課題が個別企業の利害と対立するため、政策化が困難であったが、それでも、既存の一貫メーカー（八幡製鉄、富士製鉄、日本鋼管）を軸として日本の銑鋼一貫生産体制を強化する、という方向性をもって通産省内で検討されていた。

即ち、一九五〇（昭和二十五）年四月十二日の日本経済新聞は、「米国にならって銑鋼一貫メーカーを中心とする集中生産態勢に切替え生産コストを下げない限り、日本鉄鋼業の国際的自立は不可能であり、このためには単独平炉メーカーの存立も認めないという思い切った企業整備」が必要とする意見が出て来たと報じた[62]。この記事は、いったんは「通産省鉄鋼局ではこの案は現在の日本では実行不可能である」として否定されたが[63]、再度、通産省で「具体策を練って」いる、と報道された[64]。

3　第一次合理化の出発

(1)　圧延部門を中心とした再度のキャッチアップ

鉄鋼産業の技術水準の向上は、ドッジ・ライン下で米人技師の指導を受けながら、操業技術の向上を中心として取り組まれ、一定の成果をあげた。しかしこれも既存の設備を前提とする限りその限界に至り、設備の近代化投資が求められた。前節で述べたように、日本の製鉄技術は二重の後進性をもっていた。すなわち戦前にかなり克服されてされてはいたが、完全には解消し切れていなかった明治期以来の後進性と、戦時期に新たに発生した後進性を併せ持っていた。そしてこの再度のキャッチアップのモデルは、戦前以上に鮮明であった。戦前にはアメリカとドイツ双方がモデルであったが、戦後はアメリカがほとんど唯一のモデルとなっていたのである。この二重の後進性を克服するための再度のキャッチアップが目指された。

このアメリカをモデルとした再度のキャッチアップは、朝鮮戦争の勃発前には、資金の不足からはかばかしい成果はあげられなかった。しかし一九五〇（昭和二十五）年六月、朝鮮戦争が勃発し、これに数ヶ月遅れてブームが鉄鋼業界を潤しはじめた。また「通産省は、鉄鋼生産計画ないし見通しの上方改訂を繰り返した」[65]。即ち、昭和二十五年度生産見通しは、当該年度開始直前には、普通鋼鋼材二五〇万トンであったが、七月には二九〇万トンとなり、年末には三三〇万トンに増加した。また昭和二十六年度生産計画は、一九五〇（昭和二十五）年八月の案では鋼材三七〇万トンであったが、十月までには四〇〇万トンとなった。さらに「鉄鋼業界ではより積極的に四二〇～四三〇万トンの生産が必要だと主張していた」[66]。生産も急激に増加した。

このような状況に、各社は積極的な設備投資を計画しつつあったが、政府もこのブームを利用して鉄鋼業の合理化を進めるため、各種の施策を実施した。まず一九五〇（昭和二十五）年八月には先の鉄鋼部会の答申の対策部分を要約し、運輸・大蔵両省と調整して作成した「鉄鋼業及び石炭鉱業合理化施策要綱」を閣議決定した。そして通産省は、「企業合理化の絶好の機会であり、政府は合理化推進に決意をもっている」[67]として、「合理化資金の確保」等の支援策を示しながら、大蔵省、日銀等との折衝のための「説明資料として各メーカーに対し設備近代化計画の提出を求め」[68]た。

これに対し、各鉄鋼企業は十月以降、八幡製鉄・日本鋼管を先頭に、それぞれ大規模な合理化計画を策定し、通産省に提出した。なかでも十一月に提出された川崎製鉄の銑鋼一貫製鉄所建設計画は多方面に波紋を巻き起こした。また、住友金属も和歌山製造所に銑鋼一貫製鉄所を建設する計画をたて、通産省に提出した[69]。

大手六社の計画規模は表2-7の通りであり、その他の企業を含めると、所要資金は一二一一億円にも上った。こ

表2-7　6社の第一次合理化当初計画

	八幡製鉄	富士製鉄	日本鋼管	川崎製鉄	住友金属	神戸製鋼	合計
目標年度 所要資金	28年度 167億円	28年度 212億円	28年度 152億円	 163億円	 125億円	26年度 40億円	 859億円

（資料）『東洋経済新報』1950（昭和25）年12月9日号。

のため、翌年初めにかけて、通産省内部、また各社との間で調整が行われ、昭和二十六年二月二十三日付で産業合理化審議会総合部会の答申「我が国産業の合理化について」を閣議決定した。そこでは先に四二〇億円とされた鉄鋼業の合理化資金をさらに五三〇億円とされた。

さらに、一九五二（昭和二十七）年二月に、これらの各社の計画を総合して、産業合理化審議会の「鉄鋼業の合理化に関する報告」という、所要資金六二八億円の、昭和二十六年度から三ヶ年の計画としてまとめられた(70)。次に、この報告を概観する。

日本鉄鋼業の技術水準の遅れ、とりわけ設備面での遅れは前述のとおり、圧延部門でとくに大きかった。このため計画では、少ない資金を最も有効に活用するため、圧延部門に集中的に投下することとなり、六二八億円のうち、その五四・三％に当たる三四一億円が圧延部門に投下されることとなった。そしてこの圧延部門三四一億円の五一・九％（全体の二八・二％）に当たる一七七億円が薄板部門に、従ってストリップ・ミルなどに投入されることとなった。

この答申にある計画の概要は表2-8の通りである。答申は、この合理化によって、「合理化を行わなかった場合に比し、銑鉄で四％、棒鋼で一二％、薄板で二七％、線材で二一％、パイプで三〇％のコスト切下げが実現される(71)」としている。

またこの答申は原燃料の確保についてもふれている。即ち、「現在業界で真剣に検討されている東南アジアの鉄鋼資源の完成によって、東南アジアの鉄源を基盤とする鉄鋼業の経済循環が確立されるならば（中略―上岡）わが国鉄鋼業の国際競争力はさらに強化されることが期待される(72)」と。

戦前型生産構造の問題については、前述のようにドッジ・ライン下、政府の政策として再編政

表2－8　産業合理化審議会鉄鋼部会「鉄鋼業の合理化に関する報告」概要

（単位：百万円）

	所要資金額	説　明
製銑関係	11,400	
高炉・コークス炉	6,300	
原料事前処理設備	2,900	鉱石の破砕機、篩分機、コンベヤー輸送装置
砂鉄精錬	200	
その他	2,000	化成品関係、高炉付属設備、原燃料置場整備拡充等
製鋼関係	8,500	
製鋼工場	6,400	新式製鋼工場の新設、炉容拡張
酸素製鋼設備	1,500	
その他	600	
圧延関係	34,100	
薄板設備	17,700	ストリップ・ミル、レバーシング・ミル新設
厚板設備	2,000	可逆式四重圧延機
鋼管及び帯鋼設備	5,300	フレッツ・ムーン、電縫管設備、帯鋼設備
分塊及び均熱炉	6,300	
その他	2,800	
その他附帯設備	8,800	
合　計	62,800	

（資料）　産業合理管審議会鉄鋼部会「鉄鋼業の合理化に関する報告」（昭和27年2月）（『鉄鋼界』1952（昭和27）年3月号）により作成。また説明は、日本勧業銀行調査部『業務参考資料　昭和27年8月　行外秘　戦後の鉄鋼業』により補足した。

策の検討が進められたが、有効な計画が立てられる以前に朝鮮戦争が勃発し、ブームが到来したことにより、政策的には二次的問題とされ、なかば忘れられてしまった。この戦前型生産構造の再編成は、個別の企業において各々自社のかかえる問題の解決という形をとって取り組まれた。この問題が再度政策的にクローズアップされるには、動乱ブームが終息した後であり、さらにストリップ・ミルなどの新鋭設備が本格的に稼働を始めた時からである。

政府の合理化計画、そして業界としての合理化計画は前述のように、圧延部門を中心としたものとして立てられた。そして実際の合理化計画も、総体を概観すればほぼ政府の思惑通りの方向性をもって実施された。しかし政府や業界が統一した意思決定能力を持つわけではない。意思決定は各企業が行うものであり、そして各企業ともおかれた状況は多様であった。また似たような状況にあった企業及び経営者も、この状況に対する認識はやはり多様だった。さらにこの多様な状況認識に基づく経営構想はさらに多様であった。

当時の状況はいまだ混沌としており、第一次合理化はどのような方向をとるにせよ、ある種の〃賭〃であった。まず需要は、とりあえずは動乱ブームによって拡大していたが、将来の見通しは不透明だった。遅れた技術も、後進的な生産構造も、厳しい国際競争に立ち向かえるようになるかどうか、明確な見通しは立たなかった。原料供給源の確保も困難にみえた。この時代に対応できた経営者は自社の成長を勝ち取り、対応できなかった経営者は淘汰され、あるいはその企業自体が経営者ごと沈んで行く。

当時の鉄鋼業各社においても、一方には主に、復活した戦前型生産構造に安定した地位を確保していた企業には、既存の経営資源を重視し、この部分的改善によって漸進的に国際競争力を獲得しようとするタイプの経営者が多かった。例えば八幡製鉄では、とりわけ初期の三鬼社長の時代には、バランスのとれた日本最大の製鉄所である八幡製鉄所の一貫生産体制を生かし、この部分的改善によって国際競争力を獲得することを目指した。日本鋼管も、既存の一貫生産体制のうち、ネックとなっていた分塊設備の新設と、住友金属と二社でほぼ独占している鋼管製造設備に新規の設備を導入した。

また、戦前型生産構造に必ずしも安定した地位を確保しえていなかった企業にも、自社がとりあえず確保しえていた地位を守るような部分的な改善を行おうとする経営者が多かった。

他方、戦前型生産構造における自社の位置に満足せず、そこからの一大飛躍を求めて〃賭〃に出ようとした経営者もいた。川崎重工の西山弥太郎はその典型であった。また数年遅れて住友金属の日向方斉も西山の後を追った。そしてそれぞれ自社における現状維持的な構想を持つ経営者と対立しながら自らの構想の実現を目指した。

また通産省においても、復活した戦前型生産構造を基礎に、この延長線上に日本鉄鋼業の発展を実現しようとする構想が大勢を占めていたが、[73] 一部の若手官僚はこれに反発して、[74] 関西三社に一貫生産体制の確立を慫慂し、川崎製鉄（西山）の構想を支持した。千葉製鉄所建設計画出現の当初について言えば、第四章で述べるように、通商企業局が前者の立場に立ち、通商鉄鋼局が後者の立場に立った。

また日銀の一万田総裁も前者の立場を支持した。後に一万田はこの間の事情を次のように回想している。[75] 即ち、「当時の不足していた資金量のもとで、八幡・富士を放っておいて、新しい川崎製鉄にまずやれというか、とにかく八幡と富士の設備をまず復興する、なんとかしなければならんというか、どっちに先に資金を持っていくかという金の問題であった。だから僕は、川崎製鉄は小さいから待てと言った」と。

この回想からわかるように一万田の鉄鋼業の復興構想は、既存の一貫三社中心の体制を強化するものであった。このような観点からすると、後述する川崎製鉄の一貫製鉄所建設計画など簡単に認められるものではなかった。

このような混沌のなかで進められた第一次合理化計画を具体的に検討するためには、各企業のおかれた主客の条件と、それに対する各企業の対応策を個々に検討しない限り明らかにはならない。

(2)　近代的一貫製鉄所の建設

このように、この第一次合理化において、その重点は圧延部門の近代化・合理化におかれ、製銑・製鋼部門は既存の設備の復旧・稼働を主とすることとなり、戦後の日本鉄鋼業の発展をもたらした新規の、従って合理的なレイアウトをもった近代的一貫製鉄所の建設は目指されていなかった。しかしその例外が富士製鉄広畑製鉄所における戦時期の計画の完成を目指した計画と、川崎製鉄による千葉製鉄所の建設計画であった。

広畑製鉄所は前述のとおり、戦時期に建設を開始した一貫製鉄所であり、臨海立地、合理的なレイアウト、新鋭の量産設備など、戦後の高度成長期に続々と建設された近代的一貫製鉄所の先駆けであった。しかしこの製鉄所は、戦時期に建設されたこと、また戦前型生産構造を補完する役割をも与えられていたことなどから未完成のまま戦後を迎えた。第三章で述べるようにこの製鉄所を継承した富士製鉄は積極的な設備投資計画により圧延部門を拡充し、一貫生産体制の完成を目指した。

また川崎製鉄は千葉に一貫製鉄所を建設する計画をたてた。この計画の形成・発展と実現の過程については第四章で述べる。

おわりに

前述のように、戦後鉄鋼業は、一九五〇（昭和二十五）年ごろには復興をほぼ完了した。しかしその技術水準において、二重の後進性を持っており、このままでは国際競争に立ち向かうことはできなかった。

また、戦後復活した戦前型生産構造をもってしては、このようなキャッチアップによる国際競争力の獲得はおぼつかなかった。

こうして日本鉄鋼業の、国際競争力の獲得を目指した第一次合理化が出発することになる。しかし日本鉄鋼業の課題は、そのままの形で各メーカーの課題であったわけではない。実際のキャッチアップがいかにしてなされたかは、個別企業の動向をみなければ明らかにはならない。本章の最後に、各社の復興状態及び一九五〇（昭和二十五）年頃の各社の平炉・転炉による粗鋼生産シェアを表2-9にみる。

一貫メーカー三社はほぼ三分の二前後のシェアを維持している。一貫メーカー第三位の日本鋼管も、平炉メーカー大手最大の川崎製鉄の二倍である。一貫メーカーの力は大きかった。

一貫メーカーのなかでは、戦前にはシェアが四〇％を超えていた八幡製鉄（八幡製鉄所）の力の低下が目立つ。一

表2-9　各社平炉・転炉による粗鋼生産の推移

（単位：千トン、％）

	八幡製鉄	富士製鉄	日本鋼管	小　計	川崎製鉄	住友金属	神戸製鋼	全国合計
	2,086	290	714	3,090	434	92	274	4,905
1936年	(42.5)	(5.9)	(14.6)	(63.0)	(8.9)	(1.9)	(5.6)	(100.0)
	2,367	287	932	3,586	355	139	290	5,807
39年	(40.8)	(4.9)	(16.0)	(61.8)	(6.1)	(2.4)	(5.0)	(100.0)
	2,156	1,039	931	4,125	258	102	155	5,522
43年	(39.0)	(18.8)	(16.9)	(74.7)	(4.7)	(1.9)	(2.8)	(100.0)
ピーク	1939年	1943年	1940年	1943年	1937年	1942年	1938年	1939年
の年	2,366	1,038	952	4,125	460	124	314	5,807
	464	111	192	767	95	81	89	1,129
48年	(41.1)	(9.8)	(17.0)	(67.9)	(8.4)	(7.1)	(7.9)	(100.0)
	898	273	415	1,586	225	145	179	2,503
49年	(35.9)	(10.9)	(16.6)	(63.4)	(9.0)	(5.8)	(7.2)	(100.0)
	1,330	717	658	2,705	343	175	255	4,086
50年	(32.6)	(17.5)	(16.1)	(66.2)	(8.4)	(4.3)	(6.2)	(100.0)
	1,643	1,234	811	3,688	397	210	292	5,569
51年	(29.5)	(22.2)	(14.6)	(66.2)	(7.1)	(3.8)	(5.3)	(100.0)

（注）　1．ピークの年とは、各社の敗戦前の生産高がピークとなった年のことである。
2．敗戦前も全て内地のみの生産高とし、八幡製鉄欄は、八幡製鉄所のみ、富士製鉄欄は輪西（室蘭）、釜石、広畑３製鉄所の合計とした。戦時期に平炉を撤去した日本製鉄富士製鋼所、大阪製鉄所についても除いてある。また川崎製鉄は、1950（昭和25）年の分離までは川崎重工の生産高である。
3．（　）内はシェアである。
資料：日本鉄鋼連盟『製鉄業参考資料』各年版から作成。

九四三（昭和十八）年には四〇％を割り、戦後も一時は四〇％台を回復したが、すぐに三〇％台に下がり、さらに一九五一（昭和二十六）年には三〇％をも割ってしまった。これに対し、富士製鉄（輪西・釜石・広畑三製鉄所）は戦時期にシェアを拡大した。なお、富士製鉄が一九四八・四九（昭和二十三・二十四）年にシェアが低いのは主に広畑製鉄所が賠償指定されたまま操業ができなかったからであり、同所が操業を再開した一九五〇（昭和二十五）年以降はシェアを伸ばしている。

このような状態から、各社の第一次合理化は出発した。以下、第三章で富士製鉄、第四章で川崎製鉄、第五章で八幡製鉄の第一次合理化を検討し、さらに第六章で残りの三社を検討したうえで、第一合理化の全体構造を明らかにする。

註

（1）戦時中の砲撃・爆撃により焼破損した建造物、機械等、及び武装解除のため行われた兵器処理、艦艇の解撤、沈没した商船など、「鉄屑ないしは屑化すべき物件は、全国各所に山を築いているありさまであった」（戦後鉄鋼史編集委員会前掲『戦後鉄鋼史』三二八頁）。

（2）同右四六八頁。

（3）具体的な例を挙げるならば、富士製鉄釜石製鉄所の第一製鋼工場は、一九〇三（明治三十六）年に建設された工場で、二五トン平炉三基、五〇トン平炉三基、六〇トン平炉一基からなっていたが、一九四九（昭和二十四）年十月に、第二製鋼工場の再開に伴い全基休止した。また八幡製鉄所旧第一製鋼工場は、一九〇一（明治三十四）年に建設された工場で、二十五トン平炉一〇基からなっていた。一九五一（昭和二十六）年五月に緊急措置として再開し、一九五二（昭和二十七）年三月末、第四製鋼工場の再開に伴って閉鎖され、翌一九五三（昭和二十八）年二月に廃止された。

（4）蜂谷茂雄「本邦製鋼技術の進歩」（日本鉄鋼協会『鉄と鋼』第四一年第七号（創立四〇周年記念号））四七頁。

（5）香西泰氏は、戦後復興が「戦争経済の遺産として多量に存在する」資本ストックを活用して行われたため、「限界資本係数は著しく低かった」が、このような条件は、「日本が独立を回復した一九五二年頃には消滅した」としている（香西泰『高度成長の時代』日本評論社、一九八一年、一〇一頁）。鉄鋼業の場合も同様で、ただ復興が早くから政府の手助けを得て行われたため、資本ストックを活用した復興も一～二年早かったと考えられる。

（6）以上の経緯は飯田他前掲『現代日本産業発達史Ⅳ　鉄鋼』三八七～三九一頁による。

（7）兵藤釗『労働の戦後史　上』（東京大学出版会、一九九七年）七三～八四頁、但し中小の鉄鋼企業に於いては、この経営側のヘゲモニーの確立は遅れ、おそらく尼崎製鋼争議と同社の破綻を最後としてほぼ確立したと思われる。大変興味のある問題であるが、より正確な検討が必要である。

（8）通商産業省『商工政策史　第十七巻　鉄鋼業』（商工政策史刊行会、一九七〇年）四六七頁。

（9）飯田他前掲『現代日本産業発達史Ⅳ　鉄鋼』四一三頁。

（10）同右三九七頁。

（11）川崎前掲『日本鉄鋼論』二一四頁。

(12) 日本製鉄前掲『日本製鉄株式会社史』九一八頁。
(13) 三井太佶「昭和二十四年度鉄鋼生産の見透しに就いて」(日本鉄鋼協会『鉄と鋼』三五巻一号、一九四八年)。
(14) 日本鉄鋼協会他前掲『原燃料からみたわが国鉄鋼技術の歴史』四一頁。
(15) 田部三郎『鉄鋼原料論』(ダイヤモンド社、一九六三年)三一一〜三一三頁。
(16) 日本鉄鋼連盟「日本鉄鋼業の現状と見透し」(日本鉄鋼連盟『鉄鋼界報』第一〇九号、昭和二十五年七月三十一日、一九五〇年)。
(17) 飯田前掲『現代日本産業発達史Ⅳ　鉄鋼』四二一頁。
(18) 戦後鉄鋼史編集委員会前掲『戦後鉄鋼史』三四五頁。
(19) 同右。
(20) 島村哲夫『鉄鋼経済論』(東洋経済新報社、一九五八年)一六三頁。
(21) 日本製鉄前掲『日本製鉄株式会社史』四五四頁。
(22) 同右。
(23) 座談会「技術面から見た戦後の日本鉄鋼業」(『鉄鋼界』昭和二十六年十月号、六頁)における湯川正夫の発言。
(24) 同右。
(25) 日本製鉄前掲『日本製鉄株式会社史』二〇五頁。
(26) 川崎前掲『日本鉄鋼論』三三五頁。
(27) 以上、とくに注記したもの以外は、戦後技術調査小委員会『戦後復興期におけるわが国製鉄技術の発展』(日本鉄鋼協会、一九九二年)九九〜一〇〇頁による。
(28) 川崎前掲『日本鉄鋼論』二九六頁。
(29) 和田亀吉「米国に於ける製銑作業に就いて」(『鉄と鋼』昭和二十五年九月号)二一頁。
(30) 日本勧業銀行調査部『業務参考資料　戦後の鉄鋼業』(昭和二十七年八月)五〇五頁。
(31) 桑原季隆(八幡製鉄調査課長)「鉄鋼輸出についての基本的考察」(『鉄鋼界』昭和二十七年六月号)一〇頁。
(32) 通商産業省『わが国鉱工業技術の現状——技術白書』第二巻(一九四九年)二三頁。

(33) 同上。なお、戦後技術調査小委員会前掲『戦後復興期におけるわが国鉄鋼技術の発展』によると、燃料原単位は、二十三年現在で平均使用カロリーは二〇〇万 Kcal/t であった。
(34) 通商産業局鉄鋼政策課『鉄鋼業の現状と合理化計画』(発行年月不詳)六五頁。
(35) 産業合理化審議会「鉄鋼業の合理化に関する報告」(『鉄鋼界』昭和二十七年三月号)。
(36) 通産省前掲『わが国鉱工業技術の現状－技術白書』第二巻一〇頁。
(37) 前掲座談会「技術面から見た戦後の日本鉄鋼業」における湯川正夫の発言七頁。
(38) 戦後技術調査小委員会前掲『戦後復興期におけるわが国鉄鋼技術の発展』一七六頁。
(39) 日本勧業銀行調査部前掲『業務参考資料　戦後の鉄鋼業』四八一頁。
(40) 通産省鉄鋼政策課前掲『鉄鋼業の現状と合理化計画』五一頁。
(41) 経済安定本部「経済復興計画第一次試案」(一九四八年五月)(総合研究開発機構(NIRA)戦後経済政策資料研究会『経済安定本部戦後経済政策資料　戦後経済計画資料　第一巻』日本経済評論社、一九九七年)六一頁。
(42) 「資源に乏しいわが国の場合には生産価格中原材料費の占める割合に比べて技術や労働力によって附加せられる部分の多い工業、すなわち機械工業や化学工業に徐々にウェイトをうつしてゆかねばならないのである」同右六〇頁。
(43) 同右六一頁。
(44) 同右七二頁。
(45) 三井前掲「昭和二十四年度鉄鋼生産の見透しに就いて」。
(46) 通商鉄鋼局鉄鋼政策課の文書は、「機械設備については戦時中の酷使と荒廃を通して、また償却不足、更新不足によってその老朽化乃至陳腐化していることは衆知の事実である」と述べた後に、「次に生産構造については、原料基盤の変化、即ち米国よりの大量廉価なスクラップ及び印度銑をはじめとする海外の廉価な銑鉄の輸入が杜絶した現在においては、これらを基盤として発展して来たわが国の鉄鋼業の生産構造が、もはやそのままの体制では適合しなくなったと云える」と述べている(通産省鉄鋼政策課前掲『鉄鋼業の現状と合理化計画』一二～一七頁)。
(47) 六ヶ月間にわたって日本の製鉄所を視察した米人技師フレッド・N・ヘイスは、「日本の製鋼業は中国産の良質の石炭と鉄鉱石入手難、圧延工場過多など各種の非能率のため早急な自立は不可能な状態にある、日本には現在小規模の薄板圧延工場が多過ぎるが、これは米国で行われたと同様に駆逐して低コスト、高性能の新式近代的連続式薄板圧延（ストリップ）工場に代えなければならない、大体日本の製鋼能力に比べて圧延工場施設が多過ぎる」と述べた（「製鋼業の自立はあと二年かかる／多すぎる圧延工場」『日本経済新聞』昭和二十五年三月二十三日）。

(48) 通商産業省・通商産業政策史編纂委員会『通商産業政策史　第三巻　第Ⅰ期　戦後復興期(2)』（通商産業調査会、一九九二年）五二一頁。

(49) 同右一二八頁。

(50) 同右五二三頁。

(51) 「鉄・石炭合理化小委で検討」（『日本経済新聞』昭和二十五年六月二十四日）。

(52) 通産省他前掲『通商産業政策史　第三巻』五二四頁。

(53) 同右。

(54) 橋本前掲『戦後日本経済の成長構造』一一一頁。

(55) 同右。

(56) 日本鉄鋼連盟前掲「日本鉄鋼業の現状と見透し」附録「産業合理化審議会の合理化見透しについて」（一九五〇年）。

(57) 日本鉄鋼連盟前掲「日本鉄鋼業の現状と見透し」。

(58) 「鉄と石炭の喧嘩／高炭価問題をめぐる動き」（『ダイヤモンド』昭和二十五年六月二十一日）。

(59) 同右。

(60) 「昭和二十五年日本鉄鋼業の概況―(1)―」（『鉄鋼界』創刊号、昭和二十六年）六三頁。

(61) 通産省他前掲『通商産業政策史　第三巻』五二四頁。

(62) 「銑鋼一貫に集中／単独平炉メーカーは認めず／鉄鋼再編成に新意見」（『日本経済新聞』昭和二十五年四月十二日）。

(63) 「一貫メーカー中心の再編成は無理／通産省当局の見解」（『日本経済新聞』昭和二十五年四月十五日）。

(64) 「銑鋼一貫メーカーへの集中／鉄鋼再編成　集排法との調整が問題」（『日本経済新聞』昭和二十五年五月二十三日）。そこでは「高炉を持つ大工場を中心として全国をいくつかの地域に分け、たとえば北海道は富士製鉄輪西、東北は富士製鉄釜石、関東は日本鋼管川崎、関西は富士製鉄広畑、九州は八幡製鉄八幡をそれぞれ高炉工場として銑鉄から鋼塊に至るまでの生産をこれら基幹工場に集中させ、平炉工場と単純圧延工場はその立地条件に応じてこれら基幹工場にリンクさせるような態勢を採り、非能率な工場や立地的に見て不経済な工場、あるいは売れない製品しか造れないような工場は整理してゆこうという点が中心になっているようである」と述べられている。

(65) 通産省他前掲『通商産業政策史　第三巻』五三九頁。
(66) 同右五四〇頁。
(67) 横尾通産大臣談話（『日本経済新聞』昭和二十五年八月十九日）。
(68) 「設備の近代化計画／メーカーに提出要求」（『鉄鋼新聞』昭和二十五年八月十四日）。
(69) 「和歌山工場に高炉二基を建設してパイプその他鋼材二二万トンに増産する」（『戦後鉄鋼史』一二四頁）計画で、「二十二日日向部長が鉄鋼局を訪問説明」（『鉄鋼新聞』昭和二十五年十一月二十七日）「資金は第一期九五億円、第二期三〇億円で約六割を国家資金に期待してい」（『朝日新聞』昭和二十五年十一月二十二日）たという。なお、当時の社名は新扶桑金属工業であったが、煩雑を避けるため住友金属工業に統一した。
(70) 産業合理化審議会鉄鋼部会「鉄鋼業の合理化に関する報告」（『鉄鋼界』昭和二十七年三月号）。
(71) 同右一〇五頁。
(72) 同右一〇八頁。
(73) 「そのころ鉄鋼局の先輩たちは『八幡の虎の門出張所』と言われたほど、製鉄政策についてはマンネリズムで、新製鉄所をつくること、まして新規の会社が一貫製鉄所をつくるなどということは、夢にも考えなかった。製銑は八幡、富士、鋼管の既存高炉を復旧すればたくさん、それでも余るかもしれん、と考えていた」（鉄鋼新聞社編『鉄鋼巨人伝西山弥太郎』一九七一年、四一三頁）。
(74) 「その当時、通産省の若手官僚のなかには、従来の既存一貫三社中心の鉄鋼行政に対して、これでは日本の鉄鋼業界は発展しないのではないかという疑問を持つものがあった」（「西山弥太郎小伝」西山記念事業会『西山弥太郎追悼集』一九六七年、五三〇頁）。
(75) 日本銀行調査局『終戦後における金融政策の運営　一万田尚登元日本銀行総裁回顧録』（一九七八年）四一頁。

第三章　富士製鉄の第一次合理化

――中断していた近代的一貫製鉄所建設の再開――

はじめに

本章では、一九五〇年代前半（昭和二十年代後半）の富士製鉄の投資行動について明らかにする。同社の行動を最初に検討する第一の理由は、同社の経営陣が、同社が製銑能力と製鋼・圧延能力がアンバランスであったことから経営が危機的であると認識し、このアンバランスの是正を目指したからであり、しかも過大な部分を整理するのではなく、不足する製鋼・圧延能力を増強するという、積極的な戦略的意思決定を行ったからである。この意思決定は、①それ自体が戦後日本鉄鋼業の発展をもたらした積極的な投資行動の一翼をなすという意義を持つとともに、②平炉メーカーの積極的な投資行動を誘発するという意義を持った。なぜなら、富士製鉄は一九五〇年代当初は、このアンバランスのゆえに平炉メーカーを需要者とする製鋼用外販銑鉄の八割を供給していたが、同社の意思決定はこの供給を相対的に減少させるという意味を持ち、屑鉄の供給が先細りする見通しであることと相俟って、平炉メーカーの存立基盤を危うくするものであったからである。

また第二の理由は、同社が広畑製鉄所の連続式厚板圧延設備を増強してホット・ストリップ・ミルとし、さらにコールド・ストリップ・ミルを建設して、この製品である冷延薄板を市場に出したことにより、薄板市場に波瀾をもたらしたからである。薄板のトップメーカーだった川崎製鉄は自社の薄板の売れ行きが減退し、計画を変更してストリップ・ミルの建設を急いだ。またこの冷延薄板の市場進出はその他の薄板メーカーの再編成をも促したのである。

さらに第三の理由は、同社がこの時期の日本に唯一存在していた近代的一貫製鉄所でありながら建設の途上にあった広畑製鉄所の完成を目指す投資行動を第一次合理化の中心的課題とし、一九五〇年代前半（昭和二十年代の後半）に一応一貫生産体制を完成させることによって、戦後の近代的一貫製鉄建設の先駆けとなったからである。

第一節　富士製鉄の成立と第一次合理化計画

1　富士製鉄の成立

(1)　各作業所（三製鉄所、一製鋼所）の状況

一九五〇（昭和二十五）年四月一日、富士製鉄株式会社が純粋の民間企業として発足した。前章で述べたように、半官半民の日本製鉄が占領政策によって分割・民営化され、室蘭製鉄所、[1]釜石製鉄所、広畑製鉄所と川崎製鋼所を継承して同社が成立したのである。ここで広畑製鉄所が同社に帰属するに至る経過について簡単に触れておく。

GHQの日鉄分割の指令には、広畑製鉄所の帰属については、八幡製鉄に出資または譲渡することは許さないとだけあり、宙に浮いた形となった。このため同所について、①「広畑を外国に売るか、または外国企業を入れて合弁事業にするという案」、②「満州の昭和製鋼から引き揚げてきた人たちが広畑を経営するというもの」、③関西三社（川鉄、住友、神戸）が広畑を「別会社にして育成するというもの」、の三つの動きがあった。これに対し、当時日鉄の常務だった永野重雄が、「広畑が抜けたのでは新会社は全く成り立たない。室蘭の条鋼、釜石の棒鋼、これに広畑の鋼板類をかみあわせなければ、製品面からいって製鉄会社とはいえないのだ」と考え、必死の工作を行った結果、同社に帰属することとなった。[2]

次に、この三製鉄所と川崎製鋼所の、同社成立当初の状況を概観しておく。

ⓐ　広畑製鉄所

広畑製鉄所は、第一章で述べたように、日本において最初に計画され、建設を開始した近代的一貫製鉄所であった。しかし同時に、戦時期の日本鉄鋼業を輸入屑鉄依存から脱却させるため、平炉メーカー・単圧メーカーに銑鉄・半成品を供給するという任務をあわせ持たされたため、圧延能力が製鋼能力に比して過小であり、さらに製鋼能力が製銑能力に比して過小であった。また戦時期であったため鋼材品種は厚板に限定されていた。そして戦後、工場全設備が賠償工場に指定され、操業が許されず、ようやく一九四九（昭和二十四）年十二月に再開指令がおりたばかりで、富士製鉄成立当初には、その直前の三月末に火入れしたばかりの第一高炉のみが操業しており、製鋼・圧延工程は復旧作業の最中であった。そして、一九五〇（昭和二十五）年度には、「銑鉄生産計画二五万トンのうち一〇万トンを製鋼用に自家使用いたし、残余の約一五万トンは外売銑として、これを主として関西地区の同業各社に供給する予定」(3)になっていた。このように同社成立当初の広畑製鉄所は、銑鉄供給工場的性格の濃い製鉄所として出発せざるをえなかったのである。

ⓑ　釜石製鉄所

釜石製鉄所は、もともと製銑中心の製鉄所であり、一九三四（昭和九）年の日鉄合同以前には高炉二基（第八高炉＝日産六〇〇トン、第九高炉＝日産三五〇トン）、第一製鋼工場などを持っていた。日鉄合同に参加した後、日鉄第二次拡充計画により新たに製銑設備（日産七〇〇トンの第一〇高炉を中心としたもの）、第二製鋼工場（一〇〇トン平炉五基）、分塊圧延設備という、製銑工程から分塊工程までの一貫生産体制を建設した。この完成により、それまで小鋼塊をそのまま使用していた既存の中形・小形工場にその圧延材料となる鋼片を供給するとともに、日鉄他工場及び単圧メーカーに鋼片（半成品）を供給しうるようになった。さらに一九四〇（昭和十五）年には大型工場を建設した。戦時期の鋼塊生産のピークとなった一九四三（昭和十八）年には、鋼材成品を一八万六〇〇〇トン生産するとともに、外売・社内分譲用鋼片（半成品）を一四万三〇〇〇トンを生産した。

戦争末期には、二度の艦砲射撃により、各工場がほとんど壊滅的な被害を受けた。この艦砲射撃は一九四五（昭和二十）年七月十四日に二時間半、八月九日に二時間におよび、製鉄設備の被害率は、製銑設備九〇%、製鋼設備八八%、鋼材製造設備八一%、骸炭製造設備八五%にのぼり、また死亡者二一三人、負傷者四三八人という大きな被害を受けたのである。(4)

敗戦後、占領軍による賠償指定に際しては、被害が大きかったため賠償工場に指定されなかったが、日鉄社内では一時、その被害の大きさから製鉄所の閉鎖まで検討されたという。しかし同所従業員の復興意欲は強く、一九五〇（昭和二十五）年四月の富士製鉄成立までには、第一〇高炉（日産七〇〇トン）、第二製鋼工場、分塊設備が、そして圧延設備として、中・小形工場が稼働していた。老朽化した小型平炉からなる第一製鋼工場は、一九四九（昭和二十四）年に第二製鋼工場が再開されたのに伴い休止され、やがて廃棄された。なお、一九四九（昭和二十四）年の同製鉄所で生産された鋼材成品は四万四〇〇〇トンであるのに対し、外売・社内分譲用半成品（鋼片）は六万六〇〇〇トンで、(5)相変わらず半成品供給工場的性格が強かった。

ⓒ 室蘭製鉄所

室蘭製鉄所のうち、旧来の輪西町地区は、もともと製銑設備のみの製鉄所で、高炉（第一・第二高炉がそれぞれ日産三五〇トン、第三・第四高炉がそれぞれ日産二二五トン）も小型で老朽化していた。これに対し日鉄第三次拡充計画により建設された新鋭の一貫生産体制を持つ仲町地区には、敗戦前に大型高炉（日産七〇〇トン）三基、大型平炉（一五〇トン）五基を、そして圧延設備は線材設備が建設された。この仲町地区の一貫生産体制は、銑鉄七〇万トン、鋼塊五〇万トン、鋼材四〇万トンの生産能力を持つものとして計画され、社内他工場及び他社への銑鉄・半成品供給という役割も持たされており、銑鉄は「年産七〇万トンの内、四五万トンは製鋼工場に熔銑として直送、二五万トンは冷銑として外部に供給する予定であった」[(6)]。

戦争末期には空襲及び艦砲射撃により相当の被害を受けた。戦後は、GHQによる賠償指定は「輪西町熔鉱炉およびその直接の附帯設備に限られ」[(7)]ていた。圧延設備では線材設備を復旧するとともに、戦時中に建設を開始しながら戦争の激化に伴い中断されていた中小形工場の建設工事を再開し、一九四七（昭和二十二）年一月に完成させた。また貧弱な圧延能力の増強と、北海道における薄板需要に対応することを目的として、薄板圧延設備（プルオーバー・ミル）を八幡製鉄所から移設する工事が一九四八（昭和二十三）年に着工され、一九四九（昭和二十四）年一月末に完成している[(8)]。しかしそれでもこの製鉄所も銑鉄供給工場的性格が強く残っていた。

なお、室蘭製鉄所は「各部門とも能率が悪く赤字経営を脱し得ない」と言われていたが、「分離決定以来独立採算を目標に鋭意能率改善に努め昨年夏合理化対策委員会を設けて徹底的合理化方策を採り、人員整理、配置転換、作業管理の改善等を実施した結果本年一～三月期にはほぼ収支償うまでに経理状況は好転してきた」という[(9)]。しかし同製鉄所が非能率であるという評価はその後も続いた。

ⓓ　川崎製鋼所

川崎製鋼所は、戦前は平炉をもっていたが、戦時中に撤去され、圧延工程のみの作業所となっていた。そしてこの時期には帯鋼工場が復旧・稼働していた。

(2)　脆弱な経営基盤

以上のような三製鉄所と一製鋼所を継承した富士製鉄が成立した。このため同社は次のようなメリットとデメリットとを併せ持つこととなった。

まず同社は、戦前・戦中の日本製鉄業の最良の遺産を継承していた。即ち、室蘭製鉄所仲町工場と広畑製鉄所は、それぞれ日鉄の第三次、第四次拡充計画により昭和十年代半ばに建設された新鋭の臨海一貫製鉄所で、とりわけ広畑は、前述のように戦後の近代的一貫製鉄所の先駆けをなす優れた製鉄所であった。また釜石製鉄所も、日鉄の第二次拡充計画により一貫生産体制が整備されており、ストライク調査団によっても「手頃なまとまりのいい工場（compact）で動き出せば必ず儲かる工場である」と評価された(10)。

しかしこれらの製鉄所の遺産は反面、次のような大きな問題を持っていたため同社は、第五章で述べる八幡製鉄とは対照的に、発足後の経営が成り立ちうるかどうかすらあやぶまれていた。

その問題とは、第一に、敗戦により休止した設備の復旧がその途上にあったことである。

第二に、もともと三製鉄所は、製銑能力に比べて製鋼・圧延能力が過小で、「銑鉄はたくさん生産できるが、それに見合う鋼材の生産ができない。仕方がないから、余った銑鉄は型銑や半成品にしてよそへ売った。これではせっかくの銑鋼一貫体制がなんにもならない(11)」という状態だった。

第三に、同社で生産できる鋼材品種は、「市況に影響されやすくかつ価格も安い条鋼類の比重が高く」、独占品種がないため、第二の問題とも相まって同社は「不況期に弱い『限界生産者』的な、競争上不利な立場に」あった(12)ことである。

この三つの問題についてもう少し詳しくみてみたい。

まず第一の問題について。三製鉄所のうち、日鉄の残した最良の遺産である広畑製鉄所は、同社成立の直前、三月二十八日に第一高炉に火入れされたばかりで、製鋼・圧延工程はまだ操業を再開していなかった。他の二製鉄所も、高炉の復旧は遅れており、製鋼・圧延部門においても復旧は完全なものとは言えなかった。

部門別にみると、製銑部門については、三製鉄所ともに復旧は遅れており、一二基の高炉のうち、室蘭製鉄所輪西町工場一基、仲町工場一基、釜石製鉄所一基、広畑製鉄所一基、合計四基が稼働しているにすぎなかった。製鋼部門は、広畑が前述のように復旧が遅れていたが、室蘭ではほぼ復旧は完了していた。釜石でも日鉄第二次拡充計画により建設された、より新鋭の第二製鋼工場が再開されており、これに伴って小型平炉からなる老朽化した第一製鋼工場は休止していた。

圧延部門では、釜石の大型工場と広畑の厚板工場が未稼働だったため、これらの設備の復旧・稼働が急がれていた。しかしこれらの設備は、復旧が完了したとしても、次の第二・第三の問題をかかえていた。即ち、製銑能力に比して製鋼能力が、製鋼能力に比べて圧延能力が不足しており、かつ最終製品である鋼材の品種が貧困であった。

第二の問題は、戦前型生産構造と戦時期の政府の政策に起因していた。即ち、第一章で述べたように、戦前の日本鉄鋼業は全体としては、銑鋼一貫生産体制を確立しておらず、輸入銑鉄・輸入屑鉄に依存した平炉メーカーが大きな比重を占める戦前型生産構造を持っていた。この生産構造の存立基盤が揺らぎ始めた一九三〇年代、国際情勢の緊迫化が進むなかで、日鉄は一方で自ら一貫体制の整備を進めるとともに、他方で、日本鉄鋼業を全体として輸入銑鉄・輸入屑鉄依存から脱却させるため、自らの製銑能力を増強して、国内の平炉メーカーに銑鉄を、単圧メーカーに半成品（鋼片）を供給することをも任務とした。このため、八幡製鉄所は日鉄成立以前からバランスのとれた一貫生産体制を確立していたが、もともと製銑中心だった室蘭製鉄所輪西町工場と釜石製鉄所はもちろん、新たに建設された室蘭製鉄所仲町工場と広畑製鉄所も、製銑能力に比して製鋼能力が、そしてさらに圧延能力が過小になり、銑鉄、半成品を他に供給するように建設されたのである。そしてこの三製鉄所を継承した富士製鉄は、日本鉄鋼業の後進性の表現としての銑鋼アンバランスを、平炉メーカーとは逆の形で抱えていたのである。

一九五〇（昭和二十五）年に、八幡は生産した製鋼用銑鉄六八万九〇〇〇トンの九一・四％に当たる六三万トンを自社の平炉に投入しているが、富士は生産した五九万五〇〇〇トンの製鋼用銑鉄のうち四八・六%に当たる二八万九〇〇〇トンしか自社の平炉に投入できず、残りの三〇万トン強を外販せざるをえなかった。[13] また半成品（鋼片）も、次工程の圧延に回せるのは三分の二程度であり、三分の一は単圧メーカーに外販せざるをえなかった。

この戦前型生産構造の弥縫策の名残が富士製鉄の抱えた第二の問題であった。また第三の問題、すなわち鋼材品種が貧困であったこともここから派生した。一九五〇（昭和二十五）年、八幡製鉄は、大形形鋼で九〇%、重軌条で九五・九%、珪素鋼板で六七・八%、ブリキで五七・六%という圧倒的シェアをもち、この独占四品種で三五万トン弱（自社の生産する鋼材の四四・一%）を生産したほか、鋼管と外輪を除くほとんどの品種を生産しえた。これに対し富士製鉄は、広畑製鉄所の厚板が一八・四%のシェアを持つほかは、中形形鋼・棒鋼、小形棒鋼、線材、薄板といった競争品種をそれぞれわずかずつ生産しえたにすぎなかった。

このような状態であったため、「富士鉄がスタートした当時、社内の空気は意気軒昂と悲壮感の両方であった。経理担当者の者などは、どうソロバンをはじいてもうまくいかないから、いやだという者もいた」と後の同社副社長田坂輝敬は回想している。[14] また、富士製鉄の経営が行き詰まった時の対策として、総務に裏組織が作られていたという話もある。[15] しかしまた逆に、危機的であったがために、「分割以後昭和三十二、三年ごろまでの富士は『社内に創業者精神がみなぎっていた』」とも言われている。[16]

2　第一次合理化の出発

(1)　成立当初の投資戦略

富士製鉄は、このような危機的事態の解決を戦略的課題として出発した。その方向性について、同社の社史は次のように語る。[17]

「昭和二十五年四月一日の第一回作業所長会議において、その最高経営方針を次のように決定した。すなわち、各作業所の戦災で疲弊しあるいは休止中の設備を早急に復旧・整備して、生産体制を確立すること、さらに次のステップとして、設備構成上の欠陥を是正し最終製品の多角化を図り、これによって自由競争時代に対処できる企業基盤を早期に確立する」と。

同社は前述の問題の解決を、まず第一ステップとして既存設備を復旧・稼働させることにより「生産体制を確立する」、すなわち第一の問題（既存設備の復旧が完了していないこと）の解決を図る。次に第二ステップとして「設備構成上の欠陥を是正し最終製品の多角化を図」る、すなわち第二の問題（過小な製鋼・圧延能力）、第三の問題（貧困な鋼材品種）を積極的な設備投資によって解決を図る、と段階化して考えていたのである。

そしてここでは、欧米と比しての技術の遅れを克服するという観点は表面には出てこない。これは、①同社の設備が他社に比べて新鋭であり、とりわけ広畑の場合、米欧に比してもさして見劣りしないこと、②そしてそれ以上に設備のアンバランスが切実な問題として認識されていたことによるのである。

成立当初には、同社はこの第一ステップの実現を目指した。しかしドッジ不況下、大規模な設備投資は望めず、二年間に一七億円を投ずる「設備の補修に追われていることが目立つ」設備投資を計画したにすぎなかった。[18]

また日鉄分割以前に、富士製鉄となるべき製鉄所の圧延部門の弱さを克服する努力がなされていた。即ち前述したように、「日鉄解体に伴う富士製鉄の圧延設備の不足を補う意味から」、室蘭と釜石に薄板設備（プルオーバー・ミル）を八幡から移設することが計画され、室蘭では一九四九（昭和二十四）一月に操業を開始した。また釜石製鉄所への移設は室蘭の設備が稼働してから許可されることになっていたため遅れて着工され、一九五〇（昭和二十五）年十月に操業を開始した。[19]

(2) 第一次合理化計画の策定過程

一九五〇年（昭和二十五年）十月初めから、八幡製鉄を先頭に各社は大規模な合理化計画を発表した。富士製鉄も十一月二十二日、「設備近代化三ヶ年計画」（以下、「原計画」と呼ぶ。）を発表した[20]。総事業費二一二億六九〇〇万円で、前述のようにブーム前の設備投資計画が二年間に一七億円だったことと比べても桁違いに大規模な計画であった。

表3-1は、この原計画における生産計画である。また図3-1は、この表のうち全社の計画をグラフにしたものである。これによると、計画達成後の一九五四（昭和二十九）年度は一九五〇（昭和二十五）年度に比べ、銑鉄で二・一倍（一八二万一四〇〇トン）、鋼塊も二・一倍（一八二万トン）、鋼材製品は二・七倍（一二一万一〇〇〇トン）に増加する。これに対し外販銑鉄は一・六倍（七七万二六〇〇トン）、外販半成品（鋼片）は一・二倍（二六万四〇〇〇トン）と、生産の伸びに比して小さい。これは富士製鉄にとっては製銑能力と製鋼・圧延能力のバランスがとれることを意味するが、同社から外販銑鉄、半成品を購入して生産を行っている平炉メーカー、単圧メーカー及び鋳物用銑鉄を購入する鋳物業者にとっては、原料である銑鉄、半成品の供給が頭打ちとなることを意味する。

なお、一九五四年度の外販銑鉄生産計画七七万二六〇〇トンについて、製鉄所別の内訳は、五九・五％に当たる四五万九九〇〇トンが室蘭製鉄所、二四万三八〇〇トンが広畑製鉄所、六万八九〇〇トンが釜石製鉄所であった。

また一九五四年度の外販半成品生産計画二六万四〇〇〇トンの製鉄所別の内訳は、室蘭が五〇・八％に当たる一三万四〇〇〇トン、釜石が三七・九％に当たる一〇万トン、広畑が一一・三％に当たる三万トンであった。三製鉄所のなかでは室蘭製鉄所のバランスの回復が一番遅れ、その分銑鉄・半成品の供給工場としての役割を担うことになっている。

ところでこの室蘭製鉄所が外販銑鉄・半成品の供給工場としての役割を担うという計画は、同社の経営上の第二の問題の解決、即ち設備能力のアンバランスの是正という戦略的目標の達成という面からみると、当初の目論見から一歩後退したものであり、次のような経緯をたどってできたものであった。

すなわち、この計画の発表より一ケ月半前の十月初旬に発表された計画によると[21]、設備投資計画達成後、銑鉄の生産は八割増えるが、外販銑鉄は六二万トン、外販半成品は二一万トンとなるとされていた。十一月に発表された原計画に比べ、外販銑鉄は一五万トン強、外販半成品も一五万トン強少なかったのである。しかしこれでは「一貫メーカ

表3－1　富士製鉄生産計画（1950年11月）

(1)全社合計　（単位：トン）

	1950年度	1951年度	1952年度	1953年度	1954年度
銑　鉄	865,900	1,437,100	1,507,500	1,644,700	1,821,400
外販銑	474,900	771,500	747,300	717,400	772,600
鋼　塊	883,000	1,290,000	1,490,000	1,820,000	1,820,000
外販半成品	224,200	244,000	241,000	264,000	264,000
鋼材成品	454,300	780,000	977,000	1,211,000	1,211,000

(2)広畑製鉄所

	1950年度	1951年度	1952年度	1953年度	1954年度
銑　鉄	267,700	571,400	584,000	474,100	584,000
外販銑	135,700	304,800	274,500	173,400	243,800
鋼　塊	321,000	520,000	610,000	720,000	720,000
外販半成品	15,600	22,000	25,000	30,000	30,000
鋼材成品	188,600	355,000	418,000	483,000	483,000

(3)釜石製鉄所

	1950年度	1951年度	1952年度	1953年度	1954年度
銑　鉄	317,200	430,700	430,700	430,700	430,700
外販銑	191,700	243,100	199,500	110,500	68,900
鋼　塊	283,000	360,000	450,000	560,000	560,000
外販半成品	137,900	123,000	143,000	100,000	100,000
鋼材成品	83,500	155,000	209,000	336,000	336,000

(4)室蘭製鉄所

	1950年度	1951年度	1952年度	1953年度	1954年度
銑　鉄	281,000	435,000	492,800	739,900	806,700
外販銑	147,500	223,600	273,300	433,500	459,900
鋼　塊	279,000	410,000	430,000	540,000	540,000
外販半成品	70,700	99,000	73,000	134,000	134,000
鋼材成品	139,300	216,000	250,000	282,000	282,000

(5)川崎製鋼所

	1950年度	1951年度	1952年度	1953年度	1954年度
鋼材成品	42,900	54,000	100,000	110,000	110,000

資料：富士製鉄株式会社『昭和25年～昭和28年　設備合理化計画表』（1950年）から作成。

図3-1　富士製鉄生産計画

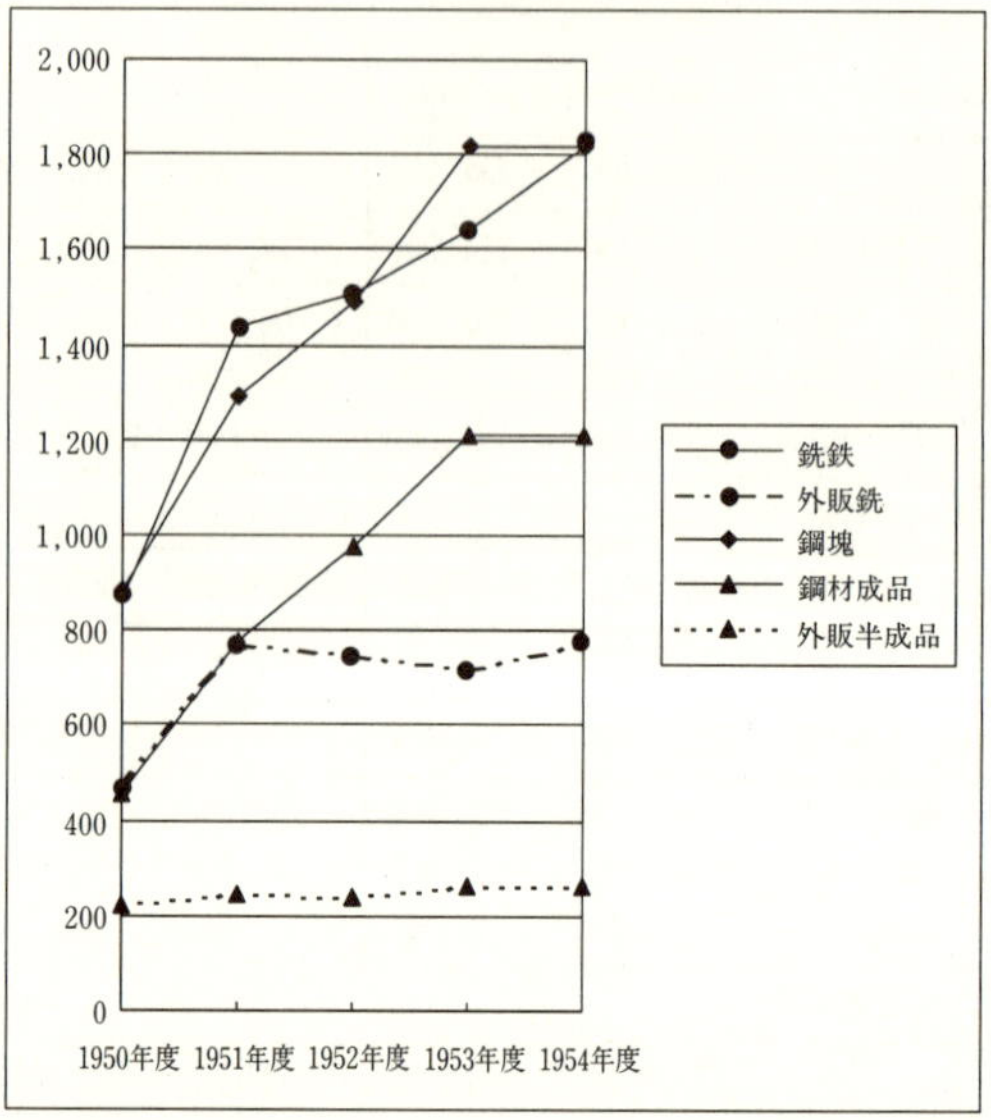

資料：表3-1と同じ。

ーの鋼材生産が急速な上昇を辿るのに対して単独平炉および単圧業者は銑鉄、半成品の面から増産を制約されるという結果を招くもの」であるとみられた(22)。

この前月、閣議で銑鉄補給金を一九五一（昭和二十六）年度に全廃するという決定がなされたが、通産省ではこの決定の再検討が必要であるとし、また補給金が廃止されても銑鉄の統制については切り離して考慮すべきであるとしていた(23)。通産省は、平炉メーカーへの原料銑鉄供給の確保に配慮したのである。また平炉メーカー自身も当然、銑鉄の確保を強く要求した。これに対応して富士製鉄永野社長は「関西の平炉業者に対する外売銑は迷惑をかけないつもりだ(24)」と述べた。このような経緯のなかで計画は再検討され、十一月二十二日に発表された原計画では、「外売量を確保するために苦心をはら(25)」い、銑鉄の生産計画量と外販計画量を増やした。このようにして一歩後退を余儀なくされたわけである。しかしそれでも前述の原計画のように戦略の基本線は踏まえられており、外販銑鉄、外販半成品は相対的に減少し、平炉メーカー、単圧メーカーにとっては増産が制約されることに変わりはない。

つぎに、この所要資金総額二一二億六九〇〇万円の調達計画をみると、五七・〇%に当たる一二一億三〇〇〇万円を国家資金に、八・〇%の一七億円を市中融資に、一一・八%の二五億円を社債に、従って合わせて七六・八%に当たる一六三億三〇〇〇万円を外部資金に期待している。増資は二億円（〇・九%）、社内留保は二五億円（一一・八

%）にすぎない。[26]

表3-2によって原計画の所要設備資金の年度別の規模をみると、一九五一（昭和二十六）年度に総額の四五%（九五億七六〇〇万円）が投入される計画であり、一九四九・五〇（昭和二十四・二十五）年度の投資額を加えると総額の六〇%を超える（一二九億五〇〇〇万円）。動乱ブームの勢いで、一挙に目標を達成しようとしていると思われる。

表3-2　富士製鉄設備合理化計画（原計画）所要設備資金

（単位：百万円）

	1949年度支出済	1950年度	1951年度	1952年度	1953年度	総予算額
広畑製鉄所		1,226	4,739	2,400	475	8,840
釜石製鉄所	168	1,032	2,962	1,523	830	6,515
室蘭製鉄所	199	708	1,695	2,030	1,010	5,642
川崎製鋼所	9	32	180	26	25	272
合　計	376	2,998	9,576	5,979	2,340	21,269

資料：富士製鉄株式会社『昭和25年～28年　設備合理化計画表』（1950年）。

また同表に製鉄所別に資金計画をみると、室蘭製鉄所に二六・五%（五六億四二〇〇万円）、釜石製鉄所に三〇・六%（六五億一五〇〇万円）、広畑製鉄所に四一・六%（八八億四〇〇〇万円）、川崎製鋼所に一・三%（二億七二〇〇万円）となっている。広畑が一番多いが、後に言われる「広畑への集中投資[27]」という性格はこの原計画ではまだ希薄である。三製鉄所一製鋼所ともに一挙に整備しようとしたのである。

(3)　第一次合理化計画の内容

次に、原計画における設備計画及び生産計画の内容を製鉄所別に多少詳しくみてみる。

ⓐ　広畑製鉄所

広畑製鉄所では第一次合理化計画の重点として、まず既存の設備を一九五〇（昭和二十五）年度から一九五一（昭和二十六）年度当初までに復旧させることが目指された。唯一の圧延設備である厚板圧延機はすでに稼働していたので、製銑・製鋼設備のフル稼働が目指された。製銑設備では、すでに稼動している第一高炉と第三コークス炉に続いて第二高炉と第一コークス炉を一九五一（昭和二十六）年四月に火入れする。また製鋼設備では、平炉六基のうち、未稼働だった三基の平炉を同じく四月までに復旧・稼働させる。

また設備の新増設も一九五〇（昭和二十五）年度から、既存設備の復旧と並行して着工し、一九五一（昭和二十六）年度に本格化する計画であった。すなわち、厚板工場に戦時期にすでに基礎が打ってあった二基の圧延スタンドと巻き取り機などの付帯設備を増設してホット・ストリップ・ミルとする工事を一九五〇（昭和二十五）年度から翌年度にかけて実施する。またさらに冷延工場を一九五二（昭和二十七）年度までに建設してコールド・ストリップ・ミル及びメッキ設備を設置することが目指された。

またこの圧延部門の増強に対応するため、一五〇トン平炉二基の増設による製鋼能力の拡充と、分塊設備の能力発揮のため均熱炉の増設が計画された。

以上のように、戦時期には未完に終わった近代的一貫製鉄所の建設を促進させることが目指された。しかしこの設備投資によっても銑鋼一貫体制は完成にはいたらない。同製鉄所の生産計画は、表3-1(2)にみられるように、一九五四（昭和二十九）年には、一九五〇（昭和二十五）年に比して、銑鉄は二・二倍、うち外売銑は一・八倍となり、生産する銑鉄の四割強はまだ外売りされることになるというものだった。鋼塊は二・二倍強に、鋼材成品が二・〇倍に、外販半成品が一・九倍になる。

こうして広畑製鉄所はこの計画によって、一貫生産プラス外販銑鉄生産という性格を薄めつつもまだ残すものであった。このことは、戦時期の計画自体が、平炉メーカーに銑鉄を供給することを前提としていたため、この計画を完成しても製銑・製鋼・圧延の三工程のバランスは完全にはとれないことを意味する。近代的一貫製鉄所の完成は次の時期にもちこされることになる。

鋼材成品としては、厚板のみの生産に、この計画によって冷延薄板を加えることになり、鋼材成品の充実という戦略的課題において大きく前進することとなる。

ⓑ 釜石製鉄所

製銑部門では、すでに第一〇高炉に続いて第八高炉も一九五〇（昭和二十五）年十月に操業を開始し、二基操業体制を確立していた(28)。製鋼部門では、原計画では、第二製鋼工場に、一九五一（昭和二十六）年度中に一五〇トン平炉一基を増設し、さらに一九五一年度から五二年度（昭和二十六年度から二十七年度）にかけて、既存の一〇〇トン平炉四基を一五〇トンに炉容を拡大するとともに一基を増設する計画であった。しかしその後、炉容拡大は、一九五一（昭和二十六）年度には見送られることとなった。

圧延部門では、分塊工場の生産のネックとなっていた均熱炉が増強される。また大形工場の復旧（一九五一年一月完成予定）と、この原動機の能力拡大のためイルグナー設備の設置などにより重軌条の生産を目指す計画がたてられた。

このように釜石では、戦時期に日鉄第二次拡充計画などにより建設された一貫生産設備、即ち、第一〇高炉、第二製鋼工場と、分塊設備、大形工場を全て稼働させ、これを一部強化するとともに、新たに八幡製鉄所から移設した薄板設備（プルオーバー・ミル）を加えて、その一貫生産体制を整備しようと図ったのである。このような設備投資により、表3-1(3)にみられるように、同製鉄所の生産計画は、一九五四（昭和二十九）年の生産は一九五〇（昭和二十五）年に比べて、銑鉄が一・四倍になるが、うち外販銑鉄は三分の一になり、銑鉄生産量の一六%となる。また鋼材生産が四倍になるのに対し、半成品の生産は減る。三製鉄所のうちでは最もバランスがとれることになる。

鋼材製品においても、大形工場の再開と、新たに重軌条を生産できるようになり、製品の多様化の前進となる。

ⓒ 室蘭製鉄所

室蘭製鉄所では計画策定の過程で、老朽化した輪西町地区における生産を中止し、仲町地区に生産を集中すること（仲町集中）が計画されていたが、この原計画では見送られることとなった。同製鉄所のうち、仲町工場は、三基の大型高炉（日産七〇〇トン）を持つ製銑部門、五基の一五〇トン平炉を持つ製鋼部門、そして線材、中小形、薄板設備を持つ一貫製鉄所で、拡張余地も十分にあったが、輪西町工場は製銑設備のみの老朽化した工場で、当時、第三高炉（日産二二五トン）一基だけが稼働していた。この「輪西町、仲町両地区にまたがる作業は、経営上不利な点が多」いので、「工場配置と作業系統の合理化を図るため、輪西町工場の作業を休止して、生産を仲町へ集中すること」が目指されており、[29] 十月初旬に報道された計画では、輪西町第三高炉を吹止め、仲町地区に生産を集中することになっていた。[30] しかしこれは前述のように銑鉄の外販を減らし、平炉メーカーの生産を抑制するものであったため再検討を余儀なくされ、原計画では、「外販銑を確保するためには、輪西町第三熔鉱炉を存続」[31] するとともに、二十八年には第二高炉（日産三五〇トン）にも火入れし、また仲町地区の三基の高炉にも火入れし、両地区合わせて七基の高炉のうち「五基を稼働させて外売銑の供給工場化」[32] することとなった。室蘭製鉄所の合理化策である仲町集中が、平炉メーカーへの配慮から繰り延べられたのである。

製鋼部門では、一九五三（昭和二十八）年度に平炉一基を増設して製鋼能力を増強する計画であった。

また圧延部門では、分塊工場の均熱炉の増設が計画されたが、製品を圧延するための設備の新設は計画されなかった。このため生産計画では、表3-1(4)にみられるように、一九五三（昭和二十八）年の生産は一九五〇（昭和二十五）年に比べて、銑鉄は二・九倍に、うち外販銑は三・一倍になり、銑鉄の全生産量の五七％を外販することになる。

また鋼材成品は二倍になるが、外販半成品も一・九倍になる。室蘭製鉄所はこうして、原計画実現によっても、一貫生産プラス外販銑鉄、外販半成品生産という性格を強く残すことになるのである。

ⓓ　**川崎製鋼所**

川崎製鋼所では、小型工場を再開するとともに、すでに稼働していた帯鋼設備の製品を自家消費して鋼管を製造するための電縫管設備を建設する計画であった。従来富士製鉄が（日本製鉄も）持たなかった鋼管製造に進出する計画は注目される。（この電縫管設備は結局、建設されなかった。）

第二節　第一次合理化の実現

1　第一次合理化の実現過程

この原計画はその後、通産省との折衝の過程で資金供給の問題から計画の縮小が図られ一九五一（昭和二十六）年一月末に、「差し当たって二十五〜二十六年度の第一次計画を決定[33]」した。この計画縮小により、同社の第一次合理化は広畑製鉄所以外では既存設備の復旧稼働が主となり新規の設備投資の多くが繰り延べられ、「重点を広畑製鉄所の中板、薄板の連続式圧延機の完成に置[34]」かれるものとなった。

富士製鉄の第一次合理化は、表3-3にみられるような形で実現した。

まず、一九五〇・五一（昭和二十五・二十六）年度には、それぞれ一六億九五〇〇万円、四五億二四〇〇万円が投下され、広畑製鉄所では前年度末に稼働した第一高炉に続いて第二高炉が稼働し、製鋼工場、厚板工場などが復旧稼

表3-3　富士製鉄第一次合理化所要資金実績（製鉄所別、年度別）

（単位：百万円）

年　度	室　蘭	釜　石	広　畑	川　崎	合　計
1950年度	570	748	365	12	1,695
51	1,467	1,189	1,839	29	4,524
52	854	1,092	6,372	24	8,342
53	1,230	852	3,452	34	5,568
54	287	1,282	1,180	46	2,795
合　計	4,408 (19.2)	5,163 (22.5)	13,208 (57.6)	145 (0.6)	22,924 (100.0)

資料：1950～53年度は、富士製鉄株式会社調査室『当社五ヶ年の歩み』（1955年）、54年度は、『有価証券報告書』55年3月期による。

働した。室蘭製鉄所仲町地区では、第二高炉、炉一基が、釜石製鉄所では大形工場が、川崎製鋼所では小形工場が、それぞれ復旧稼働し、既存の主要な設備は復旧を終えた。前述の第一の問題の解決がほぼはかられたのである。さらに、第二、第三の問題を解決するための新規設備投資も、原計画に比べると小規模にはなっているが、いくつか着手された。すなわち、釜石の大形工場を増強して重軌条を製造できるようにする工事、広畑で厚板設備をホット・ストリップ・ミルに改造する工事が実現した。

そして一九五二（昭和二十七）年度には、八三億四二〇〇万円、一九五三（昭和二十八）年度には五五億六八〇〇万円と、いずれも巨額の資金が投入されたが、一九五二年度の投入額の七六・四％、一九五三年度のそれの六二・〇％、そしてこの二年間合計の七〇・六％が広畑製鉄所に注ぎ込まれた。

次にこの第一次合理化実現の過程を製鉄所別にみる。

ⓐ　広畑製鉄所

広畑では、原計画で計画された工事は、概ね実現した。

最重点工事であったストリップ・ミル建設は、まず既存の厚板圧延設備として使用されていた設備をホット・ストリップ・ミルとして完成するための工事が一九五二（昭和二十七）年十月に完了した。既存の厚板設備は、加熱炉二基、粗圧延スタンド三基、仕上げ圧延スタンド四基により構成され、厚さ四ミリ以上の鋼板（厚板、中板）を生産するものであった。これに加熱炉を一基増設するとともに、仕上げ圧延スタンドを二基加えて一・六ミリ以上の鋼板

（薄板、中板）を生産できるようにし、さらにこの薄板を巻き取ってコイルにするためのダウンコイラー（巻き取り機）、剪断して切板とするためのシャーライン（剪断機）、縦に切って幅の狭い帯鋼とするためのスリッターラインを増設するという工事であった。そしてこれは、前述のように、日鉄第四次拡充計画の際から計画されており、仕上圧延スタンド二基についてもその基礎がすでに建設当時に打たれていたものであった。

またこの熱延工場の横に冷延工場が建設され、酸洗機、コールド・ストリップ・ミル、剪断機などが一九五四（昭和二十九）年二月までに設置された。

この熱延及び冷延設備は、米国UE社から購入した。また操業技術の習得のため、やはり米国のアームコ社と「ストリップ・ミル方式による鋼板の製造」及び「薄板の亜鉛メッキ装置の建設ならびに操業」という契約が締結され、一九五一（昭和二十六）年十月から六ヶ月間、熱延作業の、そして一九五三（昭和二十八）年二月から八ヶ月間、冷延作業の指導を受けるため技術者などが渡米し、また一九五二年から五四年（昭和二十七年から二十九年）にかけてアームコ社の技術者が訪日して指導に当たった。

またこのストリップ・ミルの必要とする十分な量の半成品（スラブ）供給するため、分塊設備に均熱炉が増設され、分塊能力が増強された。

さらにコールド・ストリップ・ミルで製造されたコールド・コイルを亜鉛メッキする連続亜鉛メッキ設備が一九五四（昭和二十九）年十一月に完成し、さらに熱漬ブリキ設備が、やや遅れて一九五七（昭和三十二）年四月に作業を開始した。

製鋼部門では、一九五〇（昭和二十五）年四月に平炉一基が稼働を開始したのに続き、翌年二月までに全六基の平炉が復旧を終えた。さらにこの既存の平炉六基ではストリップ工場の必要とする鋼塊を供給できないという見通しから、当初、一五〇トン平炉二基を建設する計画がたてられた。そしてその計画に基づき、七号平炉が一九五二（昭和二十七）年七月に完成し、さらに八号平炉は一九五三（昭和二十八）年度以降に建設されることとなった。しかし酸素発生装置が一九五二（昭和二十七）年十月に完成し、酸素製鋼の効果があがり生産量が増大したため、この二基目の平炉（八号平炉）は結局、建設されなかった。

製銑部門では、第二高炉（日産一〇〇〇トン）が一九五一（昭和二十六）年十月に火入れされ、二基操業体制ができた。その後、第一高炉が一九五二（昭和二十七）年九月に吹き止め、改修され、同年十二月に稼働を再開している。また鉱石の事前処理のための整粒設備（鉱石破砕及び篩分け設備）が一九五三（昭和二十八）年六月に完成した。この時点では焼結能力が不足していたため、微粉の処理ができずそのまま高炉に装入せざるをえなかったが、翌年四月、焼結工場が増強され、微粉を焼結して使用できるようになり、整粒の効果があがるようになった。

ⓑ　釜石製鉄所

釜石では、圧延部門では一九五一（昭和二十六）年四月に大形工場を復旧させた。そしてさらにこの大形工場の原動機をイルグナー設備とし、軌条端正穿孔機を設置するなどして一九五二（昭和二十七）年五月には重軌条を試圧延し、十月には国鉄向けの本格生産が開始された。大形、重軌条ともにそれまで八幡の独占品種だっただけに、ここに食い込むことができたことは同社の第一次合理化の前半における大きな成果であった。

また分塊設備に当初計画どおり均熱炉一基を増設し、分塊能力の増強を図った。

製鋼部門では、第二製鋼工場の復旧を終え、さらに酸素製造設備を一九五四（昭和二十九）年五月に完成した。

ⓒ　室蘭製鉄所

室蘭製鉄所の第一次合理化の成果は、懸案の仲町集中がようやく一九五四（昭和二十九）年七月に実現したことである。この仲町集中は、原計画策定時点から検討されていたが、前述のように、平炉メーカーに銑鉄を供給するため輪西町第三高炉の稼働を継続することとなり、見送られていた。さらに一九五三（昭和二十八）年五月、再度この計画が検討された。しかしこの時も、輪西町高炉休止に伴う「人員の配置転換についての対組合関係もあり[35]」、再び見送られた。そして三度目は一九五四（昭和二十九）年七月、おりから不況に遭遇していたこと、そしてこの第三高炉自体が炉齢に達していたことから休止されることとなり[36]、ようやく仲町集中が実現したのである。

このほか、仲町地区の高炉が一九五一（昭和二十六）年十月に二基操業体制に入ったこと、平炉増設が計画されながら、結局酸素製鋼に席を譲ったこと、などが挙げられる。また圧延部門では、分塊能力のネックとなっていた均熱炉の増強工事が実施された。

ⓓ　川崎製鋼所

川崎製鋼所では、発足当初にすでに稼働していた帯鋼工場に続き、一九五一（昭和二十六）年八月に小形工場が再開された。しかし原計画にあった電縫管工場は建設されず、同社の鋼管部門への進出ははたされなかった。

2　第一次合理化期の経営状況と設備資金調達

前述のように富士製鉄は成立当初、その経営が成り行くかどうかさえ心配されていた。そして永野社長は後に、「最初は苦しかったでしょうね」と質問されて、「そりゃ苦しいよ。八幡は設備は明治三十三年にできたものとか古いが（一貫製鉄所として）バランスがとれた。ところが富士は（広畑があって）新しいけれどアンバランス。銑鉄を売りビレットを売り（中略—上岡）。だから銑鋼—圧延のバランスをとるのがボクの第一の仕事だった。／それで金もかかった」と述べている[37]。表3-4によって同社の経営状況をみると、当初心配されたにしては、比較的安定して利益を上げている。とりわけ、二十六年度の動乱ブーム期には、第五章にみる八幡製鉄の利益率を上回っているのである。しかし不況期の落ち込みは八幡より激しい。

またこの第一次合理化の資金調達は、表3-5のように行われた。そこでは、まず第一に、自己資金の比率が低く、借入金の比重が高いことがみて取れる。

表3-4　富士製鉄売上高・営業利益・純利益の推移

（単位：百万円、％）

	売上高	営業利益	純利益	営業利益／売上高	純利益／売上高
1950年9月期	11,461	956	637	8.3	5.6
51年3月期	16,196	1,732	1,266	10.7	7.8
9月期	34,895	4,439	3,191	12.7	9.1
52年3月期	35,217	2,550	1,816	7.2	5.2
9月期	34,146	1,732	1,198	5.1	3.5
53年3月期	31,640	1,525	487	4.8	1.5
9月期	38,805	2,486	830	6.4	2.1
54年3月期	34,877	2,449	843	7.0	2.4
9月期	26,539	2,054	559	7.7	2.1
55年3月期	29,865	2,173	776	7.3	2.6
9月期	36,779	3,826	1,405	10.4	3.8
56年3月期	40,609	4,377	1,969	10.8	4.8

資料：富士製鉄株式会社『有価証券報告書』各期版から作成。

表3-5　富士製鉄設備資金調達（1950～54年度）

（単位：億円）

		50年度	51年度	52年度	53年度	54年度	合計
所要資金	設備投資	17	45	83	56	28	229
	投融資		4	9	10	11	34
	計	17	49	92	66	39	263
資金調達	自己資金	-3	14	26	7	4	48
	増資		6	22			28
	社債	6	10	14	14	8	52
	長信銀	6	4	10	18	16	54
	信託銀行		1	2	1	4	8
	都市銀行	5	5	3	-6	-3	4
	生保			3	3	3	9
	政府系		9	13	8	-1	29
	見返資金	3		-1	-1	-1	0
	別口外貨				22	9	31
	計	17	49	92	66	39	263

（注）　純増ベース

資料：社史編さん委員会『社史別冊　参考資料』144頁。

一九五〇（昭和二十五）年十一月の原計画では、資金需要総額のおよそ半分を国家資金によるというものであった。これに比べれば、国家資金の比率は低くなっているが、その代わり日本興業銀行などの長期信用銀行その他からの借入れが大きくなっているのである。

自己資金は、四八億円で、所要資金の一八・二％、増資は一〇・六％、合わせて二八・八％にしかならない。第五章の表5-4にみる八幡製鉄よりやや低く、第四章でみる川崎製鉄に比べると遙かに少ない。また第六章でみるように、普通鋼関係全社の第一次合理化資金調達において、自己資金は工事資金調達額の三四・八％、株式は一三・七％にあたる。富士製鉄の第一次合理化の資金調達における自己資本の比率は極めて少なかった。

3　第一次合理化の成果と限界

富士製鉄の生産は、表3-6(1)のように推移した。一九五〇（昭和二十五）年度と一九五五（昭和三十）年度を比べると、銑鉄生産は九〇万トンから一七八万トンに、約二倍弱の伸び、鋼塊の生産は、八七万トンから一八八万トンに、二・二倍の伸び、熱間圧延鋼材は四三万トンから一一三万トンに、二・六倍の伸びを見せている。それぞれ大幅な伸びを見せ、特に当社発足当初に貧弱だった鋼材生産の伸びが著しい。生産がこのように大幅に伸びたのに対し、銑鉄の外販は、一九五〇（昭和二十五）年度の五〇万トンから五十三年度の八六万トンをピークに、五十五年度には五六万トンと、量的にはほぼ発足当初の水準に戻り、従って生産に対しては大幅に下まわっている。また外販（社内分譲を含む）用半成品は、二四万トンから四八万トンに二倍弱の伸びとなっている。

これを表3-1(1)の第一次合理化原計画策定時の生産計画と比較してみる。原計画は一九五三年度までの三ケ年計画であったから一九五四（昭和二十九）年度が最終年度となっている。実際の第一次合理化は一～二年遅れたので、一九五五（昭和三十）年度の実績を原計画における一九五四（昭和二十九）年度の計画と比較する。銑鉄、鋼塊、鋼

表3-6　富士製鉄生産実績の推移

(1)全社合計　　(単位：トン)

	1950年度	1951年度	1952年度	1953年度	1954年度	1955年度
銑　鉄	900,190	1,360,584	1,380,750	1,702,649	1,504,940	1,784,793
鋼　塊	866,867	1,317,880	1,348,395	1,472,492	1,561,993	1,884,110
鋼材製品	479,701	729,550	698,572	810,219	872,998	1,133,918
外販半成品	242,000	317,536	392,305	409,244	409,188	478,209
銑鉄外販	501,745	699,173	705,152	863,824	531,049	562,177

(2)広畑製鉄所

	1950年度	1951年度	1952年度	1953年度	1954年度	1955年度
銑　鉄	281,416	505,401	515,028	636,441	596,953	670,522
鋼　塊	321,275	563,708	603,167	588,832	626,624	794,626
鋼材製品	206,103	354,943	372,658	371,335	425,585	582,324
外販半成品	―	―	50,524	48,760	27,286	18,384

(3)釜石製鉄所

	1950年度	1951年度	1952年度	1953年度	1954年度	1955年度
銑　鉄	326,671	454,870	398,736	504,665	418,308	558,059
鋼　塊	276,118	360,316	373,104	394,945	425,621	516,442
鋼材製品	90,052	136,226	112,582	166,755	177,313	227,354
外販半成品	―	―	192,279	152,295	171,815	218,114

(4)室蘭製鉄所

	1950年度	1951年度	1952年度	1953年度	1954年度	1955年度
銑　鉄	292,103	400,313	466,986	561,543	489,679	556,212
鋼　塊	269,474	393,856	372,124	488,715	509,748	573,042
鋼材製品	138,496	182,655	159,907	205,140	211,706	248,627
外販半成品	―	―	149,502	208,189	210,087	241,711

(5)川崎製鋼所

	1950年度	1951年度	1952年度	1953年度	1954年度	1955年度
鋼材製品	45,050	55,726	53,425	66,989	58,394	75,613

(注)　1．銑鉄外販は、生産高ではなく、販売数量である。
　　　2．外販半成品の1950年度及び51年度のうち前期は千トン未満が四捨五入されている。
　　　3．―は不明。
資料：『有価証券報告書』各年版。但し、外販半成品の1950年度及び51年度上期は、富士製鉄株式会社調査室『当社五ヶ年の歩み』(1955年) による。

材ともにほぼ計画量を達成している。ただし、表3-1と表3-6のそれぞれ(2)~(4)にある各製鉄所別の数字を比較すると、広畑製鉄所が銑鉄、鋼塊、鋼材生産いずれも計画を大幅に上回る実績をあげているのに対し、釜石・室蘭両製鉄所は、釜石の銑鉄生産と室蘭の鋼塊生産を除いては計画に達していない。同社の第一次合理化が、原計画では三製鉄所とも大幅な設備投資を計画していたが、その後規模の縮小と、広畑への集中的な投資を余儀なくされたことを反映し

表3-7　富士製鉄販売額実績の推移

（単位：千円、%）

	月	銑　鉄	半成品	鋼材成品	その他	合　計
1950年度	4～9	4,360(38.0)	1,819(15.9)	4,603(40.2)	679(5.9)	11,461(100.0)
	10～3	5,046(31.2)	2,266(14.0)	7,861(48.5)	1,024(6.3)	16,196(100.0)
51年度	4～9	8,876(25.4)	7,069(20.3)	17,695(50.7)	1,255(3.6)	34,895(100.0)
	10～3	11,596(32.9)	7,018(19.9)	15,148(43.0)	1,454(4.1)	35,217(100.0)
52年度	4～9	9,696(29.2)	6,652(20.0)	15,661(47.2)	1,199(3.6)	33,208(100.0)
	10～3	9,518(31.1)	5,418(17.7)	14,489(47.3)	1,206(3.9)	30,630(100.0)
53年度	4～9	11,065(29.6)	5,542(14.8)	19,290(51.6)	1,510(4.0)	37,407(100.0)
	10～3	9,689(28.8)	6,168(18.3)	16,368(48.6)	1,467(4.4)	33,692(100.0)
54年度	4～9	5,701(22.2)	4,479(17.4)	14,261(55.5)	1,277(5.0)	25,719(100.0)
	10～3	5,360(17.9)	4,464(14.9)	18,839(63.1)	1,201(4.0)	29,865(100.0)
55年度	4～9	6,117(16.6)	6,432(17.5)	22,764(61.9)	1,466(4.0)	36,779(100.0)
	10～3	6,933(17.1)	6,887(17.0)	25,314(62.3)	1,474(3.6)	40,609(100.0)

（注）　半成品は、1950年4～9月期から51年10～3月期までは社内分譲を含む。
資料：富士製鉄株式会社『有価証券報告書』各期版。

ている。なお、銑鉄の外販量が、当初の生産計画と一九五五（昭和三十）年度の販売実績を比較すると大きく低下している。外販銑鉄需要が、川崎製鉄による千葉製鉄所建設などにより予想より早く縮小したことによると思われる。

以上のことは、富士製鉄にとっては、生産能力の増強が実現したことを意味すると同時に、製銑・製鋼・圧延の三工程のバランスが、同社成立当初に比べれば、かなりよくなったことを意味する。鋼塊生産能力の強化と、平炉における銑鉄配合率の増加によって、銑鉄の生産高に占める外販銑鉄の比率は、一九五〇（昭和二十五）年度の五六%から三三%に縮小した。また表3-7にみられるように、同社の販売額に占める鋼材成品の比率は、一九五〇（昭和二十五）年度上期には四〇・二%にすぎず、同年度下期から一九五三（昭和二十八）年度までは五〇%前後で推移したが、一九五四（昭和二十九）年度に入って割合を高め、下期には六〇%を超えた。

次に、この各工程の生産実績のバランスの推移を製鉄所別にみたのが表3-8及び表3-9である。

まず広畑製鉄所では一九五五（昭和三十）年度には製鋼用銑鉄生産量の八五・七%を同所の平炉で消費しており、この残余の八

表3－8　富士製鉄各製鉄所の高炉・平炉作業状況の推移

（単位：千トン、％）

		銑鉄生産		平炉作業			a－b	b／a
		製鋼用 a	鋳物用	銑鉄使用 b	屑鉄使用	鋼塊生産		（％）
広畑	1951年	402	34	218	376	523	184	54.2
	52年	503	6	270	417	613	234	53.6
	53年	514	113	320	331	588	194	62.2
	54年	431	173	357	285	591	74	82.9
	55年	549	114	470	351	769	79	85.7
釜石	1951年	250	198	167	209	342	84	66.5
	52年	231	163	160	231	371	72	69.0
	53年	257	235	226	202	390	32	87.7
	54年	248	189	234	206	405	14	94.4
	55年	288	240	287	272	511	0	99.8
室蘭	1951年	281	72	170	243	369	111	60.4
	52年	394	81	179	223	368	216	45.4
	53年	449	86	303	208	469	146	67.5
	54年	475	34	341	189	493	134	71.9
	55年	529	8	412	196	571	117	77.8

資料：日本鉄鋼連盟『製鉄業参考資料』各年版。

表3－9　富士製鉄半成品生産状況（1955年）

（単位：千トン）

	ブルーム		ビレット		スラブ		シートバー		合　計	
	販売用	自家用	販売用	自家用	販売用	自家用	販売用	自家用	販売用	自家用
広畑	10		10		1	630			20	630
釜石	22	124	134	99	3	18	44	16	202	257
室蘭	1		125	304	8	12	49	13	182	329
合計	33	124	269	403	11	660	92	29	404	1,216

資料：表3－8と同じ。

万トン弱と鋳物用銑一一万トン強を合わせた二〇万トン弱を外販している。また半成品はほとんど自家消費できており、各能力のバランスはいま一歩といえるところまで進展している。

釜石製鉄所は、製鋼用銑鉄のほとんどを自家消費しているが、その他に鋳物用銑鉄の生産が多い。これは二基の高炉のうち一基を鋳物専用高炉として操業していることに対応した数字である。同所の鋳物用銑の品質は定評のあるものであり、この外販が多いことは必ずしもバランスが悪いことにはならないが、表3-9にみられるように、一九五五（昭和三十）年にも半成品の四四%を外販していることと合わせて考えると、アンバランスの是正への道程はいまだと言わざるをえない。

室蘭製鉄所は、一九五五（昭和三十）年にも依然として製鋼用銑鉄の二〇%強を外販していた。しかも仲町地区の三基の七〇〇トン高炉のうち一基（第三高炉）は稼働しておらず、従って製銑能力の過剰はさらに大きかった。また生産した半成品の三六%を外販しており、設備のアンバランスは依然として大きかった。

また、表3-10にみられるように、鋼材品種の多角化をも実現したことも成果として挙げられる。富士製鉄成立当初には、広畑製鉄所が厚板のみ、釜石製鉄所が中形と小形、室蘭製鉄所が中形、線材と薄板、川崎製鋼所が帯鋼のみだった鋼材品種が、それぞれそれ以外の品種を加えた。なかでも広畑のストリップ・ミル製品と釜石の重軌条と大形は、それぞれそれまで八幡製鉄の独占品種だったものであり、これを生産できるようになったことは大きな前進であった。

最後に、三製鉄所の労働生産性の推移をみてみたい。表3-11は、各製鉄所の粗鋼生産量を労務者数で割ったものである。各製鉄所とも、そしてとりわけ広畑製鉄所において第一次合理化

表3-10　富士製鉄鋼材品種別生産高の推移

（単位：トン）

製鉄所	品種	1950年4～9月	1953年4～9月	1955年4～9月
広畑製鉄所	厚板	14,320	152,636	133,132
	中板		32,422	34,949
	薄板		7,305	15,225
	帯鋼		14,921	16,443
	磨帯鋼			59,059
	鋼材計	14,320	207,284	258,808
	亜鉛鉄板			10,358
釜石製鉄所	重軌条		14,507	34,485
	軽軌条		1,106	1,627
	大型		12,798	16,532
	中型	21,697	20,044	13,959
	小型	16,669	24,142	37,236
	薄板		7,301	6,742
	計	38,366	79,898	110,581
室蘭製鉄所	軽軌条		1,763	523
	中型	11,096	26,117	27,852
	小型		20,686	32,065
	線材	34,663	44,679	62,604
	薄板	7,579	7,305	6,365
	計	53,338	100,550	129,409
川崎製鋼所	小型		6,725	9,962
	帯鋼	18,856	29,855	27,049
	計	18,856	36,580	37,602

資料：富士製鉄株式会社『有価証券報告書』各期版。

表3-11　3製鉄所の労働生産性の推移

（単位：トン、人、トン／人）

	室蘭製鉄所			釜石製鉄所			広畑製鉄所		
	鋼生産 A	労務者数 B	A／B	鋼生産 A	労務者数 B	A／B	鋼生産 A	労務者数 B	A／B
1949年	121,731	5,765	21.1	151,489	5,763	26.3		2,086	
1950年	249,025	6,530	38.1	260,115	6,037	43.1	207,983	4,347	47.8
1951年	369,865	6,343	58.3	342,123	6,115	55.9	523,161	5,494	95.2
1952年	368,836	6,376	57.8	371,629	5,921	62.8	613,813	5,985	102.6
1953年	469,639	6,034	77.8	390,927	5,756	67.9	588,816	6,340	92.9
1954年	493,932	5,955	82.9	405,588	5,930	68.4	591,819	6,408	92.4
1955年	571,537	5,885	97.1	511,673	6,142	83.3	769,273	6,432	119.6

資料：表3-8と同じ。

の進展に伴って労働生産性が大きく向上していることが読みとれる。第五章（表5-5）でみる八幡製鉄の労働生産性の伸びがあまりみられないことと好対照をなす。

おわりに――第一次合理化の完了から第二次合理化へ――

富士製鉄は、戦時期の日本鉄鋼業の最良の遺産を継承した。しかしそれは反面、大きな問題、すなわち戦前型生産構造ゆえの製銑・製鋼・圧延三工程の能力のアンバランスをかかえ、経営の危機とすらみられていた。このため同社はこのアンバランスの克服を目指して第一次合理化を開始し、とりわけ、その最良の遺産である広畑製鉄所の整備にその重点をおいて実施した。それは広畑が、戦時期に近代的一貫製鉄所として構想されながら、戦争の真っ最中であったこと、また日本鉄鋼業の戦前型生産構造の破綻を補完するという役割を持たされたため計画がアンバランスを内包したものであったこと、などの理由により未完成のままだったことによる。この完成を急ぐことが富士製鉄の経営を安定させる近道だったのである。

このようにもともと近代的な構想に基づいて設計され、建設に入っているため、計画を大幅に見直すことなく、合理的な一貫生産体制に近づくことができた。これは八幡製鉄がその途中で計画の大幅な見直しを行ったことに比べると大きな特徴である。

この第一次合理化における最大の成果は、広畑製鉄所におけるホット及びコールド・ストリップ・ミルの完成であった。まずホット・ストリップ・ミルが完成したことにより、その時々の市況に応じて厚板とホット・コイルを作り分けることができるようになった。また一九五四（昭和二十九）年一月に完成したコールド・ストリップ・ミルは、ホット・ストリップ・ミルで生産されたホット・コイルをさらに冷延して、優秀な冷延薄板を市場に出すようになり、第四章及び第六章で述べるように、川崎製鉄や日本鋼管の投資行動にも大きな影響を与えることになるとともに、薄板の生産構造を変容させる大きな要因となった。またホット・コイルの一部は系列下の大同鋼板などに供給され、その小規模なコールド・ストリップ・ミルともいうべきレバーシング・ミルによって冷延され、より小口の需要に応じる体制がつくられた。

しかしこの広畑製鉄所の一貫生産体制の完成という課題は、第一次合理化でかなりの程度に進展したが、しかし完了はしなかった。また室蘭製鉄所の一貫生産体制もまだ未完成のままだった。

このため同社は、一九五六（昭和三十一）年に策定された第二次合理化の当初計画において、新規の一貫製鉄所建設ではなく広畑製鉄所の一貫生産体制のさらなる整備、そして仲町集中を達成した室蘭製鉄所の一貫生産体制の整備に全力をあげることになる。

「頭デッカチの少年は、第一次合理化の推進によって筋骨たくましい青年に成長した。しかし社会の荒波は、川鉄千葉をはじめとする業界の発展・合理化が示すように、予想外にきびしいものがあった。広畑が富士製鉄の主力として、たくましく成長していくためには一層の力を備える必要があった(38)」。

註

(1) 室蘭製鉄所は、一九五一(昭和二十六)年四月に輪西製鉄所が改称されたものである。本章では煩雑を避けるため、改称以前も含めて室蘭製鉄所と呼ぶ。
(2) 永野重雄『私の履歴書』(日本経済新聞社、一九九二年)二六三〜二六四頁。
(3) 広畑製鉄所第一高炉火入れ式における日鉄三鬼隆社長のあいさつ(新日本製鉄広畑製鉄所『広畑製鉄所三十年史』一九七〇年)九九頁。
(4) 富士製鉄株式会社釜石製鉄所『釜石製鉄所七十年史』(一九五五年)一一八〜一一九頁。
(5) 日本製鉄株式会社社史編集委員会『日本製鉄株式会社史』(一九五九年)五六二頁。
(6) 富士製鉄株式会社調査室『当社の沿革に就いて』(一九五五年)一八五頁。
(7) 富士製鉄株式会社室蘭製鉄所『室蘭製鉄所五十年史』(一九五八年)二二六頁。
(8) 富士製鉄前掲『当社の沿革に就いて』一一四頁。
(9)『鉄鋼新聞』昭和二十五年四月十日。
(10) 富士製鉄釜石前掲『釜石製鉄所七十年史』一二四頁。
(11) 富士製鉄株式会社広畑製鉄所『創業二五周年記念誌』(一九六四年)四四頁。
(12) 社史編さん委員会編『炎とともに　富士製鉄株式会社史』(一九八一年)一七頁。
(13) 日本鉄鋼連盟『製鉄業参考資料』昭和二十四・二十五年版。
(14) 羽間乙彦『永野重雄論』(ライフ社、一九七七年)五三頁。
(15) 新日鉄において『炎とともに』編纂を担当した浅井昭夫氏からの聞き取り(一九九六年七月)。
(16) 二宮欣也『鉄鋼戦争』(ぺりかん社、一九六八年)一〇三頁。
(17) 社史編さん委員会前掲『炎とともに　富士製鉄株式会社史』二五頁。
(18)『ダイヤモンド』昭和二十五年五月一日号。
(19) 富士製鉄前掲『当社の沿革に就いて』一一四頁。
(20) 以下、原計画の内容は、特記しない限り、富士製鉄株式会社『昭和二十五年〜二十八年　設備合理化計画表』(一九五〇年）による。

(21)「三社・長期生産計画の影響／設備の均衡、近代化を狙う／外売銑・半成品の比率低下顕著」（『鉄鋼新聞』昭和二十五年十月十六日）。

(22) 同右。

(23) 通産省他前掲『通商産業政策史　第三巻』五四三頁。

(24)『日本経済新聞』昭和二十五年十月八日。

(25)「富士の設備合理化計画本決り／最終年度は生産倍増／外売銑、半成品の一定量を確保」（『鉄鋼新聞』昭和二十五年十一月二十七日）。

(26)『鉄鋼新聞』昭和二十五年十一月二十七日。

(27) 社史編さん委員会前掲『炎とともに　富士製鉄株式会社史』三三二頁。

(28) この第八高炉は、鋳物用銑鉄専用高炉として再開された。

(29) 富士製鉄室蘭前掲『室蘭製鉄所五十年史』二五七頁。

(30)『日本経済新聞』昭和二十五年十月三日。

(31) 富士製鉄室蘭前掲『室蘭製鉄所五十年史』二五七頁。

(32)『鉄鋼新聞』昭和二十五年十一月二十七日。

(33)「鉄鋼業の合理化／資金計画を大幅縮小／三社の最終案出揃う」（『日本経済新聞』昭和二十六年二月二日）。

(34)『日本経済新聞』昭和二十六年七月二十八日。

(35) 富士製鉄室蘭前掲『室蘭製鉄所五十年史』二五九頁。

(36) 同右。

(37) 永野重雄（鉄鋼新聞社前掲『先達に聞く（下巻）』六一頁）。

(38) 広畑製鉄所前掲『創業二五周年記念誌』四八頁。

第四章　川崎製鉄の第一次合理化

——近代的一貫製鉄所建設の開始——

はじめに

本章では、一九五〇年代前半（昭和二十年代後半）における川崎製鉄の投資行動について明らかにする。同社を採り上げる第一の理由は、いうまでもなく同社の千葉製鉄所建設が戦後日本鉄鋼業の発展において持った意義の大きさにある。また第二の理由は、この千葉製鉄所建設の意義がこれまで一面的にしか語られてこなかったからである。とりわけ西山弥太郎社長について、あまりに英雄視されたため、逆にその実像が明らかにされてこなかったきらいがあるのである。

第三章で明らかにしたように、これまで平炉メーカーに銑鉄を供給してきた日本製鉄の室蘭・釜石・広畑三製鉄所を継承した富士製鉄が、第一次合理化によって製鋼・圧延能力を強化して銑鉄の外部への供給を抑制しようとした。このことは戦前型生産構造の軸となっていた平炉メーカーの存立基盤が失われることを意味した。また屑鉄供給の先細りも予測された。この平炉メーカーにとっての外部条件の変化に最も敏感に反応したのが川崎重工（川崎製鉄）西山たちであった。本章第一節及び第二節では、この外部条件の変化に対する西山らの反応を具体的に検討し、高炉建設が検討され、結局千葉一貫製鉄所建設計画にまで発展する過程（第一節）及びその実施経緯（第二節）を明らかにする。さらに第三節では、先行研究を検討しながら、川崎製鉄による千葉製鉄所建設の歴史的意義を明らかにする。

第一節　川崎製鉄の成立と千葉一貫製鉄所建設計画

1　川崎製鉄の成立

(1)　前史——戦前から川崎製鉄の分離独立まで——

川崎製鉄の前史は、一九〇七（明治四十）年に川崎造船所が同社の製鉄部門として、兵庫分工場（神戸市、後の兵庫工場）で自社使用のための造船用鋳鋼品の生産を開始したことに始まる。その後第一次大戦による鉄飢饉のなかで一九一六（大正五）年、兵庫工場を拡充し、棒鋼・形鋼の製造を開始した。また大戦末期には葺合工場（神戸市）を新設して鋼板（厚板・中板）の製造を開始した。同工場はその後薄板の生産に進み、昭和初年には全国の薄板生産の六〇％以上を占めるまでになった。そして国内市場のみならず、海外市場にも積極的に進出し、東南アジアから、さらには北米・中南米にまで進出した。

川崎製鉄（当時は川崎重工の製鉄部門）の、戦後の復興は速やかだった。同社の主力工場は葺合工場で、全社の製鋼能力の七割強、圧延能力の八割強を占めるが、同工場は、空襲による被害は少なく、賠償指定も免れ、同社の復旧の核となった。

この復興の過程で、その後の川崎製鉄の方向性を決めるいくつかの重大な事件と、経営者の意図的な意思決定があった。

第一の事件は、占領政策による経営陣の追放である。敗戦時の川崎重工は、鋳谷正輔社長以下一七名の取締役、監査役がいたが、追放に該当しそうな一三人が相次いで辞任し、残った取締役は西山弥太郎、神馬新七郎、児玉久、手塚敏雄の四人だけだった。この四人の取締役に新たに小田茂樹を加えた五取締役が協調して会社の運営に当たることとなり、(1)西山が製鉄部門、手塚が造船部門、神馬が整理部門、児玉が総務部門、小田が経理部門を担当することになった。西山は当時五三才で、取締役五人のなかでは、年齢は一番若いが取締役経験は四年半で一番長かった。(2)敗戦と占領という事態が、川崎重工に危機をもたらすと同時に、この危機に対処しうる構想力を持った西山という経営者を表舞台に登場させたのである。

敗戦に伴い、平炉は燃料が途絶し全て休止した。電気炉もいったんは休止したが、翌日（八月十六日）には一基を稼働させた。さらに同月中には厚板工場、薄板工場の操業を再開した。また平炉も、一九四六（昭和二十一）年十一月には七号炉を再開したのを手始めに、一九五〇（昭和二十五）年一月までには平炉一〇基（三五トン炉九基、七〇トン炉一基）全部を復旧した。葺合工場の一九五〇（昭和二十五）年の粗鋼生産は三四万三五〇〇トン、翌一九五一（昭和二十六）年には三六万五一〇〇トンと、公称年産能力二六万一八〇〇トンに対し、その一三一％、一三八％を生産し、また戦時期の粗鋼生産のピークに比べて八〇％及び八五％に達した。さらに一九五〇（昭和二十五）年七月には、それまで日亜製鋼などの専業めっき会社に委託していた亜鉛鉄板の生産にも、日亜製鋼からの技術援助を受けて、進出した。同社は、豊富な戦争屑を活用し、敗戦後の薄板需要にいち早く対応して速やかな復旧を遂げたのである。

また兵庫工場では、平炉二基（二五トン及び二〇トン炉）が一九五一（昭和二十六）年四月及び五月に稼働を開始し、同年中に公称年産能力を超える生産をあげた。

西宮工場は、戦時期には特殊鋼を生産していた工場で、空襲の被害が大きかったが、電炉を復旧させ、知多工場とともに、生産した鋼塊を葺合工場に送り、同工場の生産を助けた。

第二の事件は、一九四八（昭和二十三）年に起こった葺合工場の大規模な争議であった。これを西山たちは、政財界の支援を受けて、解決した。この争議に際して、「このたびの川重の争議は日本の鉄鋼業の重大なヤマ場である。もしもこの争議で会社側が負ければ、鉄鋼各社は全部負けてしまうであろう。だから、この争議にはぜひとも勝ってほしい。会社をつぶしても争議には勝て」との政府某高官が言ったということを報告された西山は、「『そうか、それなら思い切ってやろうではないか』ということで、全力をあげて取り組んだ」という。(3)

この争議に西山ら経営側が勝利した。日本鉄鋼業の重大なヤマ場であるこの争議に勝ったことによって、経営者としての自信を得て、「経営者として成長する一つのきっかけとな」り、また「組合員の信頼と尊敬の念をかち得」た。(4)敗戦と占領政策によって一挙に経営陣のトップに立った西山が、占領政策によって育成された労働運動との対決という試練をくぐり抜けて経営者としての地位を確乎としたものとしたのである。

一九四九（昭和二十四）年、関西三社（川鉄、神戸、住金）は、日鉄分割の過程で帰属のはっきりしなかった広畑製鉄所を三社で共同経営しようとした。それは主に、広畑の生産する銑鉄を獲得しようとするものであったが、同時に川崎製鉄にとっては、同所の厚板設備をも獲得することにより、「板の川鉄」にとっての脅威をなくすことも意図されていたと思われる。しかしこの計画は、三社の足並みが揃わず、最終的には日鉄常務永野重雄（後の富士製鉄社長）の巻き返しにあって失敗した。

ここに至って、西山たちは第一の重大な意思決定を行った。川崎製鉄を川崎重工から分離したのである。川崎重工は、過度経済力集中排除法により分割を命じられたが、後にこれは解除された。しかし西山たちはあくまで分割に固執し、結局一九五〇（昭和二十五）年八月に川崎製鉄を川崎重工から分離し、西山が社長となった。この経緯については、米倉氏が詳しく分析している。(5)西山は、川崎重工内部における反対、そして「最大の債権者帝国銀行」などの反対にもかかわらず、分離を強行した。この経緯について、次のような回想がある。(6)

「製鉄担当の西山取締役の主張は『いままでの川崎は、単なる平炉メーカーである。よそから材料を買って来て製品をつくっているようでは、紡績でいうプリント屋と同じで、二次製品メーカーにすぎない。はじめから鉄をつくらなければ、これからの製鉄は成り立たないし、まして、今後の川重の在り方としては、溶鉱炉を持たなければ大きな発展は望めない。その溶鉱炉をもつためには非常に金がかかるので、造船所と高炉がいっしょであっては、経営そのものがむずかしくなる』

こういった西山さんの主張に対して、反対論者、たとえば手塚さんは、

『日本の製鉄業は、いままでに民間企業として成り立ったものはないではないか。日鉄はいうまでもなく官営だ。儲かるものなら、財閥といわれる三井とか三菱がすでにやっている。かれらがやらないのは製鉄だけというのをみても、むずかしい問題に違いない。今後の日本で製鉄業が成り立つかどうかわからん』と相譲らず、議論は続いたのである」と。

第二章で述べたような平炉メーカーに生まれた認識の違いが西山と手塚の違いとして典型的な形であらわれていたのである。西山たちはこの対立を、川重から鉄鋼部門を分離することによって解決しようとした。したがって川崎製鉄の分離独立は同時に同社の高炉建設への布石であった。

(2)　発足当初の川崎製鉄

さらに西山たちは第二の重大な意思決定を行った。自ら高炉を建設しようとしたのである。

一九五〇（昭和二十五）年六月に朝鮮戦争が勃発し、動乱ブームが発生したため、鋼材需要が増加し、これに伴い鋼材価格も急騰した。とりわけ薄板の値上がりは激しく、棒鋼（一九ミリ）が六月のトン当たり二万五四六五円から、翌年二月の三万円に、一七・八％の値上がりだったのに対し、薄板（三一番＝薄物）が六月の四万五六二五円から翌年二月の七万五九〇〇円へと、六六・四％の値上がりをみせた(7)。また輸出価格の高騰はこれをさらに上回った。これ

に対し製鋼原料の銑鉄価格は、当時統制下にあって低く抑えられていた。

この売り手市場にあって、同社はとりわけ大きな利益をあげた。純利益は一九五一（昭和二十六）年四月期に一二億三七〇〇万円、同年十月期には一八億八七〇〇万円となり、売上高純利益率はそれぞれ一三・二%及び一五・七%となった。ちなみに八幡製鉄の売上高純利益率は一九五一年三月期に八・八%、同年九月期に八・一%、富士製鉄は七・八%及び九・一%であった。

戦前から鋼板（厚板・薄板）の大量生産を特長とする同社は、その延長線上でこのような順調な復興をみせたが、しかし長期的な視点に立ってその経営状況をみると、次のような問題点を抱えていた。すなわち、第一に、高炉を持たず、他社から購入する銑鉄と供給が不安定な屑鉄を原料とする平炉メーカーであることがあげられる。

また第二に、既存の生産設備は、すでに老朽化し、しかも国際的にみて旧式となった設備で、その製品は海外市場では勿論、国内市場における競争力を喪失しつつあったことである。また主力工場である葺合工場はすでに拡張の余地を残していなかった。

この二つの問題点について、もう少し詳しく検討してみたい。

まず第一の、高炉を持たない平炉メーカーであったことについて。平炉メーカーは戦前は輸入銑鉄に依拠することによって生産を伸ばした。この時期には戦前型生産構造に経済合理性があったのである。しかし一九三〇年代に入ると、この戦前型生産構造の存立基盤がゆらいできた。それでも戦時期には、主にアメリカから輸入する屑鉄に依拠して生産を続けたが、そのアメリカからの輸入も途絶えた。銑鉄は日鉄からの供給によっていたが、必ずしも満足すべき供給はえられなかった。

戦後は、豊富だった戦争屑に依拠して生産復興を果たしたが、この戦争屑も間もなく涸渇する見通しであった。また銑鉄は一九五一（昭和二十六）年四月に統制が停止されるまでは、価格と割当量がともかくも保証された。しかしこの銑鉄の統制も一九五一（昭和二十六）年四月に停止された。当時、外販銑鉄市場に供給される銑鉄の七～八割は富士製鉄が供給していた。富士製鉄は製銑能力が製鋼能力に比して過大であるため、銑鉄を外販せざるをえなかったのである。しかし第三章で述べたように、一九五〇（昭和二十五）年四月、民間企業として出発した同社は、この生産のアンバランスを自社の危機を招来するものと考え、これを是正することを戦略的課題とした。そして第一次合理化計画において、同社は鋼材の生産を二・七倍にする一方、銑鉄の外販量は一・六倍にしかならないという生産計画をたてていた。(8) また八幡製鉄は、もともとバランスのとれた一貫生産体制を持っており、銑鉄の外販を必要としなかったが、その長期生産計画においても、銑鉄の外販量はむしろ減少するものとされていた。さらに日本鋼管の銑鉄外販も似たような状況であった。

もっとも川崎製鉄が、粗鋼の生産を現状維持としつつ、例えば高級鋼材とか特殊鋼とかの生産に活路を見出そうとするならば、この銑鉄の供給状況も必ずしも心配するほどのものではなかったかもしれない。しかし同社は、飽くまで普通鋼鋼材の生産、とりわけ大量生産品たる薄板の大量生産の方面に伸びていこうとしていた。高炉を持たないことは同社にとって大きな桎梏となっていた。すでに平炉メーカーの存立基盤は失われつつあったが、戦後の状況はこの問題を切実な問題として改めて同社につきつけたのである。

次に第二の、生産設備が老朽化し、しかも旧式なものとなっていたという問題について。同社の主力の葺合工場の製鋼設備は、三五トン平炉を九基、七〇トン平炉を一基と、何れも小規模で、しかも老朽化していた。当時の日本における平炉は、平均五〇トンで、最大のものは、富士製鉄の室蘭製鉄所の一五〇トン炉（五基）、広畑製鉄所の一五〇トン炉（六基）であった。これは、当時平炉の炉容が平均一五〇トンであったアメリカに比べはなはだ小規模で非能率であるといわれていたが、葺合工場の平炉は、この日本の平均をさらに下回ったものであった。さらに圧延設備においては、その遅れは決定的なものとなりつつあった。主力品種の薄板の生産においては、いまだに人力に依存したプルオーバー・ミルが使われており、すでに全面的にストリップ・ミルに転換したアメリカはもとより、戦後、ストリップ・ミルの導入を積極的に進めはじめたヨーロッパにも遅れていた。川崎製鉄が薄板製品を輸出していた、東南アジアを中心とする海外市場にもヨーロッパ諸国のストリップ・ミル製品が進出してくるであろうこと目にみえていたのである。国内においては、八幡製鉄がストリップ・ミルを持っていたが、これは当時はほとんどがブリキの原板として使用されており、当面は競争相手とはならなかった。しかし、富士製鉄が広畑製鉄所の厚板設備を拡充してストリップ・ミルとする計画を進めており、また八幡製鉄もそのストリップ・ミルの能力拡充を計画していた。かくて国内市場における川崎製鉄の競争力も先がみえる状態であった。

この二つの問題の解決を、新生川崎製鉄は目指すわけであるが、そこで注意する必要のあるのは、同社の経営陣が、二つの問題の緊急性をどのように認識していたのか、ということである。まず第一の問題、すなわち高炉を持たないという問題については、西山たちはすでに戦前から痛感させられていたことは多くの証言からも明らかである。実際、戦後も同社（川崎重工・川崎製鉄）は、日鉄、さらには八幡・富士から銑鉄の供給を受けていたが、それは必ずしも満足すべき状況ではなかったし、増産を考え、また屑鉄の需給がひっ迫しつつあったことを考えれば、緊急の課題となっていた。また輸入銑鉄の獲得もままならなかった。このことは、住友金属から商工省鉱山局鉄鋼課に派遣されていた河西健一の次の証言が鮮明に写しだしている。すなわち、

「当時は外貨がないわけですが、外貨がなければGHQは輸入を許可しないんですよね。それで亜鉛鉄板を無理に（中略—上岡）輸出して外貨を獲得し、大量のオーストリア銑を輸入したんです。」「それが決定したときに、まっ先にとんできたのが川鉄の西山さんですよ。河西さんよくやってくれた、といって私の手を握って放さないんです。とにかく、西山さんが一番銑鉄については怨念といいますか、執念というのかね、富士と製品が競合し

ているんでしょう。富士から銑鉄が割当量はきちんとくるんですが、必要なときに出てこないんだなァ。さっきの裏話で初めてきいたんですが（笑）」[9]

これに対し、第二の問題、すなわち圧延設備の老朽化という問題は、近い将来ふりかかることは当然予測されていたが、当面の経営には大きな障害としては認識されていなかったと思われる。この第二の問題が経営に目にみえる形で影響してくるのは、富士製鉄広畑製鉄所のストリップ・ミルが完成し、その製品が市場に登場し、また八幡製鉄もそのストリップ・ミルの拡充をなし、その製品を市場に供給するようになり、川崎製鉄の薄板がこれに圧倒されるようになった一九五四（昭和二十九）年になってからである。この二つの問題の緊急性への認識の違いが、川崎製鉄の第一次合理化の遂行に影響を与える。

2　千葉一貫製鉄所建設計画の出発

(1)　計画形成のプロセス

ⓐ　発表された計画

新たに成立した川崎製鉄が、上記の第一、第二の問題のうち、第一の問題の解決を優先すれば、まず高炉を建設することになる。第二の問題を優先すれば、ストリップ・ミルを建設することとなる。そして両者を一挙に解決しようとすれば、一貫製鉄所を建設しなければならない。そしていずれの途を選択するにせよ、主力工場である葺合にはその余地はなかった。

一九五〇（昭和二十五）年十一月、川崎製鉄は、一貫製鉄所を新規の立地に「一挙」に建設する計画を発表し、政府に資金援助を申請した。発表された計画は、第一、第二の問題を「一挙に」解決しようとするものであった。この計画が当時の状況下においては際だって大胆なものであり、これまでの西山に対する評価は主にこの計画の大胆さを評価することの上にたってなされていた。しかしこの計画が発表されて以降、具体的な千葉製鉄所建設計画実施の過程においては、橋本氏が言うように[10]、この一貫製鉄所建設という計画は「一挙に」は実現しなかった。米倉氏が川鉄千葉製鉄所建設計画の「革新性」を述べることをもってこと足りるとし、計画が実施される過程を無視したのを批判して橋本氏は計画実施の過程を問題にしたのであった。これは橋本氏の言うとおりである。様々な障害のなかで、二つの問題の解決をあくまで見通しつつ、現実には第一の問題の解決、即ち高炉の建設を優先させる形で、計画は実現された。

しかしこの計画実施の過程を検討するだけではなく、さかのぼって、計画が形成される過程についても検討される必要がある。一九五〇（昭和二十五）年十一月に発表された「計画」は確かに銑鋼一貫製鉄所を一挙に建設しようとする大胆なものであったが、西山たちの構想は、銑鋼一貫製鉄所を「一挙」に建設しようというものであったのだろうか。これまで、西山が一貫生産体制を理想としていたことと、川崎製鉄の千葉一貫製鉄所建設計画が単純に結びつけられていた。しかし、西山の一貫製鉄所建設という理想は理想として確かにあったし、千葉構想もそれを根底においていたことは勿論否定できないが、その千葉計画の現実の形成過程は、それとは一応切り離して検討されなくてはならない。現実の経営者の意思決定は、その理想を根底に持ちつつも、合わせて主客の状況についての判断を踏まえて現実的になされるものである。橋本氏は計画を実現する過程に目を向けたが、さかのぼって、計画が策定される過程をも問題にしなければならない。

以下、計画の形式過程即ち「経営構想の形成過程における企業者の主体的条件と客観的条件とが絡みあう過程そのものについて、立入った考察[11]」を、試みてみたい。

ⓑ 西山の理想の形成

戦前の平炉メーカーは、安価かつ高品質であったインド銑鉄に、さらにはやはり安価で良質であったアメリカからの輸入屑鉄に依存して鋼材生産を伸ばし、それが鋼材部門において日本鉄鋼業が輸入代替を実現する大きな力ともなっていた。戦前型生産構造が経済合理性をもっていたのである。しかしこの生産構造は、金輸出再禁止に伴う円為替レートの低落、銑鉄関税の引き上げ、国内製銑企業による合理化の進展、などによって輸入銑鉄が必ずしも安価ではなくなったこと、そして最終的には一九四〇（昭和十五）年に行われたアメリカの対日屑鉄禁輸によって、戦前型生産構造は経済合理性を喪失してしまった。この経済合理性の喪失が明らかになりつつあった一九三〇年代半ばには、一方では日本製鉄が成立し、銑鋼アンバランスを解消すべく高炉を建設し、さらに一貫製鉄所を新規に建設した。他方、日本鋼管をはじめとするいくつかの平炉メーカーは高炉を建設し、一貫生産体制をとった。第一章で述べたように、西山が一貫生産の必要性を語りはじめたのも、神戸製鋼の浅田長平が「『やっぱり溶鉱炉持たなあかん』と」述べ、鉄鉱石の調査のため部下をマレーに派遣したのもこの時期だった。西山の一貫構想が生まれてくるについては、こうした背景があったことにあらためて注意を促したい。

ⓒ　銑鉄獲得の様々な試み

川崎製鉄が持つ第一の問題、すなわち高炉を持たず、銑鉄を他に依存せざるをえないという問題を解決する方法は銑鋼一貫製鉄所を建設することだけではない。銑鉄供給を確保するためには、一般的にいって次のようないくつかの方法が考えられる。

①銑鉄を輸入する。……実際、戦前期の平炉メーカーはこの方法に頼った。

②高炉メーカーから銑鉄を購入する。……輸入銑鉄が途絶えた戦時期には、平炉メーカーは日鉄の生産する銑鉄に依存した。

③すでに高炉を持つ製鉄所を獲得する。……戦後、住友金属と神戸製鋼が採った方法はこれであった。即ち、住友金属は小規模高炉を持つ小倉製鋼と一九五二（昭和二十七）年に資本提携し、翌年にはこれを合併して銑鉄の自給を達成した。また神戸製鋼所は、一九五四（昭和二十九）年に尼崎製鋼が破綻したことを機に、銑鉄の供給先を失った尼崎製鉄を傘下におさめ、やはり銑鉄を獲得した。

④既存の製鋼工場あるいは隣接地に高炉を建設する。……戦時期の日本鋼管などの一貫化はこの方法によったものである。

⑤新たな用地に高炉を建設する。……この場合には、いずれこの用地に製鋼・圧延工程を建設して一貫製鉄所を建設することが構想されているだろうが、とりあえずここで生産した銑鉄を他の場所の平炉に使用することとなる。

⑥新たな用地に一貫製鉄所を一挙に建設する。

なお、六つとは若干違った観点からみると、屑鉄を確保することも銑鉄の不足をある程度補う方法ではある。平炉による製鋼作業においては、屑鉄はある程度銑鉄に代替することが可能であるからである。

川崎製鉄の発表した計画は⑥、すなわち新たな用地に一貫製鉄所を建設するというものであった。そしてこれまでの西山弥太郎に対する評価は、西山の構想は一貫してこの⑥であったという前提にたってなされてきた。しかし現実の西山たちの動きはどうだったのだろうか。

川崎製鉄（川崎重工）は銑鉄の安定的な確保のため、上記六つのほとんどの方法を試みた。また屑鉄を大量に購入し、ストックした。

戦前には同社は、他の平炉メーカーと同様、輸入銑鉄に依存した。

そして戦時期、輸入銑鉄も輸入屑鉄も供給が途絶えたとき、同社は日鉄の供給する銑鉄によって製鋼作業を行った。

また欧州旅行から帰国した西山は、生産の増加を策し、日鉄からさらに三〇万トンの銑鉄の供給を受けようとして断られている。[12]

また、戦時中、知多に一貫製鉄所建設を計画した、といわれる。例えば橋本氏は、「銑鋼一貫経営の構想」は、「第二次大戦の前期に芽生え、戦時期にいったんは建設に取り組まれた。しかし、戦時特有の条件や自然ないし立地条件に妨げられて実現しなかった[13]」と述べている。また「西山弥太郎小伝」は、「この工場は当面軍用鋼板を製造するが、将来の計画としては銑鋼一貫製鉄所とすべく、溶鉱炉の経験者であった鵜瀞新五や化成関係では山村永次郎を中心として、溶鉱炉六基のほか平炉からストリップ・ミル、厚板などの設備を含む一貫製鉄所のレイアウトを作成させた。しかし、この工場は終戦により完成するに至らなかった[14]」と述べている。

しかし当時は対米戦争の真っ最中である。したがってアメリカでしか製造できないはずのストリップ・ミルの建設が現実の計画となるとは思えない。また、この構想は、「戦争が終わったらそこ（知多）に銑鋼一貫の製鉄所を建設する計画」であったともいわれている[15]。しかしそうだとすれば、「実際の設計には、製銑部門は八幡から鵜瀞氏をまねき化成部門は昭和製鋼（満州）より山村永次郎氏をまね[16]」くというように製銑部門について具体的すぎる。あくまで推測ではあるが、同社の知多計画は、将来構想としては一貫製鉄所の建設であったが、当面は⑤新たな用地に高炉を建設することが目指されたのではないだろうか。

一九四九（昭和二十四）年、前述のように、同社（西山）は、日鉄分割に伴い広畑製鉄所の帰属がはっきりしなかったことに乗じて、同製鉄所を関西の平炉メーカーが共同経営してそこから銑鉄の供給を受けようと策した。③既存の高炉の獲得、を狙ったのである。しかしこの構想は、平炉メーカー内の結束が図れず、前述のように日鉄永野重雄らの巻き返しにあい挫折した。

また西山は同じ頃、「銑鉄を輸入すべし、とこのころ強く関係筋に要望した[17]」。①の方法が追求されたのである。すなわち、日鉄から供給される銑鉄は「品質も決して良いとはいえない」し、「出荷も理想的とはいえない。値段も補給金がはずされ、高くなることは目に見えている」と言い、「輸入銑と競争体制にあって、始めて独占的な我国銑鉄生産の合理化が実現」すると言った[18]。また次のようにも主張した。即ち、国内で生産される銑鉄は、「到底五〇弗以下での生産は見込めない」が、「印度銑は三二―三三弗、オーストリヤ銑は四四弗で入手可能であり」、「オーストリヤの如きは、我国所要銑鉄の全部の輸出が可能であると申出ており、印度も亦相当量の輸出が可能だと称しているので、何故の輸入不可能説なのか、諒解に苦しむ」と述べ、「政府当局者、政界有力者、財界有力者は、鋼と云えば即一貫作業と考え、製鉄業即一貫作業の先入観念から脱却し切れないようであるが、これは誤れるも甚だしい」と[19]。

また、前に引用した河西の回想は続いて次のように述べている[20]。すなわち一九五〇（昭和二十五）年の「ちょうど日鉄解体後」の鉄鋼連盟の理事会で、

「鉄鉱石と石炭の輸入計画が理事会の席上に出たんですよ。ところが、鉱石と石炭の輸入計画は出たけれども、銑鉄の輸入計画は出ない。（中略―上岡）。そのときに西山さんが激怒されたわけです。われわれがほしいのは銑鉄だ、鉱石と石炭じゃないんだ、なんで銑鉄の輸入計画を鉄連は立てないのか、といって激怒された。そのときに、永野社長が、まあ、西山君、鉱石と石炭が入れば、うちで銑鉄をつくって供給するからそういうな、となだめておられました」。

西山はこの時期、「製鉄業即一貫作業という先入観念」にとらわれず、輸入による銑鉄の獲得を追求したのである。「葺合に小型高炉を建てる」ことも検討された[21]。前記の④の方法である。この計画のため、元昭和製鋼の銑鉄部長で、当時松本市の商工会の専務理事をしていた浅輪三郎を招聘しようと交渉を進めた。しかしこの交渉が長引いているうちに、後述のように、通産省の若手官僚田畑新太郎[22]（当時製鉄課長）から光海軍工廠跡地を一貫製鉄所用地として推薦されたため、この小型高炉建設計画は消えることとなった[23]。

以上のように西山は、この時期、しゃにむに銑鉄の安定供給源を求めて行動した。①～④の全ての方法を、すなわ

ち新規の用地を必要としない全ての方法を試みた。西山は、決して米倉氏の言うような「古びた高炉の再生や段階的な改善等には、なんの興味もな[24]」い単なる理想家ではなかった。むしろしゃにむに銑鉄の安定供給を確保しようと試行錯誤するプラグマチックでエネルギッシュな実践家であったのである。

しかしこのような銑鉄獲得の試行錯誤はどれも成功しなかった。奏功しなかったことの帰結として、そして動乱ブームによって大きな内部蓄積を獲得したこともあって、新規の製鉄所用地を求め、千葉一貫製鉄所を建設した。西山の構想もこの経緯のなかで現実化していった。そしてそれは最終的には日本鉄鋼業の発展をもたらしたのである。神戸製鋼の外島はいう[25]。「あれ（広畑）もらわない方がよかった、結局」、（広畑を獲得していれば）、「今日の川鉄、住金、神鋼はできなかったろうなぁ」と。

ⓓ　通産省鉄鋼局若手官僚の理想と一貫製鉄所建設の慫慂

この時期、通産省の若手官僚の一部に、既存の企業秩序にあきたらず、関西三社（川鉄、住金、神鋼）に一貫化を促そうという動きがあった。当時の通商鉄鋼局製鉄課長田畑新太郎は、同課技官の三井太佶と相談して三社に、「秘かに銑鋼一貫の意図があるなら、応援をしようと」申し入れた。これに対して「反応があったのは西山」だったので、西山に、山口県の光海軍工廠跡地を推薦した[26]。この光工廠跡地の活用はすでに八幡製鉄が先行しており実現しなかったが、その後山口県の他の土地を検討の対象とするようになる。

この川鉄（西山たち）による一貫製鉄所を建設しうる用地探しは一九五〇（昭和二十五）年八月から始められた。当初は、すなわち東京湾岸に目を向けるようになった十月初めまでは、主に山口県の瀬戸内海沿岸に焦点が当てられ、光、徳山、防府、宇部を視察した。そのなかで防府が最有力だった。このことは、後に千葉製鉄所の特徴の一つとされる「消費地立地」という視点は、この時期にはなかったか、あるいはあったとしても弱かったことを意味するであろう。最終製品である鋼材の販売のための消費地立地より、むしろ銑鉄（又は鋼片）を神戸市の葺合工場に運ぶために便利な瀬戸内海沿いに、という意識の方が強かったのではないかとも推測される。

同じ頃（十月二十三日付）の鉄鋼新聞は、「高炉二、三基の建設／川鉄三ヶ年計画で企図」と題して次のような記事を載せている。(27) 即ち、川鉄は「高炉建設による銑鉄の自給計画を検討中であるが、（中略—上岡）三ケ年計画を以てとりあえず五〇〇トン高炉二基乃至三基を建設、現在の葺合の諸設備を活用し乍ら、逐次平炉並びにストリップの併設に進み、最終的には一貫作業による鋼板製造を行う予定で」「候補地を物色中である」と。業界紙の記事であり、どこまで正しく川鉄の意図を反映しているかは疑問ではあるが、ここでも用地は一貫製鉄所建設が可能なものが探されており、将来構想としては一貫製鉄所建設であるが、とりあえずの三ケ年計画は高炉の建設が目指されていたことが知れる。上記の⑤の方法である。

同じ頃、「三井さんが『お前さんとこ溶鉱炉やるんか』ということで、圧延から何故やらんのかと」、八幡・戸畑、富士・広畑がそれぞれストリップ・ミルを整備すると、プル・オーバー・ミルでは太刀打ちできないから、「川鉄がまずやらなきゃだめなのは、圧延の合理化じゃないか、ということで、通産省としては溶鉱炉なんて問題やると非常に大義名分がたちにくい、という意見があった」という。(28) この「三井さん」とは、当時通産鉄鋼局技官で、前述の田畑製鉄課長とともに、西山に一貫製鉄所建設を慫慂した三井太佶のことであろう。ここで、「圧延から何故やらんのか」、溶鉱炉なんて「大義名分がたちにくい」とする通商鉄鋼局の若手官僚と、なにがなんでも高炉がほしい川崎製鉄西山たちとが摺り合わせを行ったと思われる。高炉が是非ほしい、しかし圧延設備を近代化しなければ「大義名分がたちにくい」、とすれば高炉もストリップ・ミルも、即ち一貫製鉄所を建設する計画とならざるをえない。

前述のように、同社は昭和二十五年十一月七日付で、見返資金貸与の願書として、新たに一貫製鉄所を建設するという計画を通産省に提出した。上記の⑥の方法による、新規の一貫製鉄所を一挙に建設するという計画であり、建設資金総額一六三億円、うち八〇億円を見返資金に仰ぐという。この願書に述べられている建設理由[29]は、まず、国際競争力を獲得するため、「世界最高水準の最新式連続式帯鋼圧延機を設置し、薄鉄板の大量生産を図」る必要性を強調したうえで、この薄板の大量生産方式には「多量かつ連続的に鋼塊の供給を必要とする」から、「是非とも溶鉱炉の新設を必要とする」と、当時の通産省の圧延部門の近代化という方針に合わせながら溶鉱炉（高炉）の必要性を説くというものとなっている。しかし橋本氏が言うように、「この文章の力点は、いうまでもなく最後の『是非共溶鉱炉の新設を必要とする』というところにあ[30]」った。

(2)　建設の開始

この計画に対して、周知のように大きな反発がおき、資金調達も困難にみえる状勢となった。第二章で述べたように、当時、日本の製鉄設備は、圧延部門は大きく遅れているが、製銑部門はさほど遅れてはおらず、休止高炉の復旧で当面充分、と考えられていたから、「二重投資」であるという批判が強かった。当時三七基ある高炉のうち稼働していた高炉は一二基に過ぎなかったのだから、この反発も当然だった。

既存の一貫三社は強く反対し、通産省も強い難色を示した、と一般に言われている。日銀の一万田総裁が強硬に反対し、建設を強行するなら「ぺんぺん草を生やしてやる」と言ったとも伝えられる[31]。通産省の内部では、原局である通商鉄鋼局にはこの千葉計画を支持しようとする空気が強かったが通商企業局が難色を示していた、と報道されている[32]。また通商鉄鋼局鉄鋼政策課が一九五一年の四～六月ごろ出したと思われる『鉄鋼業の現状と合理化計画』では、「休止高炉及コークス炉の補修再開には、同程度の生産を挙げるためには、二〇億円以内の資金ですむ」が、高炉を新設するためには「百億円を超える（五〇〇トン炉二基を中心とする）資金を投入する必要がある」。しかし「もし資金事情が許すならば、この際高炉部門のモデルプラントを建設することは望ましく、かくしてこそ鉄鋼業の近代化も太い一本の線を貫き得る」としている。[33]

ここから、あくまで高炉を持とうとする決断の実現を目指す西山の粘り腰が発揮される。自らの決断をあくまで実現しようとする強い意志こそ単なる理想家ではない実践的経営者西山の真骨頂である。前述のような大きな反発に対して西山は一九五〇（昭和二十五）年十二月に、「見返資金の融資が絶望であっても必ず高炉は建設する、この場合三年の期間は若干のびることとなろう。（中略―上岡）取りあえず自己資金五五億円を投じて高炉ならびに付帯設備に着工し」[34]、とあくまで高炉建設を強行する旨を表明し、翌年一月一日に千葉製鉄所を開設し、四月には千葉製鉄所用地の埋立工事を開始する。さらに五月、「ストリップ・ミルの建設は遅らせるとしても、当面自己資金をもって、高炉、平炉、分塊圧延機の建設を進める方針を明らかにした」[35]。「幸いにも大量の備蓄鉄くずの値上がりおよび朝鮮動乱の特需によって高収益がもたらされたため」[36]と同社の社史は説明しているが、こうして同社は自己資金をもって千葉製鉄所の建設を開始する。それは、「もうひとつ、憶測をたくましくすると、一貫工場の計画なんてどちらでもいいんで、溶鉱炉一本たてりゃいいんだと。溶鉱炉一本ぐらいだったら手金でいけると、若干の金ぐらいついてくるわ、と、こんなところやなかったかと私は思うんです」[37]という推測が当を得ていると思われる。十一月に発表した計画が前述の銑鉄供給確保の方法⑥の一貫製鉄所の建設であったが、大きな抵抗にあい、一歩後退し、⑤高炉の建設が追求されたのである。

一九五一（昭和二十六）年四月、通産省が、新たに発足した日本開発銀行の資金融資を検討するための資料として、再度計画の提出を求めたが、これに応えて同社が提出した計画は、所要資金総額は一六三億円のまま変わらず、資金調達を自己資金中心に組み直したものであった。即ち、留保利益から六八億円、増資により三〇億円、社債により三〇億円とし、借入金は三五億円に縮小された。「川崎製鉄が高収益をあげていたので、留保利益を中心にした資金計画に変更されたと考えられる」[38]。同社は株主に対し、この六八億円の留保利益は、四年間の「年間平均一六億円」であり、「年間売上高が四〇〇億円を超えることを考え合わせると、この年間一六億円の社内留保投資は容易」であると説明している。[39] たしかに動乱ブームが四年間続けば、さほど無理な計画ではなかったとも考えられる。しかし実際には動乱ブームはまもなく終息する。

(3) 計画の修正と認可

この一貫製鉄所建設計画をめぐって、二重投資であるという批判に加えて、「資金計画が極めて粗雑で現実に即していないとの批判」があった。所要資金一六三億円という所要資金が、「鉄鋼業界をはじめ各方面からこれは常識を逸脱した過少予算で裏面に何かの意図」が隠されているというのである。[40] また通産省からも、「一六三億円という予算は設備計画に対して少なすぎると、通産としては正式に推薦するという推薦状を書くことができない[41]」というクレームがついた。「これじゃストリップ・ミルができるはずがない、その根拠を持ってこい[42]」というのである。

この批判に対応すべく同社は、技術者を欧米に派遣して計画をさらに具体化した。一九五一（昭和二十六）年十一月の改訂計画では、国家資金三五億円、増資三〇億円は前の計画と変わらず、自己資金を一二〇億円に引き上げ、総額が二〇五億円とされた。工期は、第一高炉の完成予定が一九五二（昭和二十七）年十一月末、全工事の完成予定が一九五五（昭和三十）年九月となっていた。[43]

しかしこの改訂された資金計画に対しても「再び第一次案と同様の非難が行われるに至[44]」った。そこでさらに、「設備から生産計画収益計画など徹底的に洗い直してみた[45]」結果、翌一九五二（昭和二十七）年一月、最終計画が決定した。ここでは、千葉製鉄所の建設を四期に分けて実施するとし、第一期工事としては、高炉一基・平炉三基・分塊圧延機を建設する。第二期工事では、高炉をさらに一基、平炉を三基増設する。第三期は、ホット・ストリップ・ミル、第四期はコールド・ストリップ・ミルを建設する、というもので、橋本氏の言うように、「あくまで高炉、平炉を先行させるという当初の方針を堅持した計画であった」[46]。その裏には、「鋼片までできれば葺合その他の既存工場で製品化でき、しかも品質、コストの面で有利」[47]になるという見通しを持っていた。所要資金総額は二七二億七五〇〇万円とされ、その六一・五%に当たる一六七億七五〇〇万円を留保利益から、一一%に当たる三〇億円を増資によりまかない、他人資本は二七・五%に当たる七五億円（社債三〇億円、借入金四五億円）という計画であった[48]。

以上のように、計画の総予算額は、一六三億円から始まり、二七三億円まで増加したのである。この予算額の増加を部門別にみると、製銑、コークス、化成部門はほとんど変わらず、製鋼部門も増加しているが、圧延部門は四一億円から一〇五億円へと大きく増えた。動力部門も大きく増加した[49]。この計画の変更の推移について、同社の社史は、「朝鮮動乱に伴う物価上昇や海外技術調査団の調査結果により、二十七年一月、これまでの資金計画を修正し、総額二七三億円の最終計画とした」[50]といっている。

また、「資金計画一六三億円を二七三億円へ変更したわけについては小田専務はつぎのように説明した。『（略―上岡）最初の一六三億円は一昨年の十一月たてた計画で、いわば机の上で考えたことだった。しかし昨年三カ月余にわたって欧米に技術陣を派遣の結果、われわれの考えていたよりさらに高度化が要求されて計画変更の余儀なきに至り、またわが社の考えと世間の考えに相当の開きがあり、世間の協力を求める以上、これにマッチさせる必要があるというので、二七三億円となったわけだ。しかし、それ以下ですむと思う。たとえば建て屋の鉄骨にしても五万円以上もする新鋼材を使用するのでなく、戦災を受けた軍需工場などの建て屋を購入したもの（スクラップ二千円程度）を用いることとし、そのように準備されている』」[51]との説明もなされている。

また、一九五〇年秋に提出された一六三億円の計画については次のような回想がある[52]。即ち、一貫製鉄所建設計画の「予算を出すのができんのじゃ、これが。（中略―上岡）一番そこで苦労したのは、ストリップ・ミルが幾らかかるかわかりゃせんの」であり、しかも「社長はあんまり大きいことをいうちゃ通らんからというのはいっておられた」という配慮もあってつくられたのが一六三億円という予算額だったというのである。

以上から判断して、この所要資金総額が一一〇億円増加した理由は、一六三億円の計画が、少なくとも圧延設備についてはは机上の計画であり、「十分に検討のうえ最新鋭の圧延設備の導入が計画されたわけでなく、ともかくも高炉設備の建設に注力された」(53)こと、そして「あんまり大きいことをいうちゃ通らん」という配慮による過少予算(54)だったことと思われる。そしてもう一つの理由は、工事のやり方でもっと少ない予算で可能だと考えながらも、通産省の意向に妥協したことによるのであろう。

川崎製鉄のこの最終計画案に対し、通産省は一九五二（昭和二十七）年二月十九日、ようやくこの計画の第一期分（所要資金一一三億九八〇〇万円）について認可した。同省では、その理由として、「①最近の需給面から見て、反対論者のいうように無理なものでない。したがって通産省の過剰設備抑制態度と矛盾しない。②現存の高炉は相当老朽化しており、このままでは世界的競争に堪えて行けない。千葉は最新式で最も合理化されたものである。鋼材では二割もコスト引き下げができることになっているから、日本の鉄鋼業にとって一つの威力を発揮するものである。③川鉄はすでに三〇億円の投資をしている。これをくさらせることは川鉄にとってはもちろん、通産省にとっても残念である。④通産省が正式態度をきめることによって、この最新式の工場に融資が行われるのみならず、海外からの外資導入が図られることは、日本鉄鋼業にとって喜ぶべきことである(55)」と。

この通産省の決定においては、「西山がこの一、二年来断固として実行したこと、つまり③が突破口を開いたことがとくに注目される。①②は原理である。原理には机上の空論もある。西山はこれに③を加えた。これが、勝負どころだったのであ(56)」った。西山たちの粘り腰が勝ったのである。計画の提出から一年三ヶ月が経過していた。

この通産省の認可の後、さらに三月七日の日銀政策委員会、八月二十二日の日銀による第一期工事の承認を経て、十月にようやく、日本開発銀行が一〇億円の融資を決定する。

(4)　計画の内容

計画の内容について簡単にみておきたい。

まず一貫生産システム全体について。戦時期に建設された広畑製鉄所は、前述のように八幡製鉄所の反省を踏まえた合理的なレイアウトが目指されたが、千葉製鉄所はこれをさらに徹底させた。「最も論議がかわされたのが工場レイアウトであ[57]」ったのである。

この千葉製鉄所の用地は、東西約一二〇〇メートル、南北約二五〇〇メートルという南北に長い長方形をしており、北、西、南の三方向が海に面している。この用地に、南北一直線に製鋼・圧延設備を配置し、製銑設備はこのラインの西側（岸壁側）に製鋼設備に隣接して配置した。そして製銑設備のさらに西側（岸壁際）に原料ヤード及び原料事前処理設備を配置することにより、原料から製品への流れが最短距離で流れるようにレイアウトされた[58]。

製銑部門では、まず原料の事前処理が徹底された。すでに各一貫メーカーとも、原料の事前処理の重要性については認識しており、それぞれその設備の充実に手をつけていたが、既存の製鉄所では敷地の確保が難しく、本格的な事前処理設備の設置はできないでいた。また第一章で述べたように、広畑製鉄所は建設を急いだため洞岡高炉の配置をそのまま継承し、鉱石の事前処理には充分な関心は払われていなかった。これに対し千葉製鉄所は、新規の製鉄所であるため、充分なスペースをとり、事前処理設備が建設された。すなわち、岸壁から揚陸された鉄鉱石を整粒するための破砕機、篩分機、様々な品質の鉱石を均一に混合して装入する鉱石のばらつきを少なくするためのオア・ベッディング設備、粉鉱を一定の大きさのペレットとするためのペレダイジング設備が建設されたのである。

また高炉は、炉体寿命が長く、建設費が安いというメリットをもつフリー・スタンディング・タイプの設計図を西ドイツから購入し、これにアメリカン・タイプの炉頂ガス補修設備を組みあわせた。

製鋼部門では、平炉工場は八幡製鉄所第四製鋼工場と同じく、アメリカ式の大型固定式平炉であった。屑鉄の装入は、スクラップヤードから台車に入れ、地上八メートルの炉前まで一直線に延びた傾斜築堤上の軌道を上がって行き装入される。これにより装入時間の短縮と熱効率の向上が図られた。また酸素製鋼の導入のため、酸素発生装置の建設も計画された。

圧延部門は分塊設備と、ホット及びコールド・ストリップ・ミルが建設される計画であった。

また港湾は、広畑製鉄所もそうであったように、遠浅の砂地を浚渫・埋立し、原料を海外から求めることが前提として、一万重量トンの船舶の入港を想定した水深九・五メートルの岸壁、泊地及び航路を作った。

第二節　千葉製鉄所建設の進展

1　第一期工事の実現

動乱ブームにのり好調だった鉄鋼の市況は、千葉製鉄所の建設が開始されてまもなく、一九五一（昭和二十六）年の半ばから悪化していく。ブームが長続きすればよいが、「もし二、三年で軍拡にケリがつき反動期にでも入れば、当社は、建設中途の工場をかかえ、苦境に立つは明らか[59]」といわれていたが、ブームは思ったより早く、一年余で終息してしまった。とりわけブーム期に好調だった、そして同社の主力商品であった薄板の市況悪化が激しく、一九五二（昭和二十七）年五月には、八幡、富士、鋼管、川鉄の四社（四社で薄板市場の半ばを占めていた）は自主的減産に入った。「川鉄は熱延薄板を前年度の三割方減産し、厚板、けい素鋼板、高級仕上鋼板などかなり需要のあるものに生産を振り向けることにより、全体として操業度の維持に努めた」が、資金繰りは苦しくなった[60]。こうして売上げが減退してくる一方、千葉製鉄所建設などのための設備資金需要は大きくなってきたことも資金繰りに影響を与えた。

第一高炉は一九五三（昭和二十八）年六月に火入れされた。一九五一（昭和二十六）年十一月の計画では一九五二（昭和二十七）年十一月末に完成する予定だったから、ほぼ半年遅れたことになる。次いで平炉三基が一九五四（昭和二十九）年一～六月の間に順次稼働を開始、分塊圧延機も同年九月に稼働を開始して第一期工事は完了した。一九五二（昭和二十七）年当初の予定では一九五三（昭和二十八）年十二月の完了であったから、一年弱遅れたことになる。

千葉第一高炉が完成した時、西山は「『一基火入れができたんだから、あとはぼつぼつつくっていてもやれるんだから、もう大丈夫だぞ』といわれました。西山社長も従業員も全体がホッとため息をつくようなとき」(61)だったという。しかしこの念願の高炉は、なかなかスムーズには稼働しなかった。日産八〇〇トンを期待していたこの高炉が、一日に「四〇〇トンからわずか三〇〇トンしか出ない」のである。高炉内部の炉壁に付着物が固まる、いわゆる「タナがかかる」といわれる現象が起こり、ダイナマイトでこれを爆破しなければならない事態が発生するなどの事故が頻発した。(62)川崎製鉄は千葉製鉄所建設をめぐって何度か危機を経験するが、「西山社長がほんとに深刻に苦しまれたのはあのときです」と言われる。そしてこの時、「もうこれ川鉄じゃだめだから八幡にだいてもらわないかんだろう、というようなことが財界、政界あたりでも話題にしておるということを聞」くような状況(63)に立ち至ったのである。西山以下総出で懸命に高炉不調の原因を追及したが判明しないまま約半年が過ぎ、ようやく原料装入設備の単純な設計ミスとわかり改善され事なきを得た。

なおここで、川崎製鉄の千葉製鉄所以外の作業所におけるこの時期の設備投資についても簡単にみておきたい。まず西宮工場では、狭幅の半連続式熱間帯鋼圧延機を建設、一九五一（昭和二十六）年十二月に稼働している。これは将来のストリップ・ミル導入のためのパイロット・プラントでもあった。さらにこの帯鋼を素材として鋼管を製造するための電縫鋼管製造設備（年産能力二万四〇〇〇トン）を建設、一九五二（昭和二十七）年九月に稼働している。川崎製鉄は新たに鋼管の製造に進出したのである。
また主力工場である葺合工場では、酸素発生装置を建設、既存の平炉における酸素製鋼を開始し、製鋼能力を向上させた。

2　川崎製鉄五年間の経営状況

表4－1　川崎製鉄売上高・営業利益・純利益の推移

（単位：百万円、％）

	売上高	営業利益	純利益	営業利益／売上高	純利益／売上高
1950年10月期	6,140	871	709	14.2	11.5
51年４月期	9,404	1,559	1,237	16.6	13.2
10月期	12,001	2,217	1,887	18.5	15.7
52年４月期	11,679	1,657	1,312	14.2	11.2
10月期	11,409	1,023	776	9.0	6.8
53年４月期	13,745	1,155	727	8.4	5.3
10月期	14,159	1,608	868	11.4	6.1
54年４月期	13,431	1,567	678	11.7	5.0
10月期	11,854	998	140	8.4	1.2
55年４月期	13,186	1,165	293	8.8	2.2
10月期	15,284	1,668	685	10.9	4.5
56年４月期	18,809	2,106	953	11.2	5.1

資料：川崎製鉄株式会社『有価証券報告書』各期版。

表4-1にみるとおり、川崎製鉄の業績は、動乱ブーム下には、売上高純利益率が一〇％を超える好業績をあげていた。さらに一九五二（昭和二十七）年の薄板不況に同社の売上は落ち込んでいるが、それでも他社と比べれば良好な利益をあげている。ところが一九五四（昭和二十九）年十月期には売上高が急減し、それ以上に利益が大幅に落ち込んでいる。この時期には「一部の支払いには台風手形を出し、薄板市場には投げ物まで出しているとうわさされている」とまで報道された[64]。

表4-2から川鉄の販売状況をみると、この一九五四（昭和二十九）年十月期には、薄板は、数量では前期と同様の成績を上げたが、単価では減少し、とりわけ同社の看板だった高級仕上鋼板は数量単価ともに大きく減少してしまった。この四月期に一万三二三一トン、一一億一三〇〇万円だった同製品の売上げは、一〇月期には六八六八トン、四億八〇〇〇万円、さらに一九五五（昭

表4－2　川崎製鉄国内販売推移

(1)数量　（単位：トン）

	厚　板	薄　板	高級仕上鋼板	珪素鋼板	亜鉛鉄板
1951年4月期	59,241	30,906	8,535	4,951	不明
10月期	52,992	23,098	10,089	6,006	不明
52年4月期	40,065	30,538	4,562	3,592	不明
10月期	65,909	37,644	8,153	5,590	4,537
53年4月期	68,951	47,286	11,896	8,960	7,308
10月期	64,910	52,844	14,886	14,455	7,716
54年4月期	66,759	46,235	13,231	12,094	5,725
10月期	74,158	54,287	6,868	7,953	9,987
55年4月期	101,608	48,420	3,645	5,886	11,250
10月期	140,438	51,379	4,710	8,397	11,637

(2)金額　（単位：百万円）

	厚　板	薄　板	高級仕上鋼板	珪素鋼板	亜鉛鉄板	合計（その他を含む）
1951年4月期	2,043	1,860	635	371	不明	5,994
10月期	2,776	1,884	1,049	658	不明	7,827
52年4月期	1,897	1,938	428	375	不明	6,726
10月期	2,767	2,052	695	471	346	7,745
53年4月期	2,890	2,688	1,018	795	541	9,622
10月期	2,734	3,149	1,285	1,375	582	11,486
54年4月期	2,703	2,688	1,113	1,159	411	10,680
10月期	2,603	2,563	480	703	621	8,834
55年4月期	3,717	2,249	244	503	679	9,838
10月期	5,860	2,438	346	749	685	12,633

(3)単価　（単位：円）

	厚　板	薄　板	高級仕上鋼板	珪素鋼板	亜鉛鉄板
1951年4月期	34,494	60,187	74,377	74,984	不明
10月期	52,378	81,564	104,021	109,545	不明
52年4月期	47,357	63,457	93,753	104,366	不明
10月期	41,975	54,513	85,195	84,278	76,177
53年4月期	41,912	56,855	85,585	88,690	74,072
10月期	42,114	59,590	86,304	95,138	75,482
54年4月期	40,495	58,146	84,148	95,792	71,726
10月期	35,105	47,205	69,955	88,455	62,162
55年4月期	36,581	46,448	66,974	85,540	60,363
10月期	41,729	47,452	73,491	89,153	58,825

（注）　単価は、販売金額を数量で割ったもの。
資料：川崎製鉄株式会社『有価証券報告書』各期版から作成。

和三十）年四月期には三六四五トン、二億四四〇〇万円へと激減する。さらに八万五〇〇〇円前後だった高級仕上鋼板の単価は、一九五四（昭和二十九）年十月期には一挙に六万円台にまで低落したのである。この薄板類の業績の悪化がこの二十九年四月期の業績悪化の最大の原因であった。

この業績悪化は、富士製鉄広畑製鉄所のコールド・ストリップ・ミルが一九五四（昭和二十九）年一月に完成し、その冷延製品を安価で供給しようとした同社の販売方針により、またほぼ同時期に第二冷延工場を完成し、それまでそれまでブリキ専用だった冷延製品を八幡製鉄も販売しはじめ、価格についても富士製鉄に同調して値下げしたことによる。川崎製鉄も値下げに同調したが、価格を下げても品質でストリップ・ミル製品に劣る川崎製鉄の製品は売れ行きを悪化させたのである。この時期、東洋工業との取引は止まり「八幡にトヨタが独占されるのを指をしゃぶって見てた」[65]という状況になってしまった。「板の川鉄」として鋼板メーカーのトップにいたはずに川崎製鉄が、第一次合理化において、圧延設備の近代化より高炉の建設を優先したため、最終製品である薄板類の生産において他社に遅れをとってしまったのである。また亜鉛鉄板も、八幡製鉄で一九五三（昭和二十八）年にコールド・ストリップ・ミルで圧延したコイルを連続亜鉛めっきした製品が市場に出回るようになり、「当社の亜鉛鉄板の地盤が侵食されるのを、ただ手をこまねいて見ているほかない状況であった[66]」。

3　第二期工事の計画変更と世銀借款交渉——銑鋼一貫設備の早期完成へ——

(1)　計画を変更してストリップ・ミル建設を優先

前述のように、富士製鉄広畑製鉄所と八幡製鉄所のストリップ・ミル製品に圧倒されるという事態に直面した川崎製鉄は、同社の社史によると「当初計画の順序を変更し、千葉製鉄所計画の中心であったホットおよびコールド・ストリップ・ミルを、三十一年八月から優先して着工した[67]」。即ち、第一期計画で完成した高炉一期、平炉三基、分塊設備の一系列に加えて、さらにもう一系列建設するという計画から、ストリップ・ミルを優先する計画に変更したのである。次に、この「変更」の経緯を追ってみる。

一九五四（昭和二十九）年九月の分塊工場の稼働により、第一期工事、すなわち高炉一基、平炉三基から分塊工場に至る工事は完了した。すでにこの半年前の三月には、同社は通産省に対し、第二高炉、平炉三基、ホット及びコールド・ストリップ・ミルを中心とした計画を提出し、「二十九年五月通産省の承認を得たものの、おりからの不況下で資金調達の面から延期を余儀なくされ(68)」ていた。

一九五二(昭和二十七)年二月に第一期工事について通産省の承認を得た当初の計画では、第二期工事として第二高炉、第四~六平炉、第三期工事としてホット・ストリップ・ミル、第四期工事としてコールド・ストリップ・ミルを建設することになっていた。ところが右記の一九五四(昭和二十九)年三月に通産省に提出し五月に同省の承認を得た計画では、ホット及びコールド・ストリップ・ミルの建設を早め、高炉・平炉と並行して建設するというものに変更されていた。しかしこの計画には膨大な資金が必要である。この資金を同社は世銀に求めた。同社は前年から世界銀行との接触を開始していたが、この通産省の承認を得た計画では、総額二一六億円の設備投資計画(製銑一六・六億円、製鋼二八億円、圧延一七一・七億円)のうち、ストリップ・ミルにかかる約九八億円(二七二五万ドル)を世界銀行からの借款により賄おうとして(69)、五月、通産省を通じて世銀借款申請書を提出した。この計画が通産省をはさんだ世銀との交渉の過程で、後述するような世銀借款を求める他社の反発もからんで、「『原案』、『改定案』、『バイパス案』、『最終案』の四つのステップで修正され(70)」ることとなる。

まず「原案」では高炉一基、平炉三基、ホット及びコールド・ストリップ・ミルを二一一億円で建設するというものだった。この段階では、高炉・平炉とストリップ・ミルを並行して建設することを目指していた。しかし「改訂案」では平炉建設計画が削られ高炉及びストリップ・ミルを建設する、総額一七三億円の計画となった。さらに「原案」及び「改訂案」では連続式だったホット・ストリップ・ミルを半連続式にする「バイパス案」が作成されたが、ここでは平炉のみならず、高炉建設計画も削り、半連続式ストリップ・ミルのみを建設する、総額一三二億円の計画となった。そして「最終案」では、一二七億円という計画になった(71)。なお、この原案から最終案に至る検討がいつごろ行われたのかは明らかになっていない。一九五四（昭和二十九）年十二月ごろ作成されたと思われる『有価証券報告書』第九期に記載されている計画が最終案と同一であること、また二十九年七月ごろの日本経済新聞の記事にある計画が改訂案と同じと思われることから、大体の時期が推測される。いずれにせよ、このような過程を経て、ストリップ・ミルの建設が高炉に優先して進められることになった。

(2)　世銀借款交渉と通産省の支持

このように川崎製鉄は、千葉製鉄所に、世銀借款に依拠してストリップ・ミルを建設することを計画した。その額は前述のように、二七二五万ドル（約九八億円）だった。この時点で、川崎製鉄以外の鉄鋼メーカー四社の借款申請額が合わせて一一八三万ドル（約三三億円）で、五社合計三九〇八万ドルであったから、川鉄は総額の七〇％を占めていたことになる。これに他社が反発し、その「強い不満と通産当局への強い働きかけがあ」り、川鉄の申請額は削減されて一六九二万二〇〇〇ドル（六〇億八一一二万円）となった。しかしこれでも五社合計の二六八二万九〇〇〇ドル（九六億五八四四万円）の六三％を川鉄が占めることになる(72)。

注目されるのは、この川崎製鉄の計画に対し、通産省が全面的にバックアップし、これに他社が反発するという形になったことである。この対立にはマスコミによって「鉄鋼業界の既存体制を維持しようとする三社間の暗黙の了解と、旧秩序を破って有力な一貫メーカーの地歩を確立しようとする川鉄と、旧日鉄のヒモを離れた近代化工場の出現を希望する一部官僚との利害の対立があり(73)」云々と言われている。

またこの世銀借款に関連して、川崎製鉄が無配を決めたことも注目される。それは一九五四（昭和二十九）年十月に来日した世銀第三回調査団は川崎製鉄に対し、「『体力に比し計画が膨大すぎる』と評し、経理内容の改善を迫った」ことによる。このため同社は、「二十九年十月期を無配とし、財務内容の改善に総力を傾けた(74)」。この決定については、同年十二月四日の役員会で論議された。世銀との交渉に携わっていた財務担当者は、是非無配にと根回しをし、役員会でも「世銀との交渉の空気からいって、ここで配当されては、交渉は大変むずかしくなります」という意味の発言をしたが、西山はじめ多くの役員は配当すべきだと主張した。そこでは最終的に「会長一任」と決定し、大森会長が無配を決めた。(75)

この世銀借款は、一九五六（昭和三十一）年十二月二十日に至ってようやく成立し、翌年八月に、ホット及びコールド・ストリップ・ミル建設に着工することになる。

4　第一次合理化の資金調達の困難

橋本氏は、米倉氏に代表される「川崎製鉄が『他人資本』を大量に動員した積極的な設備投資を行ったという認識」は「半面の真理にとどまった」、とし、(76)次のように結論する。(77)即ち、「当初、川崎製鉄は高収益に基づいて自己資金で千葉製鉄所の建設を行ったことがわかる」。一九五〇年度から五四年度（昭和二十五年度から二十九年度）までをみても、「自己資金の比率は総投資額の七〇％強にな」り、「しかも、外部負債のなかでは社債のウェイトが高く、いわゆる間接金融依存の資金調達という特徴は強くない」が、「川崎製鉄の資金問題は一九五二年末か五三年に経営上の大きな課題になった」とする。

橋本氏による通説に対する批判は概ね正しいと思われるが、しかし、この間、資産再評価が行われたことを無視ないしは見落としているため、いささか正確さを欠く議論になっている。

氏は、まず創立（一九五〇年八月）から一〇期（五五年四月期）末までに、固定資産と減価償却引当金が合計二〇一億一八〇〇万円増加していることから、「これが主として千葉製鉄所建設に投じられたと推定される」としている（表4-3）。しかし同社は、一九五〇（昭和二十五）年八月七日に第一次資産再評価を実施し、さらに一九五一（昭和二十六）年五月一日に第二次資産再評価を実施している。このため、固定資産の簿価は、第一次で一〇億七九〇〇万円、第二次で一六億九四〇〇万円、合計二七億七四〇〇万円（四捨五入のため一〇〇万円合計がずれる）が設備投資とは別に増加しているのである。したがって総投資額は、橋本氏の言う固定資産と減価償却引当金の増加額の合計二〇一億一八〇〇万円から二七億七四〇〇万円減じた一七三億四四〇〇万円と考えなくてはならない。これは純増なので、表4-4にみられる同社の一九五〇年度から五四年度（昭和二十五年度から二十九年度）までの設備投資額一八一億円にほぼ見合う数字となる。

表4-3　川崎製鉄の固定資産、固定負債、流動負債

（単位：百万円）

	固定資産	減価償却引当金	社債	長期借入金	短期借入金	支払手形	買掛金
創立1950.8	207				450	554	1,433
1期　50.10	1,369	27	200		16	531	1,249
2期　51.4	1,630	102	300		6	485	1,585
3期　51.10	4,038	275	400			1,888	2,988
4期　52.4	5,116	563	396	100	150	2,766	3,273
5期　52.10	6,667	861	690	1,206	610	2,966	4,482
6期　53.4	12,803	1,149	1,182	2,275	1,293	3,781	6,857
7期　53.10	14,694	1,896	1,674	3,625	2,292	7,771	3,301
8期　54.4	16,329	2,996	2,109	5,158	4,200	6,856	3,949
9期　54.10	16,100	3,773	2,430	5,263	4,929	4,332	2,385
10期　55.4	15,573	4,752	2,540	5,330	5,229	4,751	3,109
11期　55.10	14,499	6,052	2,820	4,909	4,347	5,330	4,026

資料：固定資産、減価償却引当金、社債、長期借入金については、橋本寿朗『戦後日本経済の成長構造』131頁、表4-1による。また短期借入金は、川崎製鉄株式会社社史編集委員会『川崎製鉄二十五年史』764～765頁の貸借対照表から、支払手形、買掛金については、東京証券取引所『上場会社総覧』から。

　また橋本氏は、資本勘定の増加が九五億五〇〇万円なので、これに減価償却引当金の増加額四七億五二〇〇万円を加えた一四二億五七〇〇万円が自己資金となり、「自己資金の比率は総投資額の七〇%強になる」、としている。しかし、この資本勘定の増加にも資産再評価に伴う再評価積立金の増加が二〇数億円含まれているから、実際の資金の動きとしてはこれを減じて考えなくてはいけない。また資本勘定の増加が全て内部留保されるわけではない。

　表4-4によると、同社の一九五〇年度から五四年度（昭和二十五年度から二十九年度）にかけての設備投資のための資金は、増資により二五億円、社債により二五億円、

表4-4　川崎製鉄設備資金調達状況（1950〜54年度）

（単位：億円）

設備投資額	増　資	内部留保	社　債	借入金
181	25	76	25	55

（注）　純増ベース

資料：『川崎製鉄二十五年史』表75（554頁）及び表76（557頁）から作成。

表4-5　川崎製鉄設備資金・運転資金調達状況の推移

（単位：億円）

		50年度	51年度	52年度	53年度	54年度	計
設備	増　資		5	10	10		25
	社　債	3	1	8	9	4	25
	借入金		1	25	28	1	55
	計	3	7	43	47	5	105
運転	増　資				10		10
	借入金	9	11	17	33	12	82
	計	9	11	17	43	12	92
合　計		12	18	60	90	17	197

（注）　純増ベース

資料：『川崎製鉄二十五年史』表76（557頁）。

借入金により五五億円調達したとされている。また内部留保は七六億円である。内部留保と増資を合わせて一〇一億円が自己資本となる。総投資額が一八一億円であったから、内部留保が総投資額の四二％、増資を合わせると五六％になる。橋本氏の言う自己資金七〇％強にはとどかないが、しかし第六章でみるように、普通鋼関係全社の第一次合理化資金調達において、自己資金が工事資金調達額の三四・八％、増資が一三・七％、合わせて五〇％弱であることと比較して、決して低い数字ではない。また富士製鉄が、第三章の表3-3にみるように、自己資金が所要資金の一八・二％、増資が一〇・六％、合わせて三〇％弱であることと比べて、むしろかなり高いと言える。橋本氏も言うとおり、川崎製鉄の第一次合理化の資金調達は、総体としてみれば、借入金への依存度は低いのである。

ただし、これも橋本氏が言うように、「川崎製鉄の資金難は一九五二年から五三年に経営上の大きな課題になったと思われる」のであるから、この時期の資金調達について、もう少し詳しくみておきたい。表4-5によると同社の一九五〇年度から五四年度（昭和二十五年度から二十九年度）までの五年間の借入金による設備資金の調達額は五五億円である。表4-4にみるように、設備投資額がこの五年間で一八一億円であるから、借入金が五五億円というのはさほど多い額ではない。しかしこの五五億円の借入金のうち一九五二（昭和二十七）年度に二五億円、翌五三年度に二八億円と、ほとんどがこの二年間に集中している。表4-3によると、固定資産と減価償却引当金の合計は、一九五二年五月から五三年四月までの間に八三億弱増加し、五三年五月から五四年四月までは五四億弱増加している。これがこの期間の設備投資額にほぼ一致すると考えられるから、この二年間、とりわけ五三年度は借入金に対する依存度が大きい。また表4-3にみるように、この時期には短期借入金、支払手形及び買掛金の残高も急増している(78)。設備資金だけでなく運転資金も含めて考えると、この時期にはさらに外部資金への依存が大きいことになる。このように一九五二・五三（昭和二十七・二十八）年度に限って言えば、川崎製鉄はかなり間接金融に依存した資金調達を行っているのである。

表4-6　千葉製鉄所の労働生産性の推移

（単位：トン、人）

	粗鋼生産A	労務者数B	A／B
1954年	166,029	2,868	57.9
55年	316,195	2,983	106.0

資料：日本鉄鋼連盟『製鉄業参考資料』各年版から作成。

5　第一次合理化の成果と限界

こうした苦闘の結果、川崎製鉄は第一次合理化において、千葉製鉄所建設第一期工事（高炉一基、平炉三基など）を完成させ、さらに、世銀借款を得てストリップ・ミルの建設に着手した。

表4-6の労働生産性は、千葉製鉄所の鋼生産が開始された一九五四（昭和二十九）年と翌年について、粗鋼生産量を労務者数で割ったものである。前章でみた広畑製鉄所に劣らない生産性を上げていること、また次章でみる八幡製鉄所の労働生産性に勝っていることをみることができる。

このような成果を上げた川崎製鉄の第一次合理化であるが、しかしこの段階では、当初の計画は半ばを実現したにとどまっていた。同社は勿論これに満足せず、さらに併せて第二次世銀借款を得て、第二高炉の新設と平炉三基の増設を企図することになる。

第三節　川崎製鉄千葉製鉄所建設の意義

1　一貫構想の形成・発展過程について

橋本氏は米倉氏に対し、「西山が優秀な技術者であったから銑鋼一貫化の必要を早くから認識していたとしているだけで、どのような経緯でその構想がもたれたかが明らかでない」ことが「『川鉄パラダイム論』に欠けている課題」であると批判したうえで[(79)]、西山の銑鋼一貫製鉄所建設構想の形成を、いくつかの回想を検討することにより、欧米視察から「帰国後の一九三五年からアメリカが対日屑鉄輸出禁止を行った四〇年十月以前」の時期であると推測している[(80)]。

橋本氏は西山の構想が形成された時期を指摘したに止まっているが、西山の構想がどのような歴史的文脈のなかから現れたのかは明らかにしておかなければならない。この一九三〇年代後半の時期は、第一章で述べたように、戦前型生産構造の存立基盤が揺らぎだし、一貫生産体制の優位性が明らかになってきた時期である。日本鋼管はすでに一九三三（昭和八）年五月に高炉建設について、政府に認可の申請を提出し、翌年に認可を得た。また小倉製鋼は一九三四（昭和九）年に、中山製鋼は一九三五（昭和十）年に同じく認可の申請をしている。神戸製鋼の浅田長平がこのころ、熔鉱炉がほしいと言ったことも前述したとおりである。したがって西山の構想の形成はとりわけて早いわけではない[(81)]。

また、橋本氏の引用した回想においては、「〈熔鉱炉をやりたいナァ〉と、親しい者には口にしていい始めた」等々、熔鉱炉建設については語っていても、それが一貫製鉄所建設についてであるかどうか、必ずしも明確ではない。

2　米国式大量生産方式について

第一章で述べたように、一九三六（昭和十一）年に欧米視察から帰国した三島徳七は、自動車生産に使用することを前提としたストリップ・ミル導入の必要性を紹介しているが、この三島は西山とは東京帝大冶金の同窓で親友だった(82)。したがって西山がこの三島の考えに影響された可能性は十分にある。もっともこの前年に欧米視察から帰国した西山が「帰国後、西山は日本がクルップに負けないだけの製鉄所をもつ必要を痛感したらしく、『自分はぜひそれをつくるのだ』と身近な人々に大いに気焔をあげたこともあった(83)」ことからみると、この時点で一貫製鉄所の必要性を認識したとしても、それが米国式大量生産方式であったと断定することはできない。

また一九三〇年代後半に計画された広畑製鉄所は、一〇〇〇トン高炉二基、一五〇トン平炉五基、そしてストリップ・ミルによる薄板の大量生産を企図したものであった。

以上のことからみると、一貫製鉄所と米国式大量生産方式の必要性ついて「早くから認識していた」ということに限って言えば、それは西山の際だった特徴だったとは言えない。むしろ当時の鉄鋼技術者たちとともにその構想を成長させていったと考えたほうが妥当ではないだろうか。

3　いわゆる「川鉄パラダイム」論について

米倉氏は、川崎製鉄の千葉一貫製鉄所建設計画の「革新性(a)のゆえに戦後日本鉄鋼業を規定する新しい競争パラダイムが構築された(b)」として、その革新性を三つあげる(84)。その第一の革新性は、千葉製鉄所が大規模で合理的なレイアウトを持つ、臨海立地、消費地立地の一貫製鉄所という「これまでの延長線上にない工場であった点」であるとする。また「第二の革新性は、この川鉄の一貫生産参入が戦前日本鉄鋼業の後進的な産業構造すなわち銑鋼アンバランスという産業構造を一変し、一貫六社による寡占的な競争形態を生み出したこと」である。さらに「第三の革新性は、千葉製鉄所建設の資金計画の大胆さとその調達方法」である、即ち、「他人資本の活用による設備投資の推進」という、「自己資本が少ないという戦後事情のなかで、大胆な設備投資を実現するために考えられた」オーバー・ボロウイングという「戦後企業の資金戦略の先駆をなすもの」であったとする。

ところで、この三つの革新性をよくみると、第一、第三の革新性は、傍点aの「革新性」に該当するが、第二の革新性は、傍点aの「革新性」ではなく、傍点b、即ち「競争パラダイムが構築され」るプロセスを説明しているものなのである。いわゆる「川鉄パラダイム」論には二つの要素が未分化のまま混在している。第一の要素は、川鉄千葉(建設計画)それ自体が当時の一般的なレベルを超越した優れた計画であったことの指摘であり、第一、第三の革新性が概ねこれに該当する。第二の要素は、川鉄の革新性が日本鉄鋼業全体へ波及したことの指摘であり、第二の革新性が概ねこれに該当する。ただしここで概ねと言ったのは、第一、第三の革新性にも、例えば第一の革新性が「『旧工場の改善よりも新鋭工場建設』という戦後の投資パターンを形づくった」、とか、第三の革新性が「大胆な投資決定を始まりに、戦後日本企業の資本規模をはるかに上回る設備投資競争がつづいていくことになった」とかいうように第二の要素が混在しているからである。あるいは米倉氏は、二つの要素の違いに気づいてはいないのかもしれない。しかし、「革新」とは①優れた経営行為が、②他に波及すること、を言うのではないだろうか。であれば、この①と②の二つの要素の区別と連関を明らかにする必要があるだろう。

まず第一の革新性について検討する。米倉氏は「これまでの延長線上にない工場であった」ことについて、即ち、「川鉄千葉がそれまでの工場概念に比べていかに本質的に違っていたのかを述べた良い一文があるので掲げておきたい」として、星野芳郎氏の次の文章を引用している。[85]

「（川鉄千葉は）それまでの製鉄所に比べると全体のレイアウトが非常にすぐれていた。戦前の製鉄所のレイアウトの一番いい例は広畑である。その広畑といえども川鉄千葉にはかなわない。川鉄千葉の中のレールの総延長は六〇キロぐらいだが、これに対して八幡製鉄所のレールの延長は五〇〇キロを超えていた。（中略―上岡）それに対して戦後の千葉製鉄所の六〇キロというのは典型的な近代的な数字だといえる。（以下略―上岡）」(86)

しかし、この星野氏の文章から、千葉製鉄所が広畑製鉄所よりさらに優れたものであったとは読めても、「これまでの延長線上にない工場であった」とか、「川鉄千葉がそれまでの工場概念に比べていかに本質的に違っていたのかを述べ」ているとは読みとれるだろうか。前述のように星野氏は別のところで広畑製鉄所について、「日本の鉄鋼工場は、広畑においてはじめて、銑鋼一貫作業にふさわしい合理的、計画的な工場配置をとることができたのだった」と言っている。(87)ちなみに、橋本氏が川崎製鉄「第九回総合委員会記録」から引用しているところによると、「広畑工場では構内七〇万坪に対し鉄道延粁数九一粁」であったという。(88)

本書第一章で明らかにしたように、日本における近代的一貫製鉄所、即ち、大規模で合理的なレイアウト、最新の設備、臨海立地、消費地立地などの特徴を兼ね備えた製鉄所の先駆けは、日鉄第四次拡充計画により、それまでの八幡製鉄所を中心にして蓄積してきた技術の総力をあげて建設した広畑製鉄所であった。この点を無視するわけにはいかないであろう。

次に第二の革新性についてである。米倉氏の、「競争パラダイム」形成過程についての分析は次のように整理できるだろう。(89)

①　一九四九（昭和二十四）年のドッジ・ラインの開始以来、日本鉄鋼業にとって国際競争力の獲得が急務となった（「ドッジ・ラインによるパラダイム・チェンジ」）。この時日本鉄鋼業に、このパラダイム・チェンジに応えるための二つの変化が起こった。「一つは日本製鉄の分割であり、より重要な他の一つが川崎製鉄の独立と一貫

部門への進出であ」った。

② 第一の変化、即ち日鉄の分割は、西山の一貫製鉄所建設という「意志決定の促進要因とな」った。即ち、平炉メーカーにとって「分割後の八幡・富士は鋼生産において純粋な競争相手となるばかりか、単純平炉の生死を決しうる原料銑鉄の供給を握った競争相手とな」ること、そして平炉メーカーの中でもとくに川鉄は鋼材部門でも八幡・富士と激しく競合することが予想されたことが同社の一貫製鉄所建設という意志決定を促した。

③ 第二の変化、即ち川崎製鉄の一貫製鉄所建設は、他社に「強い刺激を与え」、住金と神鋼が銑鉄生産に参入、さらに「千葉と同じような臨海型の新鋭製鉄所」建設へと進んだ。

④ こうして、「川鉄の一貫生産参入が戦前日本鉄鋼業の後進的な産業構造すなわち銑鋼アンバランスという産業構造を一変し、一貫六社による寡占的競争形態を生みだした」。

この説明は現在ではほぼ通説となりつつある。しかしこれは次のような点で歴史のダイナミズムを無視した単線的な説明ではないだろうか。

即ち第一に、米倉氏の説明では、まず戦前日本鉄鋼業の、一九三〇年代以来の一貫生産確立への動向が無視され、あたかも西山の意思決定が、この流れと無関係に、せいぜい日鉄の分割を促進要因に、生まれたかのようにされている。前述のように、氏の言う「後進的な産業構造」、本書のいう戦前型生産構造が一九三〇年代にその経済合理性を揺るがされ、平炉メーカーにとって危機が訪れ、一貫化への流れが生じた。ところがこの生産構造を政策的に維持させ、平炉メーカーが平炉メーカーとして存続することを可能にしたのが日鉄による銑鉄供給であった。だからこそ戦後日本製鉄が分割・民営化されたことが平炉メーカーの危機を一挙に全面化させたのである。また戦前の日本鉄鋼業には自ら合理的な銑鋼一貫製鉄所を建設する力量が形成されていたのであり、実際に広畑製鉄所が建設されたのである。

第二に、川鉄による千葉製鉄所建設のインパクトの波及過程も平板である。インパクトが大きかったことは事実である。しかしインパクトは、これを受け止める側の状況を無視して語ることはできない。インパクトを受ける側にこれを受けとめるだけに蓄積があったからこそ、千葉に続いて続々と一貫製鉄所が建設されたのである。なお、この受け手の側の蓄積の在り様を明らかにすることを一つの課題としたのが、本書第五章における八幡製鉄の分析である。

この点を別の角度から説明する。第一章で述べたように、日本鉄鋼業を世界のトップに押し上げた、臨海立地、消費地立地、合理的なレイアウト、最新の技術などを持つ、近代的一貫製鉄所の先駆けは、川鉄千葉製鉄所ではなく、日鉄広畑製鉄所であった。しかし、広畑製鉄所は、それが優れた製鉄所であったにもかかわらず、直接的には他の製鉄所、製鉄企業に波及しなかった。それに対し、川崎製鉄による千葉製鉄所建設は、他の企業にインパクトを与え、千葉に続いて、八幡製鉄は戸畑に、日本鋼管は水江に、住友金属は和歌山に、神戸製鋼は灘浜に、続々と近代的一貫製鉄所を建設することになる一つの要因となった。そしていつのまにか、千葉が近代的一貫製鉄所のパイオニアであるかのような錯覚すら生んでしまった。この違いをもたらしたのは何だったのであろうか。

この問に対しては、目をインパクトを与えた川崎製鉄にのみ向けていたのでは答はみつからない。もっと広い視点、すなわち、一つには、鉄鋼業全体のおかれた位置、もう一つはインパクトの受け手の側に目を向けなくてはならないのである。さらに言えば、「革新（性）」という概念も、その革新的行動のおかれた状況などの検討抜きには、その意味は明らかにならない。簡単に言うと、八幡製鉄がインパクトを受け、戸畑に一貫製鉄所を建設したのは、同社自体に一貫製鉄所建設に向かう必然性が熟さんとしていたからであり、富士製鉄が川鉄のインパクトを受けながらも、すぐに新たな一貫製鉄所の建設に走らなかったのは、すでに広畑製鉄所という近代的な一貫製鉄所を持ち、その完成を優先したからである。

最後に第三の革新性について。これも経過を追って検討しなければならない。まず一六三億円の総工事費のうち八

○億円を国家資金に期待するという当初通産省に提出した計画は確かに大胆なものであった。しかしこのとき他社が通産省に提出した計画も同様に大胆であった[90]。川崎製鉄だけが大胆だったわけではなく、むしろ、当時の鉄鋼業の国家依存体質を物語るものではないだろうか。

また前述のように、同社の資金繰りは、一九五二（昭和二十七）年から翌年にかけての一時期を除いては、むしろ自己資金によって行われていた。したがって、同社の他人資本依存という点については、第一高炉稼働前後の時期と、ストリップ・ミル建設に関して世銀借款を活用した点に限定される。

要するに、千葉製鉄所建設計画は、他人資本に大胆に依存して策定されたものとは言えない。とくに通産省の認可が遅れる過程で、同社は自己資金で建設を開始しているのである。そして朝鮮戦争ブームが予想より早く終息し、同時に第一高炉建設のための資金需要が膨大になってきたため、同社の破綻さえ噂された時期に、あくまで建設を遂行し、第一銀行の支援を取り付け、世銀借款を獲得した西山たちの粘りこそが千葉製鉄所を完成に導いたのである。これを「他人資本の活用」に限定して評価したのでは、西山たちの過小評価にすらなりかねないのではないだろうか。

4　川鉄千葉計画の歴史的位置づけ

一貫生産や米国式大量生産の必要性を早くから認識していた、という点においては、特段西山のみの特徴ではない。むしろその時代背景から、他の平炉メーカーの技術者達と並行してこのことに気付いたと考えた方が正確だろう。第一次合理化は出発したころ、住友金属の当時の社長であった広田寿一は後に、「高炉が絶対必要であることはわかっていたのですが相当大きな港湾をつくる必要もあり、技術的にもむずかしくしかも巨額な投資をしなければならないので、はたしてペイするかどうかという点で逡巡していた[91]」と回想している。これに対し、西山は、「銀行は金さえ貸せばいい。あとはできなければそれだけのことじゃないか。そんなことでくよくよすることはない、とはっきり[92]」

言っていたという。良い意味での居直りができた。あの時点で千葉計画の実現に一〇〇%の確信などもてるはずがないのであるのだから、その決断は賭け、それもかなりリスキーな賭けだった。この決断に出ることのできた思い切りと、より重要なのはそれを押し通す強靭な精神力、これこそが西山の真骨頂だったのではないだろうか。

そしてこれを支えた通産省鉄鋼局の若手官僚にとっても明確な見通しがあったわけではない。川崎製鉄は「熔鉱炉をつくって、お手あげになるだろう、(中略—上岡)しかし、それはその場合またどこかの会社が引き受けるだろう、あれだけの最新鋭の熔鉱炉だから。結局、川鉄はつぶれるが、日本の利益じゃないか、というのが通産省の課長会議の結論」(93)だったともいわれる。

そしてこの川鉄の賭けに資金を投入した第一銀行の融資も同様、賭けであった。

いずれにしろ、川鉄(西山)の賭けと、通産省の賭けと、第一銀行の賭け、いずれも平常時には考えられないものであった。このような意味で、そういう時代だったのだろうと納得せざるをえない。そしてそういう時代にマッチしたのが西山弥太郎だったのである。そしてこの西山を表舞台に引き上げたのも、敗戦によってもたらされたこの時代であった。

おわりに

川崎製鉄はその成立当初に、富士製鉄の第一次合理化の第一のインパクト、即ち外販銑鉄供給の圧縮を目指す計画のインパクトを受けた。高炉を持たない平炉メーカーであり、製鋼原料となる銑鉄を主に富士製鉄に依拠していたため、富士の外販銑鉄圧縮計画は川鉄の積極的な拡張方針を抑制するという意味を持ったのである。また屑鉄の供給の先細りも予測された。富士製鉄となった三製鉄所が銑鉄を供給することによって平炉メーカーが存立して成り立っていた戦前型生産構造がその基盤を掘り崩されつつあったのである。

川崎製鉄はこの事態に対応した様々な銑鉄自給策を試み、最終的には高炉の建設を計画し、それを千葉一貫製鉄所建設計画として発表した。この発表された計画自体は、銑鋼一貫生産体制を一挙に建設しようというものであったが、その最大の眼目は高炉の建設であり、最終工程である圧延設備については充分に検討されないまま発表されたものであった。

この発表された計画に対して各方面から強い反対があり通産省の承認が遅れるという状況に対応して同社は四期に分けて、高炉及び平炉の建設を優先して第一、第二期工事とし、圧延工程の建設は先送りした。そして一九五四（昭和二十九）年までに第一期工事（第一高炉、平炉三基、分塊設備など）を完成させた。この過程で様々な困難を克服した西山社長の強靭な意志力についてはいかに強調してもしすぎることはないであろう。

ところでこれまでの西山弥太郎に対する評価は、川崎製鉄が当初発表した計画が一貫製鉄所を一挙に建設するというものであったこと、そして最終的に近代的一貫製鉄所を完成させたことから、具体的な検討がされないまま、いわば結果論的に、西山が当初（戦前）から一貫製鉄所建設を構想しており、戦時期にも知多に一貫製鉄所の建設を試み、さらに戦後にその時を得て一貫製鉄所建設を計画し、実現した、という共通認識にたってなされてきた。しかし実際の計画の形成過程は、本書で明らかにしたように、単なる理想家ではない現実の経営者である西山たちが現実に直面した銑鉄及び屑鉄の供給不安を実践的に解決すべく、様々な銑鉄獲得策を試み、それが全て奏功しなかった帰結として千葉一貫製鉄所建設計画に辿り着いたのである。

川崎製鉄はさらに第二期工事（高炉一基、平炉三基など）に取りかかる予定であったが、たまたま一九五三（昭和二十八）年秋以来のデフレに遭遇して設備資金の目途が立たず中断していた。さらにこの段階で富士製鉄の第一次合理化の第二のインパクト、即ち富士製鉄広畑のストリップ・ミルが完成し、この高品質の薄板製品が市場に進出するというインパクトを受けることとなった。このため川崎製鉄は当初第三期及び第四期工事として予定されていたストリップ・ミルの建設を第二期工事とするように計画を変更し、資金を世銀借款に求め、一九五六（昭和三十一）年十二月に至って世銀の正式承認を受け、翌年から建設が開始される。

こうして川崎製鉄は、第一次合理化と、世銀借款を得て実施された第一次継続合理化において、千葉製鉄所は高炉からストリップ・ミルに至る銑鋼一貫生産体制を一応完成させることができた。しかしこの状態は当初の計画の概ね半分しか実現できていないものであった。この時期の川崎製鉄の全粗鋼生産の半ば以上は神戸市にある葺合工場及び兵庫工場で生産されており、したがって千葉で生産された銑鉄のかなりの部分が冷銑として神戸まで海上輸送されていた。そしてやがてそれでも銑鉄が不足することになる。こうして同社はさらに休むことなく千葉製鉄所の完成を目指すことになる。

註

（1）川崎製鉄株式会社『川崎製鉄二十五年史』（一九七六年）四七頁。

（2）鉄鋼新聞社『鉄鋼巨人伝　西山弥太郎』（一九七一年）三〇九頁。西山弥太郎（一八九三〜一九六六）は、一九一九（大正八）年に東京帝大冶金学科卒業後川崎造船所入社、葺合工場配属。一九三五（昭和十）年に技師長、一九三八（昭和十三）年に製鈑工場長、一九四二（昭和十七）年に取締役就任。

（3）佐分利輝一「人を見抜く」（西山記念事業会『西山弥太郎追悼集』一九六七年）二八一頁。この政府高官の応援を西山がどう受けとめたのかはよくわからないが、平常時の経営者であれば腰を抜かすであろう「会社をつぶしても」という応援に奮い立った西山の反応に注目したい。西山の構想力は川鉄一社の域を抜け出たものであったとも理解できるからである。

（4）鉄鋼新聞社前掲『鉄鋼巨人伝　西山弥太郎』五二六頁。

(5) 米倉前掲「戦後日本製鉄業における川崎製鉄の革新性」。
(6) 山田作之助「つとめを果たした西山さん」(西山記念事業会前掲『西山弥太郎追悼集』)二六一頁。
(7) 『ダイヤモンド』昭和二十六年二月二十一日号。
(8) 富士製鉄前掲『昭和二十五年～二十八年　設備合理化計画表』。
(9) 「(座談会) 戦後の銑鉄需給の回顧と展望」(昭和六十一年七月十五日、於：鉄鋼会館)(銑鉄需給史編纂委員会『銑鉄需給史』一九八七年、二九〇頁)。傍点は上岡。
(10) 橋本前掲『戦後日本経済の成長構造』一一三頁。
(11) 大河内前掲『経営構想力』九九頁。
(12) 西山は欧米視察の経験から、葺合工場に溶銑炉と底吹き小型転炉を組み合わせた設備を置き、日本製鉄から銑鉄を買えば、増産が可能であると考えた。帰国(昭和十年)後、川崎造船所では「日本製鉄に銑鉄の供給増加を申し込んだが、結局、供給増加は認められず、この増産案は放棄せざるを得なかった。」(川崎製鉄株式会社千葉製鉄所『千葉製鉄所建設十五年の歩み』(一九六七年)一～二頁)。
(13) 橋本前掲『戦後日本経済の成長構造』一四〇頁。
(14) 「西山弥太郎小伝」(西山記念事業会前掲『西山弥太郎追悼集』)五二〇頁。
(15) 川崎製鉄株式会社『戦後川崎製鉄が歩んだ道』(旧川崎製鉄株式会社所蔵)。傍点は上岡。
(16) 川崎製鉄前掲『戦後川崎製鉄が歩んだ道』。ここでいう「鵜瀞氏」とは、元八幡製鉄所の製銑技師で、製銑部長を経て一九三六(昭和十一)年から退職する一九四〇年四月まで技師長を務めた鵜瀞新五である。
(17) 鉄鋼新聞社前掲『鉄鋼巨人伝　西山弥太郎』三八四頁。
(18) 同右三八四～三八五頁。
(19) 西山弥太郎「鉄鋼原料輸入が急務／屑鉄及び鉄鋼対策の要望」(『ダイヤモンド』昭和二十五年四月二十一日号)。傍点は上岡。
(20) 前掲「(座談会) 戦後の銑鉄需給の回顧と展望」(銑鉄需給史編纂委員会『銑鉄需給史』鋼材クラブ、一九八七年)二九三～二九四頁。

(21)　川崎製鉄前掲『戦後川崎製鉄が歩んだ道』。
(22)　田畑は、一九三九（昭和十四）年に東大工学部冶金学科を卒業した通産技官で、一九五〇（昭和二十五）年に技術調査団の一員として渡米し、帰国後の同年七月に製鉄課長になった。
(23)　川崎製鉄前掲『戦後川崎製鉄が歩んだ道』。
(24)　米倉前掲『経営革命の構造』一八四頁。
(25)　外島健吉の回想（鉄鋼新聞社『先達に聞く（下巻）』一九八五年）一二一～一二三頁。
(26)　川崎製鉄前掲『戦後川崎製鉄が歩んだ道』における田畑新太郎の回想。なお田中洋之助『日向方齋論』（ライフ社、一九八〇年）によると、ドッジデフレ期に、「通産省の鉄鋼課長をしていた田畑新太郎が、これからの鉄鋼会社は高炉を持たねば駄目だといい、和歌山県の紀の川の河口に建てたらよいだろう、と忠告してくれた」と日向が田中に語ったという（一〇七頁）。
(27)　『鉄鋼新聞』昭和二十五年十月二十三日。傍点は上岡。
(28)　川崎製鉄株式会社「『千葉製鉄所建設をめぐる資金問題等』座談会（No.1）」（一九八一年、旧川崎製鉄株式会社所蔵）。傍点は上岡。
(29)　川崎製鉄前掲『川崎製鉄二十五年史』七三～七四頁。
(30)　橋本前掲「コンパクトな量産型工場の形成」一六〇頁。
(31)　一万田はこの「ぺんぺん草」発言について、後にこれを否定し、「あれは新聞記者がつくったマスコミ語録だ」と言っている（日本銀行調査局前掲『終戦後における金融政策の運営　一万田尚登元日本銀行総裁回顧録』四一頁）。本当に言ったかどうかはともかくとして、第二章で述べたように一万田は八幡・富士を優先して鉄鋼業の発展を考えていたから、川鉄の計画は認めるわけにはいかなかったのであろう。
(32)　「（鉄鋼局で）各社提出の長期計画を再検討して見返り資金工事原案を作成したが、企業局では（中略―上岡）川鉄の高炉建設計画がおり込まれている点に難色を示しているのである。この点について鉄鋼局では川鉄の高炉計画は圧延部門と有機的な連繋をもっているると考えるべきであるとの見解をとっている」（「論点は川鉄の高炉／合理化資金計画　結論は今週に持越し」『鉄鋼新聞』昭和二十五年十二月四日）。また「鉄鋼局では初めから支援態度を示し」、「一企業にとっては設備の拡張新設であっても鉄鋼業全体からみれば立派な合理化であるとして一貫した方針をとってきた」。これに対して「企業局等が反対」して結論がでなかったのである（『鉄鋼新聞』昭和二十七年一月二十八日）。

(33) 通商鉄鋼局鉄鋼政策課『鉄鋼業の現状と合理化計画』（発行年月不明）六二頁。同文書はこの理由として、第一に、「今後屑鉄の涸渇に伴って、鉄鋼業の最も合理的な生産形態が銑鋼一貫作業を要求することは明らかであり、単独平炉メーカーは一定の生産規模に達した場合はこの一貫形態をとることが望ましいこと」、第二に、「高炉製銑部門の近代化には根本的には新しい高炉工場の建設」が必要であること。その理由は、原料処理設備、運搬設備等の改良のためには、「既に完成した工場配置の下では、これにも限度があり、真に近代化の構想を具体化して行くためには新しい立地によって計画が立てられねばならぬ。高炉の近代化はまず工場及び設備の合理的配置からはじめられねばならぬからである」としている（六二頁）。傍点は上岡。

(34) 「半額は自己資金で／川崎製鉄の高炉建設」（『日本経済新聞』二十五年十二月十五日）。傍点は上岡。

(35) 川崎製鉄前掲『川崎製鉄二十五年史』七八頁。傍点は上岡。

(36) 同右七七～七八頁。

(37) 柴田十三夫談（川崎製鉄前掲「『千葉製鉄所建設をめぐる資金問題等』座談会（No.１）」）。傍点は上岡。

(38) 橋本前掲『戦後日本経済の成長構造』一三二頁。

(39) 川崎製鉄前掲『川崎製鉄二十五年史』七八頁。

(40) 『鉄鋼新聞』昭和二十七年一月二十八日。

(41) 川崎製鉄前掲「『千葉製鉄所建設をめぐる資金問題等』座談会（No.１）」。

(42) 川崎製鉄株式会社『第三回社史編纂のための記録シリーズ　千葉製鉄所の建設その一（昭和四十六年四月九日　東京松蔭邸において）』（旧川崎製鉄株式会社所蔵）。

(43) 「川鉄、資金計画を修正／千葉の一貫工場建設」（『日本経済新聞』昭和二十六年十一月十九日）。

(44) 『鉄鋼新聞』昭和二十七年一月二十八日。

(45) 川崎製鉄前掲「『千葉製鉄所建設をめぐる資金問題等』座談会（No.１）」。

(46) 橋本前掲『戦後日本経済の成長構造』一三五頁。

(47)　川崎製鉄株式会社技術部副部長　永石六雄「川崎製鉄株式会社の設備合理化計画」(『鉄鋼界』昭和三十六年八月号)三五頁。
(48)　川崎製鉄前掲『川崎製鉄二十五年史』七三～七四頁。
(49)　橋本前掲『戦後日本経済の成長構造』一三五頁。
(50)　川崎製鉄前掲『川崎製鉄二十五年史』七八頁。
(51)　鉄鋼新聞社前掲『鉄鋼巨人伝　西山弥太郎』五二七～五二八頁。傍点は上岡。
(52)　川崎製鉄前掲『第三回社史編纂のための記録シリーズ　千葉製鉄所の建設その一(昭和四十六年四月九日、東京松蔭邸において)』。傍点は上岡。
(53)　橋本前掲「コンパクトな量産型工場の形成」一六一頁。
(54)　西山は後に、「最少限度に見積っても二百数十億円は必要だったのですが、銀行が相手にしてくれそうもないので、一六三億円でできると言った」と述べている(『東洋経済新報』昭和三十四年八月十五日号、八七頁。
(55)　鉄鋼新聞社前掲『鉄鋼巨人伝　西山弥太郎』五二七頁。
(56)　同右。
(57)　川崎製鉄千葉製鉄所前掲『千葉製鉄所建設十五年の歩み』一五頁。
(58)　「何の障害物もない広大な所でしょう。そこへ無駄のないように配置をしておるのですから、たとえば、レールを敷くにしても他の製鉄工場に比べて半分ぐらいですむのでありましてそれで年間の運搬費が三億円ぐらい違います。」(財団法人日本証券投資協会「川崎製鉄　株主の皆様へ」(一九五三年六月)における西山の談)。
(59)　「高収益の川崎製鉄」(『ダイヤモンド』二十六年二月二十一日号)。
(60)　鉄鋼新聞社前掲『鉄鋼巨人伝　西山弥太郎』五六三頁。
(61)　「対談　千葉建設と労働組合」(西山記念事業会前掲『西山弥太郎追悼集』)四七二頁。
(62)　「マルチ・ドキュメント　転換の時」(川崎製鉄株式会社『鐵』一九八〇―七／八No.一〇二)。
(63)　川崎製鉄前掲『第三回社史編纂のための記録シリーズ　千葉製鉄所の建設その一』。
(64)　『日本経済新聞』昭和二十九年七月二十五日。

(65) 新庄米次郎「座談会　商社の育成」(西山記念事業会前掲『西山弥太郎追悼集』)四六〇頁。
(66) 川崎製鉄千葉製鉄所前掲『千葉製鉄所建設十五年の歩み』二一四頁。
(67) 川崎製鉄前掲『川崎製鉄二十五年史』三一八頁。なお同社『有価証券報告書』第九期(自昭和二十九年五月一日、至昭和二十九年十月三十一日)には、「客観状勢の変化に伴い、当初案を再検討した結果、第二次合理化計画として、熱間ストリップ、冷間ストリップ、ペレタイジング設備、均熱炉三基の建設を計画し、銑鋼一貫設備の早期完成を目指すことになった」とある。
(68) 川崎製鉄前掲『川崎製鉄二十五年史』三一八頁。
(69) 濱田信夫「川崎製鉄の銑鋼一貫計画と世銀借款」(法政大学産業情報センター『グノーシス』Vol.12)六〇頁。
(70) 同右六五頁。
(71) 以上、原案から最終案にいたる経緯は主に、濱田前掲「川崎製鉄の銑鋼一貫計画と世銀借款」六四〜六六頁による。
(72)「出る釘は打たれる/世銀融資で再燃した川鉄問題/地盤を守る三社側/優遇の裏には政治力が働く?/経営難の川鉄　計画達成は重荷か」(『日本経済新聞』昭和二十九年七月二十五日)。
(73) 同右。
(74) 川崎製鉄前掲『川崎製鉄二十五年史』五六〇頁。
(75) 川崎製鉄前掲「『千葉製鉄所建設をめぐる資金問題等』座談会(No.2)」。ここにみられるように、川崎製鉄の意志決定は、決して西山一人で行っていたわけではないのである。
(76) 橋本前掲『戦後日本経済の成長構造』一一六頁。
(77) 同右一三一〜一三二頁。
(78)「収益、代金回収の悪化が徐々に資金繰りを圧迫した。このため従来からの商業手形割引をふやすとともに、二十七年四月から第一銀行をはじめ、神戸、大和、東京、協和の各銀行からの短期単名手形借入れを行った」(川崎製鉄前掲『川崎製鉄二十五年史』五五八頁)。
(79) 橋本前掲『戦後日本経済の成長構造』一一四頁。
(80) 同右一一九頁。

(81)「叔父（西山のこと—上岡）が川崎造船所に勤めてからほどなく、叔父は転職の相談に来たのである。その経緯は知らないが、奥座敷で履歴書を書いているのを見たし、また母から、叔父が九州の大きな製鉄会社に転職の希望のあることも知った」と（西山隆三「弥太郎叔父」西山記念事業会前掲『西山弥太郎追悼集』一八四〜一八五頁）。九州の大きな製鉄会社とは八幡製鉄所のことであろう。「また、昭和三年ころの日記に『一生のうちに製鉄コンツェルンの一方の旗頭となること』と彼の夢をえがいていると伝えられている」（「西山弥太郎小伝」西山記念事業会前掲『西山弥太郎追悼集』五二八頁）。具体化していない「ユメ」としての一貫化構想は製鉄技術者を目指した当初から持っていたのかもしれない。また当時の製鉄技術者・経営者にとって高炉を持つことは、経済合理性とは一応別の問題として、一つのステイタスとして、自社の成長の究極目標という意味を持っていたのかもしれない。

(82)　飯田賢一「現代日本の技術者像④　西山弥太郎」（『ＩＥ』一九七八年七月）八九頁。

(83)「西山弥太郎小伝」（西山記念事業会前掲『西山弥太郎追悼集』）五一六頁。

(84)　米倉前掲「鉄鋼」二九三〜二九六頁。傍点及び(a)(b)は上岡。なお一九九九年十一月に発行された同氏の著書である『経営革命の構造』では、第一と第二の革新性の順序を入れ替え、第二の革新性として「延長線上にない」といった表現を削除し、「千葉製鉄所それ自体が技術的にも戦略的にもきわめてイノベーティブな工場だったことである」と、戦前との関連を削っている。

(85)　米倉前掲「鉄鋼」二九二〜二九三頁。傍点は上岡。

(86)　星野芳郎「戦後技術史の時代区分」（中山茂編『日本の技術力——戦後史と展望』朝日新聞社、一九六七年）三九七頁。

(87)　星野前掲「現代日本技術史概説」二一四頁。

(88)　橋本前掲『戦後日本経済の成長構造』。千葉が約九〇万坪に対して六〇キロであったから、生産能力などをみなくては正確な比較はできないが、千葉の方がより合理的であったことは確かである。また一九六六年の時点で、広畑製鉄所は敷地面積三六〇万平方メートル、粗鋼能力三五〇万トンで、構内鉄路は九〇キロ、千葉製鉄所は敷地面積三九六万平方メートル、粗鋼能力四六〇万トンで、構内鉄路は四五キロであった（山地健吉「製鉄所の立地と工場レイアウト」『鉄鋼界』昭和四十一年八月号）。これによると千葉の鉄路は概ね広畑の二倍の能率を持つことになる。

(89) 米倉前掲「鉄鋼」二九〇～二九四頁。

(90) 前述のように、富士製鉄の計画は、総額二一二億円強、うち一二一億円強を国家資金に期待した。また第六章で述べるように、日本鋼管の計画は、総額一五一億円強、うち一一一億円強を国家資金に期待した。住友金属の計画は、総額一二五億円、この六割を国家資金に期待していた、と報道された。

(91) 広田寿一の回想（鉄鋼新聞社前掲『先達に聞く（下）』）一三九～一四〇頁。

(92) 広田寿一が西山の言として語った（同右一四〇頁）。

(93) 川崎製鉄前掲『第三回社史編纂のための記録シリーズ　千葉製鉄所の建設その一』。

第五章　八幡製鉄の第一次合理化

——既存一貫生産体制の復旧・改良から新たな近代的一貫製鉄所建設構想への発展——

はじめに

本章では、一九五〇年代前半（昭和二十年代後半）の八幡製鉄の投資行動について明らかにする。ここで八幡製鉄を採り上げる理由は、第一に、当時、同社がリーディングカンパニーとして様々な面で日本鉄鋼業をリードしたからである。リーディングカンパニーの動向を無視して他の各社の動向は語るわけにはいかない。また第二の理由としては、一九五〇年代後半（昭和三十年代前半）に一貫六社が競って新規の立地に高炉を建設したことについて、それを川崎製鉄千葉製鉄所の建設の与えたインパクトのためだとする通説に対し事実をもって反論するためである。たしかに川崎製鉄による千葉製鉄所建設のインパクトは大きかった。しかし同時に、八幡製鉄が戸畑地区に新規の一貫生産システムの建設を計画するに際しては、同社あるいは八幡製鉄所の戦前以来の発展のなかで自生的に作られてきた流れがあるのである。このことをみずに川鉄のインパクトのみを強調することによっては、事態は決して明らかにならない。

第一節　八幡製鉄の成立と第一次合理化

1　八幡製鉄の成立

一九五〇（昭和二十五）年四月、日本製鉄が分割され、八幡製鉄株式会社が民間企業として成立した。富士製鉄が前述のように経営の先行きを心配されていたのとは対照的に、八幡製鉄の経営は安定したものであると考えられていた。分割直前の一九四九（昭和二十四）年度下期、日本製鉄の各製鉄所の収支をみると、富士製鉄に継承された三製鉄所のうち、釜石製鉄所のみが一・八億円の黒字であるほかは、室蘭・広畑の両製鉄所は、それぞれ六・五億円、四・九億円の赤字で、合計九・六億円の赤字であった。これに対し、八幡製鉄所は一三・六億円の黒字であり、室蘭と広畑の赤字を八幡製鉄所の黒字が補う形になっていた。

八幡製鉄は、戦前から戦時期にかけての日本鉄鋼業から次のような遺産を継承しており、このことが上記のような安定した経営を同社に保証するものと考えられていた[(1)]。

第一に、各工程の能力のバランスがとれた一貫生産体制を持っていた。このことは、高炉を持たない川崎製鉄、住友金属、神戸製鋼などの平炉メーカーに比べればもちろん、製銑能力に比して製鋼能力が、そしてさらには圧延能力が過小であったため、中間製品である銑鉄や半成品を販売せざるをえなかった富士製鉄が経営の先行きを心配されていたことと比べて、大きなメリットであった。

また第二に、同社は、重軌条、鋼矢板（シートパイル）、珪素鋼板、ブリキなどの独占品種を持つほか、鋼管を除くほとんどの品種を持ち、「鋼材のデパート」と呼ばれていた。このため、市況に即応した弾力的な生産ができ、例えば「運輸、造船、建築、造機その他の需要に対して当社の如く各品種とりまとめて、生産[(2)]」できるものは他にないというメリットがあった。このことはとりわけ不況期に強みを発揮する。やや後のことになるが、デフレ期の一九五四（昭和二十九）年度上半期、同社の鋼材売上利益は一八・一二億円、「うち大形鋼材やブリキ、珪素鋼板、冷延鋼板などのような独占的ないしは半独占的な品種による利益は一五億三九百万円[(3)]」を上げたのである。

さらに第三に、各種の圧延設備のうちでも、とりわけ日本で唯一のストリップ・ミルを持っていたことの持つ意味は大きく、「当所のドル箱的存在になっていた[(4)]」。

しかし、その反面、次のような負の遺産をも持っていた。即ち、第一に、敗戦により生産が壊滅してから五年、前述のように、休止している既存設備の復旧は、かなり進んではいたが、いまだ一部休止したままの設備が残っていたことである。

そして第二に、日本の製鉄技術は遅れており、設備の老朽化が進んでいたが、とりわけ八幡製鉄所の設備は、戸畑のストリップ・ミルなど一部を除いて、海外先進諸国に比べれば勿論、国内の他メーカーと比べても、老朽化していたことである。またストリップ・ミルも、冷延能力が不足し、またその他の付帯設備の不備などから、持てる設備のフル活用はできていなかったし、さらに、建設から一〇年を経過したその設備は、その間のアメリカにおける技術進歩に置き去りにされていたのである。

さらに第三に、八幡製鉄所は、単に個々の設備が老朽化していただけでなく、その一貫生産体制自体が老朽化して非能率なものとなっていたのである。

この三つの問題について、もう少し詳しくみておきたい。

まず第一の問題について。八幡製鉄が発足した一九五〇（昭和二十五）年四月、八幡製鉄所の持つ高炉は、東田地区に六基、洞岡地区に四基あったが、このうち稼働していたのは、東田地区で三基、洞岡地区で二基に過ぎなかった。また製鋼部門も、平炉工場のうち、新第一、第二、第三製鋼工場はすでに一九四八（昭和二十三）年中に再開されていたが、第四製鋼工場は、空襲による被害が激しく、まだ再開されていなかった。

第二の問題は、「日鉄時代には、同社の新鋭製鉄所建設の基地としての役割が優先したため自工場の近代化が遅れ、当社発足時には、明治時代に建設された工場が多く残っているなど、設備の老朽化が著しかった」(5)ことが歴史的背景となって生じた。このため、社内の一部でも、「分離したら八幡は何でもかんでもできるんだから強いんだという、そういう心にたかぶりの兆しがあったわけですよ。だから、とんでもないと、うかうかしてたら富士鉄にはかなわないんだからと」(6)、「八幡のは全部あるかわりに全部古いのだと」(7)いう危機感が持たれていた。なおここでは、八幡製鉄が比較の対象としていたのが日鉄時代に建設された「新鋭製鉄所」を持つ富士製鉄だったことに注意しておきたい。第三の問題は、第一章でも述べたように、官営時代以来、同所の設備は継ぎ足し継ぎ足しで生産能力を増強してきたため、製銑－製鋼－圧延の三工程間のスムーズな流れをつくりだせていなかったことである。

この三つの問題のうち、第三の問題については、当時の八幡製鉄内部では、気づかれていなかったわけではないが、必ずしも緊急の問題とは考えられていなかったと思われる。例えば後に同社が光製鉄所を建設することになる光海軍工廠跡地について、山口県と光市から八幡製鉄に工場誘致があった際に、三鬼社長は、「いや、まだ八幡、戸畑を整備しなきゃならんのにほかへ飛び出す必要もなかろうということを言って[8]」、光には進出しなかった。八幡製鉄の経営者が第三の問題に関心が薄かったことについては、一面では三鬼社長の構想力のあり方によっていると思われる[9]。

こうして成立当初の八幡製鉄は、上記の三つの問題点のうち、第一、第二の問題点の解決を目指すという戦略的意思を決定した。同社成立初年度の一九五〇（昭和二十五）年度は、主要には、休止していた設備の復旧という、復興期から引き継いだ課題が、部分的な改良を加えながら、遂行された。すなわち、四月二十日、洞岡第二高炉が、同月十七日に吹き止めした第四高炉に代わって火入れされ、十月にはさらに東田第四高炉に火入れされた。また翌年三月には東田第一高炉が吹き止めされ、代わって洞岡第三高炉に火入れされた。こうして一九五〇（昭和二十五）年四月一日には公称年産能力七九・一万トンだった稼働高炉は、同年度末には九一・五万トンへと、一二・四万トン増（一五・七％増）となった。圧延部門についても、まず戸畑ストリップ工場について、付帯設備を輸入しながら整備が行われた。また「重軌条工場設備を改良し、国際規格適合品種の生産を可能ならしめた[10]」。

2　第一次合理化の出発――既存の一貫生産体制の部分的改善――

八幡製鉄は、一九五〇（昭和二十五）年十月六日、業界の先陣をきって、設備近代化三ヶ年計画を通産省に提出した。所要資金は一六七億円で、[11]この計画の実施により、生産は表5-1のように大きく増加するものとされた。即ち、銑鉄の生産は一九五三（昭和二十八）年度には一九五〇（昭和二十五）年度実績見込みの二倍に、鋼塊は一・七倍、鋼材は同じく一・七倍に増加する計画であった。

その後、同年末から翌年初めにかけて、見返り資金に多くを期待できないことが明らかになるなどの情勢変化に対応して、計画を第一期と第二期にわける[12]などの変更を行いながら、実施に移された。この時点における計画を、本章では「当初計画」と呼ぶ。

八幡製鉄の社史は、この同社の第一次合理化のねらいとして、次の三つを挙げている。即ち、「第一に休止中の設備の復旧」であり、「第二に導入技術を中心とした技術革新を伴う設備の新設・改造」である。「以上は、個々の設備の復旧・近代化であったが、二十七年渡邊社長が就任することによって、第三のねらいとして工場全体の配置合理化、すなわち、八幡地区の『風通し』をよくする対策が追加された[13]」と。

表5-1　八幡製鉄長期生産計画

（単位：トン）

	銑　鉄	鋼　塊	鋼　材
1950年度	817,148	1,441,460	1,080,857
51年度	1,093,400	1,731,300	1,315,800
52年度	1,518,800	2,282,100	1,734,500
53年度	1,660,750	2,383,700	1,811,700

資料：『鉄鋼新聞』1950（昭和25）10月13日、『鉄鋼界報』1951（昭和26）年1月1、8日。

この三つのねらいは、それぞれが前述の、八幡製鉄の持っていた三つの問題に対応する。このうち、第三の、渡辺社長就任以降の工場配置の合理化については次節で述べることとし、ここでは当初計画に該当する第一、第二のねらいについて、もう少し詳しくみていきたい。

当初計画の中心となったのは、圧延部門における戸畑ストリップ工場の整備拡充（所要資金五七億九六一七万円）、及び線材工場の新設（一四億二〇〇〇万円）、ストリップ工場向け分塊設備である第七分塊工場整備（五億三五〇〇万円）・第二分塊工場の能力を増強して復旧稼働（三億円）、製鋼部門においては、ストリップミル用鋼塊の生産を目的とする第四製鋼工場の再開（二五億円）と、各製鋼工場における酸素製鋼導入のための酸素製造設備建設（三億二六〇〇万円）などであった[14]。

この主要な計画について、もう少し詳しくみていきたい。

まず戸畑ストリップ工場の整備拡充について。当時の日本における薄板生産は大部分が、アメリカではすでに旧式となっていたプルオーバー・ミルによって生産されていた。そのなかにあってこの工場は、日鉄の第三次拡充計画によって、戦時期にアメリカから最先端の設備を輸入し、ブリキなどの薄板製品の大量生産を目指して建設されたものであった。

まずコールド・ストリップ・ミルが一九四〇（昭和十五）年に、ついでホット・ストリップ・ミルが翌一九四一（昭和十六）年に稼働を開始した。しかしすぐに対米戦争に突入したため、操業方法についての指導を受けることができず、また「戦争のため主要機械の輸入のみに止まり、附属設備は未設の儘でその能力を充分に発揮していな[15]」かった。また建設から一〇年を経過し、この間、アメリカにおけるストリップ製造技術はさらに進歩していた。戦後、ドッジラインに伴うアメリカの技術指導の一環としてアメリカから派遣された技術者の指導により操業方法のを修得し、また一部不足した設備の整備に努め、「当所のドル箱的存在になっていたが、設備の劣化状況や生産能力面から見て、大手術が必要であった[16]」。このため、この当初計画においては、この設備の拡充整備が計画された。まず、冷延能力が熱延能力に比べ小さかったため、第二冷延工場を建設するとともに既設の冷延工場（第一冷延）においてネックとなっていた焼鈍炉を増強して圧延能力を増し、両工場での冷延能力をあわせるとそれまでの四倍弱に拡大した。また熱延工場においても、仕上げ圧延スタンドを増設するとともに、加熱炉を増設して、熱延能力も二倍強に拡充した。また熱延されたコイルを冷延する前に、表面のスケールを除去するための酸洗機がバッジ処理で処理能力が低かったため生産の隘路となっていたが、ここにも新たに高速連続酸洗ラインを設置することとした。さらにこの冷延されたコイルをメッキする設備は、それまでは錫メッキ設備のみであったが、この既設の錫メッキ能力を二倍強にするとともに、連続式亜鉛鍍金設備を新設し、亜鉛鉄板の生産をも新たにはじめようとした。

また、線材工場の新設が計画された。既存の線材設備は、一九〇七（明治四十）年に操業を開始して以来四三年間経過し、その間一九一六（大正五）年に粗ロール機の一部を改造しただけという老朽化した設備であった。このためコイル単重が小さく（八〇キログラム）、圧延速度も遅い（秒速八メートル）もので、また「多くの高熱重筋労働を必要とするうえ、作業環境、安全上の問題も多」かった。このため、アメリカ、ドイツの連続式線材圧延設備を比較検討した結果、ドイツ式の直線配列全連続式圧延機（コイル単重三二〇キログラム、圧延速度秒速二四メートル）を導入することとなった。この設備の導入により普通線材を大量生産し、原価を約一五％引き下げることがみこまれた。[17]しかし、この設備は「同じタイプのものがドイツで一基稼動した実績はあるものの、戦時中のため圧延成績は公表されず、そのうえ終戦とともにソ連が撤去移設し、その後の状況が不明であるため[18]」、実質的には一号機であった。これをあえて導入した八幡製鉄所技術陣の自信のほどがうかがえる。

次に、製鋼部門における第四製鋼工場の再開についてみてみたい。八幡製鉄が発足した一九五〇（昭和二十五）年には、既存の製鋼工場のうち、新第一、第二、第三の三製鋼工場はフル稼働に入っていたが、一九〇二（明治三十五）年に操業を開始し、小型平炉により構成されている旧第一製鋼工場と、敗戦直前の八月八日、空襲により徹底的に破壊された第四製鋼工場は休止されたままであった。しかし、動乱ブームにより鋼材需要の増大に対応するためには、八幡では、製鋼能力の不足が隘路となっていた。このためこの第四製鋼工場の再開が急がれた。

この第四製鋼工場の再開にあたって、四つの案が作成された。第一案は、五基の平炉の炉容を六〇トンから七〇トンに拡大する以外は、燃料は従来どおり石炭を使用した発生炉、原料の装入方式もそのままとして再開を急ぐという案であり、第四案は、アメリカ式操業方式を大幅にとりいれ、炉容を大型（一二〇トン）固定式平炉に改造し、原料装入方式も改造する、燃料は重油とするというものであった。なお、二案、三案はこの中間の案であった。この四つの案を検討した結果、「小平副所長の『わが国の製鋼技術の合理化を図るのは今をおいてない』との決断のもと」[19]に第四案が採用され、さらに酸素製鋼法を導入することとなった。これは、先の引用に言う第一のねらい、すなわち「休止中の設備の復旧」であるとともに、第二のねらい、即ち「技術革新をともなう設備の新設・改造」でもあり、単なる既存設備の復旧に止まらず、国際競争力をもった最新の設備を持とうとする意欲の現れであったのである。

第二節　渡邊社長の就任と第一次合理化計画の見直し
――部分的改善から一貫生産体制全体の見直しへ――

以上のように、第一次合理化、第一、第二の問題点を解決すべく、既存の一貫生産体制の復旧と、その一部分を近代化するものとしてスタートした。しかし、やがて第三の問題点、即ち一貫生産体制自体の問題点についても対応せざるをえなくなる。

まず一貫生産体制の管理面が問題とされた。すなわち、「当社発足後八幡の生産は期待されたほどは伸びず、コスト的にも劣っていた。これは設備老朽化のほか管理面にも問題があると判断」[20]された。このため、一九五二（昭和二十七）年の年頭のあいさつで三鬼社長は、まず「設備の近代化の実現」を強調した後に、「いわゆる工場管理の合理化をはかって業務の計画と管理に万全を期したい」と語り、さらにそれは米国の「コントローラーシステム」に範をとりながらも、「当社の現状に適応した、いわゆる『日本的でしかも八幡的』なものとして、効率的な機構を先ずつくりあげ」ると述べた[21]。そしてこの現実化として、三月に、一貫生産体制総体の集中管理を目的として管理局が設置された。

この管理局の設置は、「それぞれの部門が古くから一家をなして運営せれてきた八幡の組織に、科学的管理手法を用いて、各部の運営を横から企画・調整・監査する内部統制機関を導入したことは画期的なできごと」[22]であった。しかし現実には、既存の、それも長い伝統を有する八幡製鉄所の生産組織を根本的に変革することは、一朝一夕にできるものではなかった。このため、「その中途半端な性格から、無用論すら唱えられるという状況であった。／悪く云えば、管理局はラインのアラをほじくり、ラインはその言訳をするために、ライン内スタッフを使うといった状態であ」[23]った。かくてこの管理局設置が目指したものは、次の時期に至って、戸畑地区の一貫生産体制が新設された際、そこで戸畑管理方式として、初めて実現することとなる。

同じ一九五二（昭和二十七）年四月、前述の第四製鋼工場の再開工事が進み、まず第六平炉に火入れされた。この火入れ式に列席するため東京の本社から八幡製鉄所に向かう途中、三鬼社長が、もく星号事件と呼ばれる日航機墜落事故に遭遇し、死去した。代わって追放が解除された渡邊義介[24]が社長に復帰し、渡邊社長、小島副社長という体制ができた。五月に開かれたこの新体制の最初の常務会で、

「（渡邊社長が）、どうも八幡はゴミゴミしすぎている、と言うんだよ。あれをなんとか風通しよくすっきりした工場にしたいと思う。それについてはこれは大事業だが、くだらんものはみんなこわしちゃえばいいじゃないか。そしてできるだけスペースをこさえて、やむを得んものはどこかほかのほうへ移すというふうなことで、早急に湯川君考えてくれんかと、就任早々宿題を常務会で湯川さんに出された。[25]」

八幡製鉄所のレイアウトが非能率なものになっていることについては、第一章で述べたように戦前から認識されていたことである。また終戦直後、追放中の渡邊義介は、「八幡は継足して発展したのだから、今度は全く新しい場所に建設する位の気持で工場配置を考えることだね」と言っていた[26]という。この八幡製鉄所のレイアウトの見直しは、渡邊社長の登場により、現れるべくして現れたと言えるだろう。

この渡邊の指示から、まず光製鉄所の建設計画が始まる。回想は続いて、(27)
「あのころにはもうすでに、その前の年の二十六年か、川鉄が千葉へやりはじめておったんだ。そこで渡辺さんが、どこかほかに広いところはないかなと」言ったという。

すでに一貫生産体制それ自体の見直しの素地があるところに川鉄千葉のインパクトが加わったことがうかがえる回想であるが、こうして、山口県の光海軍工廠跡地に、八幡製鉄が光製鉄所を建設するという基本方針を一九五二（昭和二十七）年九月に決定した。この光海軍工廠跡地は、三鬼社長在任中に地元から八幡製鉄に対し、進出の要望があった場所であるが、この時には八幡製鉄自らは進出せず、徳山鉄板が八幡製鉄の援助を受けて製鋼・圧延工場を建設する計画をたて、この時すでに一部の工事が始まっていた。(28)この徳山鉄板の計画を中止させ、八幡製鉄が進出することとなったのである。その計画の策定過程では、「コンパクトな製鉄所建設、八幡からの中小形工場、第三厚板工場あるいは高級鋼板工場の移設、車軸、車輪製造工場新設、線材工場新設等諸案(29)」が検討されたという。高炉を建設する案も検討されたという。(30)この検討の結果、翌一九五三（昭和二十八）年五月、すでに基礎工事が始まっており、九月には本体設備が入荷する予定となっていた西八幡の線材工場建設工事を中止し、この線材工場を光製鉄所に建設することとなった。

またこの時期、八幡製鉄所内の輸送部門の合理化にも手がつけられ始めた。遡って八幡製鉄が成立した一九五〇（昭和二十五）年四月ごろにも、次のように言われていた。即ち、

「我々は鉄路長しをもって貴しとするものではない。車輌多きをもって誇りとするものではない。従来輸送の合理化の面は比較的軽視される傾向があった。極めて融通性に富んでいるために『どうにかなる』、『どうにかやってきた』という事に起因する。そしてこれによるコスト高は、各部に分散されて、まとまった数字的批判を受けることが少ないために、輸送の改善合理化が看過され易い嫌いがある(31)」と。

まず、八幡地区と戸畑地区とを結ぶ炭滓線で一九五二（昭和二十七）年十二月、「品種別ダイヤ輸送」が始められた。それまで同線は、「今では信じられないことであるが、操車場調整責任者も製品別輸送計画を知らず、その都度いわれるがままに、いわば出たとこ勝負で貨車輸送を行っていた」ような状態であったのが、この改革は、「製品別に輸送時間を計画化（ダイヤ化）し、事前に関係部門に周知徹底して荷役や輸送の効率化を図るとともに、機関車や貨車台数の削減と線路距離の短縮を狙ったもの」であり、「輸送部門従業員のモラール・アップ」をもたらすとともに、その後の輸送合理化の端緒となるものであった(32)。

さらに八幡製鉄所のレイアウトの見直しは、厚板工場のリプレイスという計画に発展する。当時八幡製鉄所の厚板設備としては、第一厚板、第二厚板、第二中板の三工場が稼働していたが、いずれも老朽化していた。すなわち第一厚板工場は、一九〇五（明治三十八）年に稼働を開始して以来ほぼ半世紀を経過していた。また第二厚板工場は、当時の八八艦隊建造計画に対応すべく一九二〇（大正九）年に建設され、また第二中板工場も一九二四（大正十三）年に建設されたものであり、双方とも三〇年前後たつ老朽工場であった。そこで、「量的には」、この三工場を統合し、「質的には、先進外国にひけをとらない品質・歩留・原単位・労働生産性にすることを目差して」新厚板工場の建設が、一九五二（昭和二十七）年七月から検討され始めたのである(33)。

第三節　第一次合理化の実現とその成果

1　計画の実現とその成果

八幡製鉄の第一次合理化は、製銑部門においては、高炉、コークス炉の復旧・稼働が中心であり、またこの復旧に伴って、設備及び操業についての改良が行われた。しかしそれとともに、鉱石の事前処理への取り組みがなされ、これが高炉操業成績においても、そして次の時期以降の製銑技術の進歩にとっても、大きな意義を持っていたことを忘れるわけにはいかない。

八幡製鉄成立時の一九五〇（昭和二十五）年四月一日現在で、東田高炉群は、一号（三二〇〇トン）、三号（三五〇トン）、五号（四〇〇トン）の三基が稼働し、公称年産総能力六五万五〇〇〇トンのほぼ半分の三二万五〇〇〇トンであった。また洞岡高炉群は、一号（五〇〇トン）、四号（一〇〇〇トン）の二基が稼働しており、公称総年産能力九九万二〇〇〇トンの高炉うち、四六・九％にあたる四六万五〇〇〇トンの能力の高炉が稼働しており、合計で、全能力の約四八％に当たる七九万トンの公称能力の高炉が稼働していた。

これが一九五六（昭和三十一）年四月には、東田で第三（三五〇トン）、第五（三五〇トン）、第六（三五〇トン）の三基、洞岡で第一（五〇〇トン）、第二（七〇〇トン）、第四（一、〇〇〇トン）の四基が稼動しており、フル稼働に近い状態となった。

この高炉の復旧・稼働に伴って、いくつかの改良が行われた。それはまず当時数年で巻替えが必要であった高炉の操業寿命を延ばすため、高炉炉底部にカーボン煉瓦が使用された。当時は、「炉底破損の有無が高炉の寿命を決める要因であった」[34]ため、この強化が、アメリカの技術を採り入れて実施されたのである。一九五一（昭和二十六）年三月に洞岡第三高炉（一〇〇〇トン）が稼働したが、この際、炉底側壁部にカーボン煉瓦が使われた。次に同年十二月に東田第六高炉が復旧された際、炉底側壁部及び底面にカーボン煉瓦を使用した。この高炉は、一九六二（昭和三十七）年七月まで一〇年をこえる長寿記録をつくった。

また焼結能力の拡大が目指され、ドワイトロイド式（ＤＬ）焼結機が、一九五二（昭和二十七）年に着工され、翌年に完成した。

さらに鉱石の整粒の試みとして一九五三（昭和二十八）年に洞岡鉱石処理設備が建設された。

製鋼部門においては、当初計画の重点課題の一つだった第四製鋼工場が、ほとんど新規建設ともいえるような改造が施されて一九五二（昭和二十七）年に再開した。前述したように、動乱ブームにより鉄鋼需要が急増し、圧延部門が生産を増大させるに伴い、製鋼能力の不足が隘路となってきた。このため、まずとりあえず、一九〇一（明治三十四）年に操業を開始した旧第一製鋼工場を、「二五トン平炉を三〇トン平炉に改造し、昭和二十六年五月から、第四製鋼立ちあがり迄の、特需対応のピンチヒッターとして臨時稼働」(35)させ、この間に第四製鋼工場の改造・再開を急ぎ、一九五二（昭和二十七）年四月に平炉一基が稼働を開始し、その後同年十一月までに七基全部が稼働した。また、この第四製鋼工場は、平炉燃料の重油への切り換え、及びこれに伴う自動燃焼制御が採用され、また酸素製鋼法も採り入れられた。なお、この第四製鋼工場の稼働に伴い、臨時稼働していた旧第一製鋼工場は三月に休止した。またこの第四製鋼工場を重油燃焼方式に切り換えたのに続いて、第三製鋼工場を同年十一月に、第二製鋼工場を翌一九五三（昭和二十八）年十月に、重油燃焼方式に切り換えた。またこの石炭を燃料とする発生炉方式から重油燃焼方式への切り換えに伴い、自動燃焼制御装置を採用した熱管理システムが導入された。

さらに、この第四製鋼工場で生産された鋼塊を分塊して戸畑地区のストリップ工場へ送るため、休止していた第二分塊工場を増強して稼働させるとともに、第七分塊工場をも改造した。

圧延部門では、戸畑ストリップ工場が、一九五四（昭和二十九）年三月に第二冷延工場が稼働したことにより、メッキ設備を除いて完成した。この第二冷延工場の製品はブリキ等のメッキ専用となり、これまでブリキ工場に主に供給されていた第一冷延工場の製品が冷延薄板（一部中板）と冷延コイルとして市場に出回るようになった。この冷延薄板が、ほぼ同時期に完成した富士製鉄のストリップ・ミル製品とともに、良質かつ廉価な薄板として、市場に大きな変化をもたらしたことは、第四章で川崎製鉄について述べたとおりである。

またこのストリップ工場の拡充整備の完成により、同社では旧来のプルオーバー・ミルによる薄板の生産を休止した。

ストリップ工場に付属するメッキ工程では、まず亜鉛メッキ設備が一九五三（昭和二十八）年五月に稼働を開始した。また錫メッキ設備（ブリキ製造設備）は、当初の計画では、旧来の方式である熱漬ブリキ設備を増設することになっていたが、一九五二（昭和二十七）年になって、当時アメリカで普及しつつあった電気メッキ法に着目した。この電気メッキ法は、第二次大戦中のアメリカにおいて、錫の欠乏を契機として、その節約を狙って発展したものであったが、同年にこの方式の導入を決定し、一九五五（昭和三十）年五月に稼働を開始した。

また、光製鉄所では、一九五五（昭和三十）年五月、線材工場が生産を開始し、これに伴って翌年四月、八幡の旧式の線材工場は生産を中止した。ここに「旧来の圧延機で名人芸を競い合った『箸取作業』という不安全な作業は完全に姿を消した[36]」。

また、八幡地区のレイアウトの見直しにより計画された新厚板工場は、一九五四（昭和二十九）年のデフレに遭遇し、着手が遅れたが、世銀借款を得て翌年十月に着工された。この時期には景気は一転して、いわゆる神武景気の到来となり、造船景気に対応すべく完成が急がれ、一九五七（昭和三十二）年七月に完成した。

2 第一次合理化期の経営の状況と設備資金の調達

表5-2は、八幡製鉄のこの時期の業績である。第三節でみた富士製鉄に比べて安定した経営であったことがうかがえる。社史が言うように、この一九五〇年代（昭和二十年代後半から三十年代前半）の「当社の歴史の前半一〇年間」は、「当社の歴史の後半一〇年間にくらべれば相対的に余裕のある競争状態であった[37]」。

また表5-3は、同社の一九五〇（昭和二十五）年度から一九五四（昭和二十九）年度の五年間の設備投資及び投融資の資金調達状況である。自己資金が所要資金に占める割合は二三・七%、増資が占める割合は七・九%、合計三一・六%で、第三章で検討した富士製鉄がそれぞれ一八・二%、一〇・六%、合計二八・八%であるのに比べれば自己資本の比率はやや高い。しかし第六章において表6-4を検討したように、普通鋼関係全体の工事資金調達額に対して自己資本が五〇%弱、第四章で検討したように川崎製鉄は五六%であるのに比べると低い数字である。

表5-2　八幡製鉄売上高・営業利益・純利益推移

（単位：百万円、%）

	売上高	営業利益	純利益	営業利益／売上高	純利益／売上高
1850年9月期	13,365	1,411	851	10.6	6.4
51年3月期	22,908	2,730	2,005	11.9	8.8
9月期	38,515	3,670	3,105	9.5	8.1
52年3月期	38,916	3,434	2,220	8.8	5.7
9月期	40,478	3,302	1,436	8.2	3.5
53年3月期	39,528	2,406	575	6.1	1.5
9月期	42,775	4,046	1,027	9.5	2.4
54年3月期	42,993	4,744	1,307	11.0	3.0
9月期	34,387	3,522	729	10.2	2.1
55年3月期	37,300	3,281	904	8.8	2.4
9月期	42,177	3,917	1,408	9.3	3.3
56年3月期	48,318	4,751	1,719	9.8	3.6

資料：八幡製鉄株式会社『有価証券報告書』。

表5-3　八幡製鉄設備資金調達（1950～54年度）

（単位：億円）

		50年度	51年度	52年度	53年度	54年度	合　計
所要資金	設備投資	6	51	78	93	57	285
	投融資	1	2	6	7	3	19
	計	7	53	84	100	60	304
資金調達	自己資金	-9	12	15	23	31	72
	増　資		8	16			24
	社　債	6	13	15	14	9	57
	長信銀	7	6	10	19	21	63
	信託銀行				2	2	4
	都市銀行	2	1	7	-4	-5	1
	生　保		3	5	6	1	15
	政府系		11	17	10	- 3	35
	見返資金	1	-1	-1	-1	-1	-3
	別口外貨				31	5	36
	計	7	53	84	100	60	304

（注）　純増ベース

資料：社史編さん委員会『社史別冊参考資料集』142頁。

3　第一次合理化の成果と限界

八幡製鉄の社史は、この第一次合理化の成果について、次のように述べている。(38) すなわち、「設備近代化は、技術の立遅れが最も著しかった圧延部門を中心とする復興・復旧であり、個々の生産工程の近代化にとどまったが、この近代化により、大きく水をあけられていた鉄鋼先進国の水準へ接近し、部分的には凌駕し始めた。たとえば二十六年一三六ドルであった一九㎜棒鋼は、三十年には一〇六ドルとなり、二十七年年頭に三鬼社長が『一〇〇ドルの棒鋼をつくりたい』と自らに課した目標は、実現寸前となった。／このことは、つぎの目標である国際水準到達の希望を強くするとともに、主として導入技術の習得、定着、改良により著しい向上をみせた設備技術、生産技術は、ストリップミル拡充と転炉導入の経験とともに、個々の近代化からつぎのステップである工場全体の近代化への進展を推進する大きなエネルギーとなった」と。

ここでは、八幡製鉄第一次合理化について、まず第一に、この合理化工事の性格が、「個々の生産工程の近代化にとどまった」こと、そして第二に、その成果として「大きく水をあけられていた鉄鋼先進国の水準へ接近し」たこと、さらに第三に、この「個々の設備の近代化」から「つぎのステップである工場全体の近代化への進展を推進する大きなエネルギーとなった」ことが述べられている。

次に、この時期の鉄鋼生産高を表5-4にみる。一九五〇（昭和二十五）年と比べると、銑鉄、粗鋼、鋼材ともに大幅な伸びを見せている。しかし表6-5にみられるように他社はこれ以上に生産を伸ばした。八幡製鉄は第一次合理化のおいて積極的な設備投資を実現したにもかかわらず、そのシェアはじり貧となったことに、同社の危機感が高まっていた。(39) また労働生産性も思うようには向上しなかった。このことは、表5-5からもみて取ることができる。この表は、同社の鋼生産量を労務者数で割ったもので、第三章表3-11でみた富士製鉄の三製鉄所、第四章表4-6でみた川崎製鉄千葉製鉄所と比較してみたい。

この表にみられる八幡製鉄所の労働生産性は、富士製鉄の三製鉄所及び川鉄千葉と比較して、広畑、室蘭及び川鉄千葉に劣り、釜石と同レベルの数字となっている。

このような停滞を背景に、八幡製鉄所のレイアウトの見直しは、さらに新規立地の検討へと進んでいった。すなわち、一九五三（昭和二十八）年春、まだ八幡地区内における錯綜した設備のリプレイスの計画が進められているとき、これと並行して戸畑地区における銑鋼一貫製鉄所建設の検討が指示された(40)。そしてこの検討に基づき、一九五六（昭和三十一）年一月、渡邊社長による年頭所感によってその構想が明らかにされ、さらに四月、二六〇億円をかける第二次合理化当初計画が発表され、その中心が戸畑一貫生産体制の建設であった。

八幡製鉄所八幡地区にはもう設備の拡張の余地はないため、新たに戸畑地区に一貫生産体制を建設しようという計画は、第一章で述べたように、すでに戦前の日鉄の拡充計画によって何度か検討されてきた。日鉄第五次拡充計画においても、清津製鉄所とともに戸畑の一貫化計画が追加されたが、「予算・資材・人員不足等のために中止となった(41)」という経緯もある。また一九三九（昭和十四）年頃八幡製鉄所の技術者たち

表5-4　八幡製鉄鉄鋼生産の推移

（単位：千トン）

	銑　鉄	粗　鋼	鋼　材	
			熱間圧延鋼材	冷延・メッキ鋼材
1950年度	787	1,466	799	57
51年度	1,132	1,816	1,117	57
52年度	1,119	1,815	1,102	59
53年度	1,435	1,999	1,261	118
54年度	1,399	1,929	1,306	329
55年度	1,659	2,361	1,584	513

資料：『炎とともに　八幡製鉄株式会社史』巻末「資料編」。

表5-5　八幡製鉄所の労働生産性の推移

（単位：トン、人）

	鋼生産A	労務者数B	A／B
1949年	939,353	25,554	36.8
50年	1,385,238	26,829	51.6
51年	1,734,252	26,910	64.4
52年	1,854,850	25,785	71.9
53年	1,927,629	27,260	70.7
54年	1,898,788	26,348	72.1
55年	2,286,739	26,075	87.7

資料：日本鉄鋼連盟『製鉄業参考資料』から作成。

の会議で、当時同所所長だった渡邊義介が「鉄鋼需給の前途を洞察されて戸畑に高炉、平炉を中心に一貫作業の設備を構想されて立案討議を重ねた(42)」という。したがって、鉄鋼需要の急増が予想されたこの時期に戸畑一貫生産体制が計画されたのは当然、出るべくして出たと言ってよいだろう。

おわりに

以上、八幡製鉄では、第一次合理化の当初は旧来の一貫生産体制の部分的な改善・近代化が目指された。これは政府・通産省の考え方と軌を一にするものだった。しかし間もなく、この旧来の一貫生産体制それ自体が改善の対象として把えられるようになる。これは①戦前以来の一貫生産体制の検討の蓄積に基づくものであるが、また②日本の鉄鋼生産が急激に伸びてゆく見通しがみえ始めたこと、さらに③広畑製鉄所や千葉製鉄所という近代的一貫製鉄所ができ上がっていったことの刺激によるものでもあった。

そしてこの八幡製鉄における一貫生産体制の検討はさらに新たな一貫生産体制の検討へと進んでゆく。戸畑地区への新一貫生産体制の建設である。

このように戸畑の一貫生産体制建設につながる八幡製鉄所内外における重層的なプロセスを川崎製鉄千葉製鉄所のインパクトのみに切り縮めてはならない。

註

(1) 三鬼隆社長は一九五〇（昭和二十五）年四月一日の八幡製鉄発足時の挨拶で、「八幡は大きいから大丈夫と思って居る人があれば、それは官営独占時代の夢を追うもので時代錯誤も甚だしいと云わねばなりません」と言っている（社史編さん委員会『炎とともに　八幡製鉄株式会社史』一九八一年、一〇頁)。こう言わざるをえない意識状況が社内に強かったと考えられる。

(2) 八幡製鉄『有価証券報告書』昭和二十六年三月三十一日期一八頁。

(3)『東洋経済新報』昭和二十九年十二月十一日。

(4) 八幡製鉄所所史編さん実行委員会『八幡製鉄所八〇年史　総合史』(新日本製鉄株式会社八幡製鉄所、一九八〇年)二一七頁。

(5) 新日本製鉄株式会社『炎とともに　八幡製鉄株式会社史』(一九八一年)六頁。

(6)『社史編さんのための座談会速記録(三)八幡製鉄発展期の回顧』(新日本製鉄株式会社所蔵)。傍点は上岡。

(7) 同右。

(8)『社史編さんのための座談会速記録(一)八幡・富士両社創設期の回顧』(新日本製鉄株式会社所蔵)。

(9) 三鬼隆(一八九二〜一九五二)は、東京帝大独法科卒業後、一九一八(大正七)年に田中鉱山株式会社入社、本社勤務後、翌々年に争議対策のため釜石鉱山に転勤、一九二〇年代から大恐慌期にかけての経営困難な時期から日鉄合同後の一九三八(昭和十三)年まで二〇年間近く、釜石製鉄所に勤務した。日鉄合同に際しては、「自分は田中鉱山から三井時代までは、出来るだけ少ない人員で、最高の能率を上げるよう、教え込まれて来ていたが—さて日鉄に合同して、そのやり方を眺めて見ると、鷹揚で組織的に動いているのはよいが、それが却って機動性を損い、また無駄を多くすることにもなっている」と後の述べたという(三鬼隆回想録編纂委員会『三鬼隆回想録』八幡製鉄株式会社、一九五二年、五七〜六二頁)。また三鬼は本社に勤めたのはほんの一年足らずで、自ら「自分は現地の部隊長の経験は永いが、本社にあって参謀的な仕事をしたことは殆どない。」と述懐したという(同右六五頁)。このような不況下の民間製鉄所の現場の中間管理者としての三鬼の経歴が、経営者としては内向きな対応を生み出したのかもしれない。

(10) 八幡製鉄『有価証券報告書』昭和二十六年三月三十一日期二六頁。

(11)「八幡製鉄、日本鋼管／近代化三ケ年計画を発表」(日本鉄鋼連盟『鉄鋼界報』一二〇号、昭和二十五年十月十六日)。なお、同『鉄鋼界報』一三一、一三二号(昭和二十六年一日、八日)では二五九億九五七一万円となっている。

(12) 第一期工事は、鋼材年産一六〇万トンを目標として一九五一(昭和二十六)年から実施するもの、第二期工事は、年産一八〇万トンを目標として一九五二（昭和二十七）年から実施するもの（社史編さん委員会前掲『炎とともに　八幡製鉄株式会社史』二三八頁）。
(13) 社史編さん委員会前掲『炎とともに　八幡製鉄株式会社史』二九頁。
(14) 通商鉄鋼局鉄鋼政策課『鉄鋼業の現状と合理化計画』（発行年月不明）一〇八頁。
(15) 八幡製鉄株式会社『有価証券報告書』昭和二十六年三月期二七頁。
(16) 八幡製鉄所所史編さん実行委員会前掲『八幡製鉄所八十年史　総合史』二一八頁。
(17) 社史編さん委員会前掲『炎とともに　八幡製鉄株式会社史』三四頁。
(18) 同右。
(19) 社史編さん委員会前掲『炎とともに　八幡製鉄株式会社史』二四一頁。
(20) 同右一八頁。
(21) 八幡製鉄所所史編さん実行委員会前掲『八幡製鉄所八〇年史　総合史』二三五頁。
(22) 社史編さん委員会前掲『炎とともに　八幡製鉄株式会社史』一八頁。
(23) 河島譲「戸畑建設の進捗と新しい管理方式採用の周辺」（湯川正夫回想録編集委員会『湯川正夫回想録』一九七〇年）三九九～四〇〇頁。
(24) 渡邊義介（一八八八～一九五六）は、一九一三（大正二）年東京帝大経済科卒業後、農商務省に入り、やがて官営八幡製鉄所勤務。一九三四（昭和九）年の日鉄合同に際し、八幡製鉄所長就任、一九四五（昭和二十）年五月日鉄社長に。翌年三月追放を前に辞任。
(25) 吉田実（当時取締役）の回想（前掲『社史編さんのための座談会速記録（一）　八幡・富士両社創設期の回顧』四一頁）。なお、ここで渡邊社長から検討を指示された湯川とは、この当時、八幡製鉄本社常務取締役・技術部長であり、一九五三（昭和二十八）年五月、八幡製鉄所技師長となった湯川正夫である（湯川正夫回想録編集委員会前掲『湯川正夫回想録』）。
(26) 島村哲夫「千屯高炉が坐っている感じ」（渡邊義介回想録編纂委員会前掲『渡邊義介回想録』三七一頁）。
(27) 吉田実回想（前掲『社史編さんのための座談会速記録（一）　八幡・富士両社創設期の回顧』四一頁）。

(28)　徳山鉄板はこの光工廠跡に、平炉による製鋼からステッケル式圧延設備（小型のホット・ストリップ・ミルともいうべき設備。タンデム式のミルのように数基のスタンドを並べずに、一基のスタンドにより繰り返し圧延する）による広幅帯鋼の生産までを行う工場を建設する計画で、昭和二十七年三月二十三日、「盛大な起工式を挙げ」、工廠から引き継いだ建屋の補修などに着手していた。しかし八幡製鉄の進出企図に、「当社と八幡製鉄とは永い間の因縁関係もあるので、諸般の事情を検討した結果、昭和二十七年十二月、当社が得ている権利ならびに諸物件を含め、すべての建設計画を同社に委譲することとなった」（日本鉄板株式会社社史編纂委員会『日本鉄板株式会社社史』一九五六年、一四五～一四七頁）。
(29)　社史編さん委員会前掲『炎とともに　八幡製鉄所株式会社史』二四五頁。
(30)　稲山嘉寛は、「はじめは実は高炉をやるつもりだった」が、「周囲の情勢がそうはいかなかった。計画が縮小してきた。でも何かやらんといけないというんで特殊鋼とか線材でいこうということでやった」と証言している（鉄鋼新聞社前掲『先達に聞く（上巻）』一二一頁）。
(31)　日鉄解体当時の『運輸年報』助言（八幡製鉄所所史編さん実行委員会『八幡製鉄所八十年史　部門史　上』二一一頁）。
(32)　八幡製鉄所所史編さん実行委員会前掲『八幡製鉄所八十年史　総合史』二二一頁。
(33)　社史編さん委員会前掲『炎とともに　八幡製鉄株式会社史』三三五頁。
(34)　同右二四頁。
(35)　八幡製鉄所所史編さん実行委員会前掲『八幡製鉄所八十年史　部門史上』八〇頁。
(36)　社史編さん委員会前掲『炎とともに　八幡製鉄株式会社史』三五三頁
(37)　同右五一九頁。
(38)　同右三九～四〇頁。
(39)　「（昭和三十一年度の八幡の）粗鋼シェアは、平炉メーカーから高炉メーカーへ転身した川崎製鉄の躍進などにより、二十五年度の二七・二％から二一・九％へと大きく後退していた」（社史編さん委員会前掲『炎とともに　八幡製鉄株式会社史』四五頁）。
(40)　社史編さん委員会前掲『炎とともに　八幡製鉄株式会社史』四三頁。

(41) 八幡製鉄所所史編さん実行委員会前掲『八幡製鉄所八十年史　総合史』一一三頁。
(42) 伊能泰治「思出の数かず」(渡邊義介回想録編纂委員会前掲『渡邊義介回想録』)一〇四頁。

第六章　第一次合理化の全体像と生産構造の再編成

はじめに

以上、第三章から第五章まで、それぞれ富士製鉄、川崎製鉄、八幡製鉄の一九五〇年代前半（昭和二十年代後半）の投資行動について分析してきた。本章では、第一節において鉄鋼メーカー大手六社のうちの残りの三社、すなわち、日本鋼管、住友金属工業、神戸製鋼所についてこの時期の投資行動を簡単に分析した後、鉄鋼業第一次合理化について総括する。次に第二節では、この第一次合理化の過程で戦前型生産構造が変容し、やがて六社体制と呼ばれる生産構造、大手六社が互いに激しい設備投資競争をくりひろげる一九六〇年代の競争的寡占体制へと移行する方向性を確認する。

第一節　第一次合理化の全体像

1　日本鋼管の第一次合理化

(1)　第一次合理化の出発

日本鋼管は、鋼管製造を目的として一九一二（明治四十五）年に設立され、川崎海岸の埋立地に工場を建設した。当時設立された多くの鉄鋼会社が軍需ないしは官需を対象としていたのに対し、同社は当初から、一般市場向けの配管用鋼管の大量生産を目的として創業されたことに特色がある。インド銑鉄に最初に目をつけたのも同社である。その後形鋼生産にも進出した。

また、前述のように一九三〇年代に輸入銑鉄に依存した平炉メーカーの存立基盤が揺らぎだした時、いち早く高炉を建設し、日鉄に次ぐ一貫メーカーとなった。すなわち、一九三五（昭和十）年一月から、既存の工場用地と運河をはさんで隣接した扇町地区に三基の高炉を建設し、さらに運河を越えた大島地区に二基の高炉（日産六〇〇トン）を建設（但しこの大島地区の二高炉のうち、戦時中に稼働したのは一基）した。

また一九四〇（昭和十五）年、製鉄部門と造船部門を持つ鶴見製鉄造船を合併し、これを日本鋼管鶴見製鉄所及び同社鶴見造船所とした。鶴見製鉄所は、高炉二基と製鋼部門と厚板製造部門を持っており、日本鋼管はそれまで生産していた鋼管、形鋼に合わせて、厚板をも生産することになった。

さらに一九四一（昭和十六）年、中山鋼業の薄板工場を買収して鶴見製鉄所に組み入れ、薄板をも製造することになった。(1)

戦時期には空襲にあい、また原料も涸渇し、終戦とともに生産はいったん中止されたが、間もなく復興し、一九四九（昭和二十四）年十二月末には、製銑部門では、川崎製鉄所では五基の高炉（扇町地区三基、大島地区二基）のうち、大島地区の二基の高炉（各日産六〇〇トン）が稼働していた。鶴見製鉄所では二基の高炉は休止したままであった。一九五一（昭和二十六）年三月末までに、鶴見製鉄所で一基の高炉（三〇〇トン）に火入れした。また製鋼部門では、一九四九（昭和二十四）年十二月末には、川崎製鉄所では一二基の平炉のうち七基、転炉五基全てが稼働しており、鶴見製鉄所では八基の平炉のうち五基が稼働していた。その後一九五一（昭和二十六）年三月末までに休止していた平炉一基を廃止し、また一部の平炉の炉容拡大が行われた。(2)

同社の製品種類をみる。一九五〇（昭和二十五）年十月から翌年三月までの販売高に占める各部門の比率は、製鉄部門が八四・七％、造船部門が一五・三％となっている。(3)製鉄部門では、鋼管が鉄鋼部門販売高の二六・五％、鋼板（亜鉛鉄板を含む）が三〇・〇％、条鋼類が二六・二％である。旧一貫三社（八幡製鉄、富士製鉄、日本鋼管）のなかでは唯一、製鉄以外の部門を持つことに特徴がある。「製鉄、造船の両部門は地域的にも近接し、経営全般にわたり有無相通ずるの関係にある。それ故、一本建てとして両々相まって将来の発展を期したい[4]」として鉄鋼・造船両部門の分離をしなかった。造船部門と鉄鋼部門を強引に分離した川崎製鉄西山らと正反対のビヘイビアに注目したい。以下、製鉄部門にのみ限定して検討していく。

まず第一次合理化の出発点となる一九五〇（昭和二十五）年ごろの同社の一貫生産体制全体についてみる。平炉メーカーとして出発し、平炉メーカーとしての限界性が明らかとなった一九三〇年代に製銑部門に進出した同社は、その一貫化が、民間企業として常に採算を考慮して図られたため、製銑・製鋼・圧延三部門の能力のバランスはよくとれていた。しかし、建設当初から計画的につくられたレイアウトではなく、継ぎ足しによって拡充されてきた製鉄所であったため、非効率的な面を残していた。このことは、後述するように、第一次合理化の過程で合理化の阻害要因となり、第二次合理化において水江地区に進出する一つの理由となった。

製鋼部門では、鶴見製鉄所第二製鋼工場が六〇トン平炉三基と一〇〇トン平炉一基を持つ以外は、平炉は川崎も鶴見も小型（五〇トンないしは三〇トン）であった。

圧延部門では、専用の分塊工場を持たず、鋼材圧延設備は全て老朽化していた。

以上、製銑・製鋼・圧延の三工程がバランスのとれた一貫生産体制を持つこと、しかし設備は老朽化し、とりわけ圧延部門において老朽化が激しかったこと、また一貫生産体制それ自体が老朽化していたことなど、第五章で検討した八幡製鉄に似た特徴を持っていた。そしてこの特徴は、通産省が第一次合理化計画を立てる際に基準とした日本鉄鋼業の平均的な姿でもあった。

(2)　第一次合理化の実現

このような初期条件を前提として開始された同社の第一次合理化は、その設備の状況が平均的であったことに規定されて、計画の内容も通産省の考えた計画にほぼ沿ったオーソドックスな、即ち圧延設備の改善を中心とした合理化という姿をとった。

同社は一九五〇（昭和二十五）年十月十一日、八幡製鉄に続いて設備合理化計画を発表した。所要資金一五一億三三〇〇万円、うち一一一億一八〇〇万円を国家資金に求め、その他社債一五億円、市中銀行融資に二五億一五〇〇万円を期待し、したがって自己資金ゼロ、という計画であった(5)。それは「新規の製品分野への進出を避け、合理化を主体とし生産の拡大のみを主眼としないという根本方針の下に行われるもので計画完成後のコストの低減率は現在の原価に対し約二割(6)」を見込んでいるという。この設備投資の結果、二十五年度の予想生産量と二十八年度の生産計画量（月産）を比べると銑鉄で四万一〇〇〇トンから六万七〇〇〇トンに（一・七倍弱）、鋼塊は五万八〇〇〇トンから一〇万トンに（一・七倍強）、鋼材は三万六〇〇〇トンから七万三〇〇〇トンに（二倍）、外販銑鉄は二六〇〇トンから六〇〇〇トンに（二・三倍）と(7)、「生産の拡大をのみを主眼としない」とはしつつも、それぞれ大幅に増加する。

この時点において計画された設備投資の主な内容は、川崎製鉄所においては、高炉、コークス炉の復旧、平炉の改造（炉容拡大）、分塊工場の新設、鍛接鋼管製造工場（帯鋼圧延設備、連続式鍛接管製造設備）新設であり、鶴見製鉄所においては、高炉・平炉復旧、熱間圧延工場・冷間圧延工場・メッキ工場の新設などである(8)。資金の内訳は、川崎製鉄所に八七億二五〇〇万円、鶴見製鉄所に六四億八〇〇万円と、両製鉄所にほぼ同レベルの規模をみている。ともに圧延設備の増強に力が注がれている。

この計画は、翌年にかけて、他の企業の計画とともに通産省で検討され、その縮小が図られた。日本鋼管については、「所要資金は両製鉄所合わせて一三四億八〇〇〇万円、うち国家資金には九八億七〇〇〇万円の融資を受ける計画に修正した(9)」。

その後も計画の見直しが継続されたことは、前述の八幡製鉄など三社と同様である。一九五一（昭和二十六）年四、五月頃の発行と思われる通産省の文書[10]では、同社の計画の所要資金総額は一二五億四〇〇〇万円となっている。またこの文書には同社の二十六年度設備計画が表になっており、その主要な内容としては前述の計画と違いがあまりない。ただ、鶴見製鉄所の計画として、前述の熱延・冷延圧延機が消え、替わって厚板工場新設（総工事費三〇億円）が計上されている。

表6-1　日本鋼管第一次合理化製鉄所別・部門別所要資金（実績）

（単位：百万円）

	製　銑	製　鋼	圧　延	その他	計
川崎製鉄所	2,720	2,547	7,562	309	13,138（ 72.0）
	(20.7)	(19.4)	(57.6)	(2.4)	(100.0)
鶴見製鉄所	458	106	4,228	31	4,823（ 26.4）
	(9.5)	(2.2)	(87.7)	(0.6)	(100.0)
富山作業所		202			202（　1.1）
新潟作業所		90			90（　0.5）
合計	3,178	2,945	11,790	340	18,253（100.0）
	(17.4)	(16.1)	(64.6)	(1.9)	(100.0)

資料：「日本鋼管株式会社の設備合理化計画（上）」（『鉄鋼界』1961（昭和36）年6月号）24頁の表から作成。

こうして開始された第一次合理化は、一九五四（昭和二十九）年ごろまでにほぼ完了した。

表6-1は、この第一次合理化の実績を製鉄所別・部門別に分けたものである。

ここから読みとれる同社の第一次合理化の特徴は、まず圧延設備に重点が置かれたことで、総所要資金の六四・六％に当たる一一八億円が圧延部門に投下された。まず川崎製鉄所に分塊工場を新設し、さらに鋼管設備を、そして鶴見製鉄所に厚板設備を建設した。

分塊設備は、それまで小鋼塊を直接圧延していたため、品質向上、原価引き下げを目的として一九五二（昭和二十七）年三月に着工し、一九五三（昭和二十八）年十月に稼働を開始した。工事費は三八億六九〇〇万円であった。

また鋼管設備は、既存の鍛接管設備（第三製管工場、一九二七年稼働）にかわるものとして計画されたもので、連続鍛接鋼管製造設備（フレッツムーン法）と、この設備の素材を生産する帯鋼圧延設備を建設した。帯鋼圧延設備は一九五二（昭和二十七）年三月に着工し、一九五四（昭和二十九）年八月に完成、また鍛接管製造設備も一九五二（昭和二十七）年三月に着工し、一九五四（昭和二十九）年七月に完成している。工事費は、帯鋼圧延設備が二六億五〇〇〇万円、鍛接管設備が九億五六〇〇万円であった。

この連続鍛接鋼管製造設備（フレッツムーン法）は、アメリカのエトナ・スタンダード社から主要設備を輸入したもので、戦前以来の同社の得意分野である配管用鋼管の大量生産を目的とした、月産能力一万トンの設備である。後述するように、住友金属が第一次合理化において導入した電縫管設備は月産能力一二〇〇トンと、能率ではフレッツムーンに劣るが、接合部の安定性などの品質の面でフレッツムーンに勝るものである。これに対し、日本鋼管は電縫鋼管は一九五〇（昭和二十五）年に小規模な設備を試験的に建設したにとどまり、より大量生産に適したこの鍛接管製造設備を導入したのである。

また鶴見製鉄所の厚板設備は、従来の設備が老朽化し、かつ旧式で、造船用の厚板としては品質、価格ともに国際的な競争力を失っていたため、これを近代的な設備と更新するため、アメリカのUE社から四重式厚板圧延機を輸入したものである。

なお同社では薄板製造設備より厚板製造設備を優先したことは、第一次合理化完了後の一九五〇年代後半（昭和三十年代前半）において、タイミングよく「輸出船ブームによる鋼板需要の増大に対応して増産することができ」たが、他方、「薄板の生産は他社のストリップ・ミルによる冷延鋼板におされて減少」するという結果を招いた。(11) そして同社の粗鋼シェアが一九五〇年代後半を通じて低下を続けたことも、この「伸長いちじるしい薄板の合理化に出遅れたことが大きな原因」であった。(12)

また、この第一次合理化が完了を間近にした一九五三（昭和二十八）年、通産省の呼びかけで各社は「第二次合理化計画」を策定したが、同年秋以来の不況にあい、最低限の継続工事のみが実施されることとなり、後に第一次継続合理化と呼ばれるようになった。日本鋼管では、スティーフェル・マンネスマン方式による継目無鋼管製造設備（中径管工場）を建設した。これはこれまで配管用の一般市場品種の大量生産を行っていた同社が、住友金属がほとんど独占していた高級品の分野に進出する第一歩となったものである。(13)

(3)　第一次合理化の成果と限界

第五章で述べたように、八幡製鉄は第一次合理化の過程で既存の八幡地区のレイアウトの非効率性に着目して、一九五二（昭和二十七）年に光に進出することを決定するとともに、翌一九五三年から戸畑一貫生産体制建設の検討を開始し、第二次合理化ではこの戸畑一貫生産体制の建設に全力をあげた。ただしそれは既存の八幡地区の一貫生産体制との連携をも視野に入れたものをであった。日本鋼管でも第一次合理化の過程で既存の川崎製鉄所のレイアウトの非効率性が認識され、第二次合理化では水江製鉄所の建設に着手することになる。すなわち、「立地的に制限があり、設備能力の増加におのずから限界があった。それに、戦時中に生じた設備間のアンバランスと構内運搬系統の複雑化、輸送距離の延長等によって、第一次設備合理化の効果を減殺するという例もあった。そこで、これから設備能力の大幅増加を図るには、新しい立地に新しいレイアウトで新しい工場を建設することが、最も効果的であると考えられ、新立地としては、川崎市水江町の社有地二五万坪（八二万五〇〇〇平方メートル）を決定した(14)」。

2　住友金属工業の第一次合理化

(1)　第一次合理化の出発

住友金属工業は、一九三五（昭和十）年に住友伸銅鋼管と住友製鋼所が合併して設立されたもので、「合併後、経済の軍事化の進展とともに急膨張し」、「東の三菱重工、西の住友金属」といわれた。(15)日中戦争期から太平洋戦争期に

表6-2　関西三社の粗鋼生産量（平炉）・銑鉄使用量（1950年）

（単位：トン）

	川崎製鉄	住友金属				神戸製鋼
	葺合	和歌山	尼崎	大阪	計	本社
粗鋼生産量	343,496	74,728	75,099	25,173	175,000	254,978
銑鉄使用量	109,956	22,851	24,912	6,428	54,191	90,364

（注）粗鋼生産量は全て平炉によるものである。銑鉄使用量についてはほとんどが平炉に投入したものであると思われるが、すべてであるかどうかは不明である。
住友金属の尼崎は鋼管製造所、大阪は製鋼所と通常呼ばれる。
資料：日本鉄鋼連盟『製鉄業参考資料』。

かけて、「軍需七・民需三の比率」であった。(16)

まず同社の一九五〇（昭和二十五）年頃の状況を明らかにする。一九五〇（昭和二十五）年十月から翌五一年三月までの同社の販売高に占める各部門の比率は、鋼管が四二・一％、外輪が一〇・〇％、鋳鋼品が四・一％、鍛鋼品が三・七％で、以上の鉄鋼部門が総額の約六〇％を占めている。戦前・戦時期に比較すると鉄鋼部門の比重は大幅に伸びているが、それでも四〇％が非鉄部門である。この鉄鋼部門は、戦前・戦中は軍需及び官需に応じるものが中心であったため、軍需の消滅した戦後は、新たに民需を開拓する必要に迫られた。

ここで同社がこの時期にかかえた戦略上の問題点を上げてみたい。

まず第一に、高炉を持たない平炉メーカーであったことである。これは第四章で述べた川崎製鉄と共通する問題である。ただしこの問題の持つ緊迫性においては、川崎製鉄とは異なる条件を持つ。それは一つには、同社の製品である鋼管、外輪などはいずれも独占品またはそれに近い製品であったことである。すなわち鋼管は、八幡製鉄も富士製鉄も製造設備を持たない。また住友金属の生産する鋼管は高級品であり、日本鋼管の製造する一般市場品種とはほとんど競合しない。したがって、少なくとも国内では当面は独占的地位を確保し得ていたのである。また外輪は住友金属一社が独占していた。

また川崎製鉄と異なる二つ目の条件は、同社は、売上高に対し、粗鋼生産量が少なく、したがって原料銑鉄の必要量が、川崎製鉄に比べて少ないことである。同社の鉄鋼製品はいずれも高級品で単価の高いものであり、売上高に対する粗鋼生産量は、他社に比べて少なく、これに伴い必要とする原料銑鉄の量も少なくて済むことになる。銑鉄を使用する工場も三つに分かれているため一工場の銑鉄必要量はさらに少ない。

表6-2によると、一九五〇年における住友金属の銑鉄使用量は、川崎製鉄の半分、神戸製鋼の約六割に過ぎない。また大阪工場（製鋼所）で当時稼働していた平炉は酸性平炉なので原料銑鉄は低燐銑でなくてはならないから高炉を稼働させてもこの分は別に調達しなくてはならない。したがって和歌山と大阪で使用する銑鉄を自給するためには日産一三〇トン程度でよいことになる。平炉の混銑率を上げても、例えば粗鋼生産量の五〇％程度の銑鉄を使用したとしても日産二〇〇トン程度にしかならない。生産を二倍に上げても、高炉建設が合理的かどうかは難しい。これに対し、川崎製鉄は、混銑率を粗鋼生産量の半分に上げれば日産五〇〇トン弱、生産を二倍にすれば一〇〇〇トン弱となり、五〇〇トン高炉二基を建設しても合理的であろう。

もっとも住友金属に限らず、平炉メーカーは富士製鉄などから供給される銑鉄の品質にも不満があったのであるから、問題は量だけではない。しかし川崎製鉄に比べ、住友金属にとって高炉建設は必ずしも緊急不可欠であったとは言い切れないことは間違いない。

この条件の違いをも一つの背景として、高炉を持たないという問題点についての認識が異なる二つの考え方が社内外にあったと言われる(17)。すなわち、一つは、「目先のクズ鉄不足は一時的現象であり、これに驚いて高炉に手を出すのは冒険である」、「住金は他社でまねのできない特殊製品の多角経営をもって信条としている。みずからの分を守って手堅く進むべきである」という考え方である。これが社内の主流で、旧住友財閥幹部を背後に持っていた。これに対し、日向方斉を中心とした若手グループ(18)が長期的な見通しのもとに銑鋼一貫生産体制確立を目指していた。

同社のかかえる戦略上の第二の問題は、同社が戦前・戦中に依拠した軍需が完全に消滅したため、これまで依拠した市場を失ったことである。

(2) 銑鉄自給へ——小倉製鋼の合併——

上記の第一の問題、すなわち高炉を持たない平炉メーカーであったことに対応して、同社は製銑部門への進出を図り、まず銑鋼一貫製鉄所の建設計画を発表した。前述のように川崎製鉄は千葉一貫製鉄所の建設計画を発表した。住友金属もこれに半月ほど遅れた同月二十二日、和歌山に銑鋼一貫製鉄所を建設する計画を通産省に説明した。[19] しかし住友金属はこの計画をやがて断念した。

その後、日向たちは既存の小規模一貫メーカーの獲得を策し、「はじめは尼鉄を狙った」が、「複雑な事情が（尼鉄に）あった」ため、別途話のあった小倉製鋼との提携に進んだ。[20] 一九五一（昭和二十六）年に小倉製鋼の株を買っていた「ある証券会社」が日向に「買わないか」と話をもちかけてきたため、一九五二（昭和二十七）年、小倉製鋼の株式四万株（発行株式総数の三分の一）を取得、同社との提携が行われた、と日向は回想している。[21] また小倉製鋼側にも、同社の自力での経営は難しいとの認識を持った役員がおり、その働きかけもあった。[22] 提携後さらに翌一九五三（昭和二十八）年には住友金属が小倉製鋼を合併して同社小倉製鉄所とし、製銑部門を獲得した。この合併による製銑部門の獲得については、川崎製鉄千葉製鉄所の建設に強く反対した一万田日銀総裁から、「『日向はスマートにやるな』とかいわれて、どっちかというと、私のほうが評判がよかった」と、日向は回想している。[23]

小倉製鋼は一九五〇（昭和二十五）年、圧延用鋼塊を一二万トン強生産している。これを和歌山と尼崎を合わせて鋼塊生産二七万トン弱となる。この原料として半分の量の銑鉄を必要とし、生産量をこの年の二倍にすると仮定すれば日産七四〇トンの銑鉄が必要となる。高炉保有の合理性が一挙に現出したのである。

(3) 軍需に代わる新規の需要確保

同社は、消滅した軍需にかわって、最初は得意とする高級鋼管分野を生かした市場をみつけ、さらに一般市場品種の市場への食い込みを策した。

同社の主要製品のうちでも最大の売り上げを持つ鋼管についてみると、消滅した軍需に替えて同社は、その高級品生産の技術を生かして、火力発電用ボイラ管に需要先をみつけ、一九五〇（昭和二十五）年の九州電力向け初受注以降、「この種の受注は、ほとんど当社が一手に引き受けた」[24]。また石油精製・石油及びガス化学工業部門についても、高級管製造技術を生かして進出、「従来輸入のみに依存していたこれら高級鋼管はほとんど当社の技術により国産品に切り替えられた」[25]。また同社は戦前には生産していなかった油井管の生産を始め、一九五一（昭和二十六）年にサウジアラビア向けの大量成約を皮切りに輸出市場に進出し、同年「油井送管輸出の鍵となるＡＰＩモノグラム（米国石油協会認可マーク）」を日本のメーカーで初めて取得し、イラン石油会社国有化や翌年のアメリカ鉄鋼各社の長期ストライキに際し、アメリカ系の会社を中心にこの種の鋼管の輸出を図った[26]。

さらに船舶用鋼管もロイド協会の認定をはじめ、日本海事協会、アメリカ、フランス、ノルウェーなどの船舶規格に合格した[27]。

また一般市場品種（ガス管・水道用鋼管・材料管）についても、後述のように電縫鋼管の製造設備を建設するとともに、一九五三（昭和二十八）年には、ガス管・水道管などの鋼管を取り扱う問屋・特約店五六店により「住友鋼管会」を結成させるなど販売網の整備も行った[28]。また小倉の線材圧延設備をも獲得したことにより住友金属は一般鋼材部門への進出の足がかりをもつかんだ。

(4)　第一次合理化の実現

前述のように住友金属の第一次合理化は、まず和歌山に銑鋼一貫製鉄所を建設する計画が立てられたが、必ずしも意思一致の出来た計画ではなかったためか、やがて取りやめとなった。これに替わって実施された設備合理化は次のようなものであった。[29]

すなわち、和歌山製造所に二一億九〇〇〇万円（総額の三一・二％）、鋼管製造所（尼崎）に一五億四〇〇〇万円（二二・〇％）、製鋼所（大阪）に一三億七〇〇〇万円（一九・一％）、小倉製鉄所に一〇億七〇〇〇万円（一五・三％）その他、合計七〇億一〇〇〇万円が投じられた。製鉄所別の投資額は和歌山が相対的に多いが、他の作業所ともさほどの差はなく、比較的まんべんなく設備投資が図られている。この合理化工事は、川崎製鉄と比較しても、あるいは一貫三社と比較しても規模の小さいものである。これは、一つには和歌山一貫製鉄所建設を断念し、小倉製鋼を合併するという選択をしたためであり、また二つ目に、戦前以来の設備・技術を生かした戦略をとったからである。

設備投資の内容では、和歌山製造所では、電縫管製造工場の新設（二億四〇〇〇万円）と、これに素材を提供するための帯鋼工場の新設（一二億七〇〇〇万円）、計一五億一〇〇〇万円の設備投資、小倉製鉄所における第一高炉改修（炉容の拡大と原料処理設備の建設など）が目に付く。電縫管工場は、敗戦の翌年（一九四六年）に研究に着手し、当初は設備の国産も計画であったが輸入に切り換えられた[30]もので、主要設備をアメリカのヨーダー社から輸入した、月産一二〇〇トンの設備である。前節で日本鋼管の鍛接管設備との関連で述べたように、電縫管は継目無鋼管に比べると大量生産に向いているが、鍛接管に比べると品質に優れている。この設備の選択は、同社が戦前からの高級鋼管製造の技術を生かしながら民需品に応じようとする方向性を示すもので、後の同社の方向性から顧みれば、「注文生産品の分野から市場品の分野へ一歩を踏み出し、また鋼板と鋼管とが結びつく端緒となった」と、「後年当社の体質が大きく変化するきざし」として、小倉製鋼の合併とともに位置づけられている。[31]

(5)　第一次合理化の成果と限界

住友金属は前述のように、小倉製鋼を合併することによって銑鉄の自給源を一応確保した。しかしそれは、量質ともに不十分なものであるだけでなく、小倉以外では冷銑を使用せざるをえなかった。また、小倉の合併によって一般鋼材品種へ進出するとともに、鋼管についても一般市場への進出を開始したが、同社がさらに発展するためには、銑鋼一貫生産による大量生産分野に、より積極的に進出することが必要であることが認識されてきた。こうして小倉製鉄所の整備が一段落した後、一貫製鉄所の建設に向かうことになる。

3　神戸製鋼所の第一次合理化

(1)　第一次合理化の出発

神戸製鋼所は、設立当初はもっぱら海軍用の鋳鍛鋼品、機械工具のメーカーとして発展した。その後圧延部門に進出、線材と棒鋼を生産した。満州事変後、それまで国内では自給できなかった特殊線材分野へ進出を図り、ドイツより圧延機を導入して第二線材工場として操業を開始した。一九三〇年代半ばには溶鉱炉の建設を計画、一九三五（昭和十）年七月、マレーのテマンガン鉱山の視察に行ったが「他社に先んじられたので鉱山開発も、溶鉱炉の建設も沙汰やみとなった[32]」。

一九三七（昭和十二）年にも長府乃木浜に高炉の建設を計画したが、製鉄業法の許可を得られず、これも実現しなかった[33]。

同社は、鉄鋼部門では、線材生産に優位性を持ち、とりわけ特殊線材では国内で圧倒的なシェアを持っていた。このように特殊線材に特徴を持つ同社は、特殊線材の素材を酸性平炉によって製造しており、したがって酸性平炉用に低燐銑を必要としていた。

(2)　銑鉄自給へ——尼崎製鉄の系列化——

同社は第一次合理化の計画策定過程で、灘浜に高炉を建設し、溶銑を既存の脇浜に輸送する計画を検討した[34]。しかしこの計画は、この時点では断念された[35]。

同社社史には、この時点で銑鋼一貫製鉄所を建設しなかった理由を次のように述べている。即ち、「『高砂工場を開設したばかりのこの時期に、いまの企業体質では、鉄鋼部門だけに到底それだけの巨額の投資を行うことはできない』当社の経営形態を将来とも鉄鋼専業とせず、鋳鍛鋼・機械を併せた多角経営で進めるというのがトップの結論であった。しかも堅実経営が前提であった[36]」と。また「金融こそが最大の難事であった。この時ばかりではない。全面的に頼ることのできる銀行を持たない悩みは、のちのちまで神鋼を制約する」との指摘もある[37]。

第一次合理化において高炉建設を断念した同社はその後、小型高炉二基を持つ尼崎製鉄を系列化し、銑鉄の自給源を確保した。尼崎製鉄は戦時期に高炉を建設し稼働していた。戦争末期にこれを休止したが、一九五三（昭和二十八）年に再度一基の高炉に火を入れ、同系列の尼崎製鋼に溶銑を供給していた。しかし経営はあまり芳しくはなかった。そして尼崎製鋼が一九五四（昭和二十九）年六月に、経営の不振と労使紛争の激化から破綻したため、銑鉄の販売先を失った。神戸製鋼はこれに乗じ、尼崎製鉄の株式を取得、常務だった山野上重喜を尼鉄社長に据え、浅田長平社長が尼鉄取締役を兼務するなど、尼崎製鉄の経営に参画した。そして、事実上過半数の株式を所有する同和鉱業との攻防戦がしばらく続いたが[38]、日本興業銀行の斡旋で同和鉱業が株式を神戸製鋼に譲渡することになり[39]、神戸製鋼が経営の実権を握ることになった。

また、同社は特殊鋼線材用原料として低燐・低銅銑を必要としていた。戦前は満州の本渓湖銑を購入していたが、戦後は日本高周波鋼業などの電撃銑メーカーから購入することとなった。そして一九五四（昭和二十九）年のデフレの際に日本高周波鋼業が経営危機に陥ったため同社を系列化した[40]。

(3)　第一次合理化の成果と限界

このように同社は、製鉄部門への進出を漸進的な形態をとって実現した。

同社の鉄鋼部門における第一次合理化は、[41]総投資額三七億七〇〇〇万円であった。[42]このうち三三億七七〇〇万円が神戸工場（脇浜地区）に投入された。主要な工事は、圧延部門では、第二分塊工場新設（一五億七一〇〇万円）、第三線材工場新設（一三億五〇〇〇万円）、製鋼部門では、二平炉（第四、第八号）改修（一億七五〇〇万円）、酸素設備新設（一億七五〇〇万円）などである。酸素設備の新設は、第一次合理化の開始される以前から建設に取りかかっており、他社に先駆けたものであった。

また第三線材工場は、第一次合理化当初の計画ではなく、一九五三（昭和二十八）年に策定された第一次継続合理化と呼ばれるもので、一九五六（昭和三十一）年に完成している。これはスウェーデンのモルガシャーマー社製の設備を導入したもので、ループ式の全連続式圧延設備である。連続式線材圧延設備には直線式とループ式がある。直線式は普通線材の大量生産向きであり、ループ式は特殊線材等「量よりも質を要求される線材」の生産向きの設備であった。八幡製鉄が光製鉄所に建設した線材設備は直線式であり、普通線材の大量生産を目指すものであったのに対し、神戸製鋼はループ式を採用し、同社の特殊線材における優位を維持しようとしたものであった。[43]

以上のようにして神戸製鋼はこの時期、尼崎製鉄を傘下に収めることによって、一応銑鉄自給源を獲得した。しかし同社の主力工場はあくまで神戸本社工場であり、そこにおいて使用する銑鉄は相変らず冷銑であった。

4　鉄鋼第一次合理化の全体像

(1)　第一次合理化の概要

表6-3をみてみると、圧延部門が全体の投資額の五〇%を占めている。第一次合理化の中心は圧延部門の改善・

表6－3　各社第一次合理化投資実績（普通鋼のみ）

（単位：百万円、千トン、円）

	製銑部門	製鋼部門	圧延部門	その他の部門	合　計 A	粗鋼生産 B	A／B (円／トン)
八幡製鉄	2,312	3,699	17,791	10,378	34,180	2,254	15,164
富士製鉄	4,732	2,363	11,060	5,499	23,654	1,851	12,779
日本鋼管	1,947	2,904	12,307	2,472	19,630	1,155	17,000
川崎製鉄	3,367	2,183	5,803	5,516	16,869	721	23,397
住友金属	612	606	3,043	4,054	8,315	540	15,398
神戸製鋼		314	2,719	2,273	5,306	315	16,844
尼崎製鉄	1,179				1,179		
尼崎製鋼			147	106	253		
その他	2,009	1,619	11,212	3,983	18,823		
合計	16,158	13,688	64,082	34,281	128,209		
（比率）	(12.6)	(10.7)	(50.0)		(100.0)		

注：住友金属には、小倉製鋼を含む。
　粗鋼生産は、1955年の生産量。
　その他は、32社の合計。
資料：『戦後復興期におけるわが国鉄鋼技術の発展』203頁（原資料は戦後鉄鋼史編集委員会『戦後鉄鋼史』）。なお粗鋼生産量は、日本鉄鋼連盟『製鉄業参考資料』。

近代化が中心だったことがまず読みとれる。また各社における各部門の割合をみても、川崎製鉄と製銑部門のみの尼崎製鉄以外は、圧延部門の比重が大きい。

また、同表で大手六社の投資額を一九五五年の粗鋼生産量で割った数字を比較してみる。川崎製鉄がとりわけ大きい以外は、さほどの差はない。

この重点部門となった圧延設備では、各社とも需要動向をみながらも、それまで自社が得意としてきた分野に重点がおかれた。

薄板は需要の伸びが最も予想された品種であり、また八幡製鉄を除く各社で薄板を製造していたプルオーバー・ミルは、アメリカで発達していたストリップ・ミルに到底太刀打ちできるものではなかった。第二章で述べたように、産業合理化審議会鉄鋼部会が一九五二年二月にまとめた「鉄鋼業の合理化に関する報告[44]」においても圧延部門に全体の投資額の二八・二％（圧延部門の投資額の五四・三％）を薄板部門（ストリップ・ミル等）に投資するとされている。この分野では、前述のように八幡製鉄と富士製鉄が、それぞれ戦時期の遺産を基礎にストリップ・ミルを整備した。また両社の系列企業が両社の援助を得てレバーシングミルを導入したことは後述する。日本鋼管と川崎製鉄もストリップ・ミルに食指を動かしつつも、実際に建設に着手するのは次の時期となった。

また鋼管も需要の伸びが予想され、前述の答申においても全体の投資額の八・四%を投入するとされていたが、日本鋼管と住友金属がこの鋼管製造設備と、その素材となる帯鋼を製造する設備を建設した。ただし、日本鋼管は一般市場品種を大量生産するための連続式鍛接鋼管製造設備（フレッツムーン）をまず建設し、さらに高級品分野への進出を意図して第一次継続合理化において中径管工場を建設した。これに対し住友金属は電縫管製造設備を建設し、高級鋼管を製造するとともに一般市場品種への進出を図った。このほか川崎製鉄も西宮工場に帯鋼製造設備と電縫管設備を建設し、鋼管市場に進出した。

線材については、八幡製鉄が新設の光製鉄所に、神戸製鋼所がやや遅れて脇浜地区に旧式の設備の代替として、連続式線材圧延設備を建設した。ただし、八幡の設備は普通線材を大量生産するのに適した設備であるのに対し、神戸製鋼の建設した設備は特殊線材を生産するのに適した設備であった。

製鋼部門では、いくつかの企業で平炉の近代化のための改造と新設が計画されたが、なかでも八幡製鉄所の第四製鋼工場における、ほとんど新設ともいえる再開工事と、川鉄千葉製鉄所における製鋼工場（六基の平炉）の新設が注目される。ともに米国式の操業方法をとる大型平炉であった。

製銑部門では、高炉の復旧稼働が、原料の確保の見通しとの兼ね合いで進められることとなった。そして唯一、川崎製鉄千葉製鉄所に高炉一基が新設されることになった。

また原料の事前処理設備については、一貫各社で焼結能力の増強や整粒設備の建設などが行われた。設備費としては目立つものではなかったが、後述するコスト引き下げ効果との関連で注目される分野である。とくにこのなかで川崎製鉄千葉製鉄所は、新規の立地であるため事前処理設備を建設する土地を充分に確保できるというメリットを最大限生かした計画が立てられた。即ち鉄鉱石ヤードを、銘柄の違う鉱石を均一化して使用するためのオア・ベッディン

表6-4　第一次合理化の資金調達（普通鋼関係）

（単位：億円、%）

	51年度	52年度	53年度	54年度	55年度	計
工事資金	220.9	321.2	333.4	182.0	170.7	1,228.2(68)
返済資金	36.4	49.3	97.9	147.0	256.7	587.3(32)
計	257.3	370.5	431.3	329.0	427.4	1,815.5(100)
株　式	25.5	44.1	43.2	13.8	42.2	168.8(9)
社　債	49.2	61.8	59.8	49.1	70.6	290.5(16)
興　銀	30.2	49.0	76.4	84.5	84.7	324.8(18)
長　銀		3.9	30.2	36.1	50.7	120.9(7)
市銀その他	37.9	51.1	44.4	33.3	30.0	196.7(11)
開　銀	41.4	54.4	38.4	6.2	6.9	147.3(8)
別口外貨		55.5	70.1	13.1	0.3	139.0(8)
自己資金	73.1	50.7	68.8	92.9	142.0	427.5(23)

資料：戦後鉄鋼史編集委員会『戦後鉄鋼史』128～129頁。

グ設備とし、さらに粉鉱の活用策としてペレタイジング設備を建設する計画が立てられた。また他の一貫メーカーもそれぞれ既設の製鉄所に事前処理設備を建設した。また第一次合理化は、借入金に大きく依存したものであったことである。表6-4は、普通鋼部門の第一次合理化の所要資金を資金調達先別にしたものである。自己資金が二三%しかなく、増資を合わせても三二%にしかならない。なお、第三・四・五章において富士製鉄、川崎製鉄、八幡製鉄の第一次合理化の資金調達について純増ベースで検討したので、この普通鋼メーカー全体の資金調達も純増ベース検討しておく。即ち表6-4の所要資金のうち返済資金を、調達資金のうちの各金融機関からの借入金から減じたと考え、工事資金額に対する株式及び自己資金による調達の比率をみると、株式が一三・七%、自己資金が三四・八%、合わせて四八・六%となる。

(2)　第一次合理化の成果と限界

第一次合理化は以上のような経緯を持って実現した。この過程を経て日本の鉄鋼業生産は飛躍的に上昇した。一九五〇（昭和二十五）年と一九五五（昭和三十）年を比較すると、銑鉄の生産は表2-5にみられるように、二二三万トンから五二二万トンに、約二・三倍に、粗鋼生産は表2-1にみられるように、四八四万トンから九四一万トンに、約一・九倍に、普通鋼圧延鋼材生産は表2-3にみられるように三四九万トンから六九三万トンに、約二・〇倍に伸

表6－5　各社平炉・転炉による粗鋼生産の推移（1950～55年）

（単位：千トン、％）

	八幡製鉄	富士製鉄	日本鋼管	川崎製鉄	住友金属	小倉製鋼	神戸製鋼	全国合計
1950年	1,330	717	658	343	175	122	255	4,086
	(32.6)	(17.5)	(16.1)	(8.4)	(4.3)	(3.0)	(6.2)	(100.0)
51年	1,643	1,234	811	397	210	173	292	5,570
	(29.5)	(22.2)	(14.6)	(7.1)	(3.8)	(3.1)	(5.3)	(100.0)
52年	1,776	1,353	890	457	218	154	289	6,039
	(29.4)	(22.4)	(14.7)	(7.6)	(3.6)	(2.5)	(4.8)	(100.0)
53年	1,856	1,448	894	505	442		275	6,627
	(28.0)	(21.8)	(13.5)	(7.6)	(6.7)		(4.1)	(100.0)
54年	1,848	1,490	987	560	439		265	6,729
	(27.4)	(22.1)	(14.7)	(8.3)	(6.5)		(3.9)	(100.0)
55年	2,254	1,851	1,155	721	540		315	8,220
	(27.4)	(22.5)	(14.1)	(8.8)	(6.5)		(3.8)	(100.0)

（注）（　）内はシェア。
住友金属の53年の数字には、合併前の小倉製鋼を含む。
資料：日本鉄鋼連盟『製鉄業参考資料』各年版。

表6－6　製銑部門における原単位の推移

	1949年10月	1953年10月	1954年10月
コークス原単位	938	821	693
出銑比	0.59	0.74	0.71

注：コークス原単位は、高炉において、1トンの銑鉄を生産するのに必要なコークスの量で、単位はキログラム。出銑比は、高炉の単位容積当たりの1日の出銑量で、単位はトン。
資料：通商産業省『技術白書――わが国鉱工業技術の現状――』（1956（昭和31）年1月）。

びている。

また大手六社の平炉及び転炉による粗鋼生産をみると、表6－5のとおり、八幡製鉄が一・七倍、富士製鉄が二・六倍、日本鋼管が一・八倍、川崎製鉄が二・一倍、住友金属（合併前の小倉製鋼を含めて）が一・八倍、神戸製鋼が一・二倍となっている。

また、第一次合理化の成果をコスト面でみると、『戦後鉄鋼史』は、銑鉄一四％（三〇〇〇円）、鋼塊一二％（四〇〇〇円）、鋼片一五％（五〇〇〇円）のコスト切り下げが実現したとみている[45]。この推計を基礎に、この要因としては、『現代日本産業発達史IV 鉄鋼』は、「主として原材料費の低下にあった」とし、それは製銑・製鋼工程における「原料節約、熱管理などの技術の導入・適用によって生じた生産性の向上に基づくもの」であるとしている[46]。そこで次に、この生産性について、通産省の昭和三十一年一月付『技術白書』[47]をみてみる。

まず製鉄部門についてみる。[48]「鉄源の原単位に大きな変化はみられないが、コークス原単位は大幅な改善が看取される」としてる。これを表6-6にみると、コークス原単位は、一九四九（昭和二十四）年十月には銑鉄一トン当たり九三八キログラムだったのが、五三年十月には八二一キログラムとなり、さらに五四年十月には六九三キログラムと、一六％強の低下をみせている。この要因としては、①コークス品質の向上、②鉄源の処理技術の向上、③高炉操業技術の向上、[49]などがあげられる。

また高炉単位容積当たりの出銑量（出銑比）も、表6-6にみられるように大きく上昇している。これはコークス原単位の低下とともに、「高炉容量の大型化、休風時間の減少等」にもよっているという。

また、装入原料トン当たりコークス比の国際比較をすると、イギリス〇・三九四、アメリカ〇・三八八、西ドイツ〇・四二八であるのに対し、日本は〇・三六五と、一番低い値となっており、銑鉄トン当たりの所要労働時間も、一九五一（昭和二十六）年から一九五三（昭和二十八）年の三ケ年に一二％の低減をみせている。[50]

このような数字から、第一次合理化が終了した時点で「わが国の高炉操業成績は諸外国に対比して遜色ない」[51]レベルに到達していたといえる。

また製鋼工程については、平炉の大型化がまずあげられる。即ち、「昭和十八年全国稼働基数二〇八基の平均は四七・六トンであったが、昭和二十八年三月には一一七基の平均炉容は六九・六トン」に拡大している。[52]燃料原単位も、表6-7にみられるように、急速に向上している。

表6-7　平炉における燃料原単位

（単位：1000Kcal／鋼塊トン）

	全国平均	溶銑－混合ガス
1949年10月	2,030	1,710
50年10月	1,870	1,640
52年10月	1,573	1,276
54年10月	1,116	957

資料：通商産業省『技術白書――わが国鉱工業技術の現状――』36～37頁。

(3)　戦前・戦中の蓄積と戦後の技術導入の関連について——鉄鉱石の事前処理をめぐって——

前述のように、第一次合理化におけるコスト低減効果は、とりわけ原料事前処理技術の発展などによっている。この面について若干の検討をしたい。

鉄鋼業の第一次合理化はアメリカなどからの技術導入を軸として計画され実施された。しかし一般的に言って、技術導入が成功するためにはそれを受け入れる側の技術的蓄積が不可欠であることは多くの研究が明らかにしているところである。素地のないところに導入技術は根付かないのである。このことを、戦後の高炉原料の事前処理技術の導入過程において明らかにしておきたい。

戦後日本鉄鋼業の高炉技術の発展は、その前提として第一次合理化期からの原料の整粒が徹底して行われたことにある。そしてこの整粒は、一九五一（昭和二十六）年に来日したT・L・ジョセフ、ミネソタ大学教授の指導によるものである、と一般に言われる。

しかし一方、日本においても戦中から事前処理の必要性は認識されていたと言われており、実際に八幡製鉄所において一九四二（昭和十七）年七月、同所東田第三高炉で操業試験が行われ、「鉱石粒度が二五〜七〇㎜に揃えられ、その結果出銑量は二二％増加[53]」するという成果が確認されていた。

このように一部の技術者がすでにその重要性を認識しながらもこれを実用化できなかった理由を、日本鉄鋼業の自主的研究の蓄積の不足に求める説明がなされている[54]。

ジョセフの指導した事前処理技術は、アメリカにおける一九二〇年代からの研究の成果であった。この時期、米国鉱山局の研究グループが高炉操業の科学的研究を開始し、一九二九年に報告書を発表した。この研究グループの一員が上記のT・L・ジョセフだった。また同じ二九年にF・クレメンツがその著書で、原料事前処理の考え方について述べている。そして三〇年代の後半にはこれらの基礎研究をもとに、破砕・篩分けプラントが建設され始めた。もっとも東部においては良質なメサビ鉱石を持っており、事前処理をあまり必要としていなかったため、あまり普及しなかった。これに対し、西部では、四〇年代に入り普及した。(55)

そしてこの研究成果は、少なくとも一九三〇年代後半（昭和十年代前半）までには日本の技術者にも知られていたと思われる。また一九五〇（昭和二十五）年に派遣された鉄鋼視察団の一員だった八幡の製銑技術者である和田亀吉は、整粒の効果は「その前から多少はわかっていたけれども、行って、目のあたりにしてみると度肝を抜かれ」、すぐに「打てる手をボツボツ打って行った」と述べている。(56)

このような前提条件があって、そこにジョセフの指導の加わり、「現場の高炉技術者達は『ジョセフ提言』に勇を得て、事前処理設備の新設計画の推進に当たった」のであった。「またこの提言は、各社の経営幹部或いは企画・経理部門の人達の間に、原料処理技術の重要性に対する認識と理解を高める上に大いに役立った」のであり、(57)「当時の製銑技術者の回顧によると、ジョセフの提言は、現場の技術者よりは、会社幹部の製銑や原料事前処理の新技術の有効性の認識を高めることによって役立った(58)」のである。技術は、単に技術者がその必要性を認識しただけでは採用されない。経営者の経営上の判断も加味されてくるのである。

そして原料高、とくに海上輸送費の高騰に悩む各企業は、いったんその有効性を確認すると、これを徹底して実行した。この当時の高炉技術者が「後に米国でジョセフ教授にお会いした際、教授は自分の意見を忠実に実行したのは日本だけで、米国ではあまり関心を示す人はいなかったと言われ大笑いとなった(59)」という。

(4)　第一次合理化の歴史的位置

戦後日本の鉄鋼業発展における第一次合理化の位置について考えてみたい。有沢広巳編『現代日本産業講座II』には表6-8のような表が掲載され、「戦後の第一次合理化の時期の設備投資規模ないし水準は日中戦争前後の時期のそ

表6-8　第一次合理化の投資規模

(1)戦前との比較

	製鋼能力トン当り投資額（戦後物価換算）
昭和10～13年度	3,839円
昭和14～18年度上期	7,227円
第一次合理化（26～30年度）	2,191円
第二次合理化（31～33年度）	6,871円

(2)対外比較

	設備投資額（百万ドル）			年間製鋼能力トン当り投資額（ドル）		
	日本	欧州共同体	アメリカ	日本	欧州共同体	アメリカ
1951年	63		1,198	5.0	－	11.5
52年	92	545	1,311	7.4	－（13.0）	13.9
53年	96	542	1,210	8.1	－（13.7）	10.3
54年	55	453.5	754	4.5	－（10.4）	6.1
55年	50	524	863	4.4	－（10.0）	6.9
56年	148	570	1,268	12.8	9.6（10.0）	9.9
57年	281	710	1,722	23.1	11.2（11.9）	12.9
58年	332	665	1,266	25.0	10.0（10.9）	9.0
59年	417	421	1,043	29.7	6.0	

（注）　年間製鋼能力トン当り投資額中の欧州共同体の数字の内（　）内は粗鋼年産トン当りである。
資料：『現代日本産業講座II　各論I 鉄鋼業付非鉄金属鉱業』（1959年）140頁。

れをまだ下まわる程度であるが、第二次合理化の時期になると、その投資規模は、太平洋戦争をめざし、国力を傾けて強行された『戦時生産拡充』期にほぼ匹敵」している。[60] また投資規模をアメリカ及び欧州共同体と比較すると、第一次合理化期にはまだ絶対額では勿論、能力当たりでも小規模であるが、第二次合理化期に入ると能力当たりでは逆に日本の方が大規模になってくる。

この表6-8から、飯田賢一他『現代日本産業発達史IV 鉄鋼』は、「第一次合理化期の設備投資が、昭和三十年以降を含む戦後鉄鋼業全体からみれば、復興より新しい発展への過渡的性格を持つことが、ここにも現れている」と述べている。[61]

また同書は、「川崎製鉄の千葉製鉄所の建設を別にすれば、日本製鉄の後継会社である八幡・富士両社が全体としてなお競争会社を抜いて先進しており、日本鋼管、関西系の単独平炉会社はその専門鋼材品種の設備近代化・更新に集中している。その意味でも、この時期は日本鉄鋼業の全面的近代化、新しい発展への準備段階として位置づけるのが妥当と考えられる」[62]としている。これもほぼ妥当な指摘であろう。八幡・富士両社はその一貫生産体制を整備・強化するとともに、続く高度成長期の鉄鋼需要の核となる、そして巨額の設備資金を必要とする鋼板類の大量生産設備（ストリップ・ミル）を導入した。これに対し日本鋼管の設備投資は、分塊設備の整備とともに、従来の得意分野である一般市場向け鋼管の大量生産設備と厚板設備を建設した。住友金属は従来から得意とする高級鋼管の生産能力の増強を図り、神戸製鋼も特殊線材の量産設備を建設した。

しかしそこには、次の時期に本格化する〝独占品種の潰し合い〟へとつながる傾向も現れ始めていた。すなわち、富士製鉄は釜石の大形設備を復旧稼働させるとともにこれを増強して、八幡製鉄の独占品種だった重軌条の生産を開始した。八幡製鉄が光製鉄所に建設した連続式線材圧延設備は神戸製鋼の牙城を脅かすものだった。住友金属も小倉製鋼を合併し、その線材設備を手中に収めた。住友金属は軍需が消滅したことに対応して、一般市場品種を生産しうる電縫管の製造設備を建設し、日本鋼管が得意としてきた分野へ進出し始めた。逆に日本鋼管は第一次継続合理化において建設した中径鋼管設備は住友金属が独占していた高級鋼管の分野に参入を図ったものであった。また川崎製鉄は西宮に電縫鋼管製造設備を建設し、鋼管市場への参入を図った。この点においても、「新しい発展への準備段階」であり、「過渡期」だったのである。

第二節　戦前型生産構造の変容——六社体制への過渡——

第一次合理化が開始された一九五〇年代初頭の日本鉄鋼業においては戦前型生産構造が復活していた。しかしこの戦前型生産構造は戦後の国内外の情勢変化によりその存立基盤が掘り崩され、ひずみを生じさせていた。そして五〇年代前半に各社はこの戦前型生産構造のひずみをバネとして、第一次合理化に取り組んだ。この第一次合理化の進展が、今度は逆に戦前型生産構造を変容させることになる。

1　外販銑鉄市場の縮小と平炉メーカーの両極分解

表6-9にみられるように、製鋼用銑鉄の生産はこの時期、年々増加している。これに対し、販売量は相対的に減少している。この原因は、まず供給者側をみると、外販銑鉄の八割を供給していた富士製鉄が、第三章で明らかにしたように、製鋼・圧延工程の充実を図り、製銑部門と製鋼・圧延部門とのバランスが相対的に良くなり、同社成立当初に比較すれば、銑鉄外販の必要性が少なくなったこと、そして八幡製鉄・日本鋼管はもともとバランスがとれており、バランス上の問題から銑鉄の外販を必要とはしていなかったことによる。

しかし他方、需要者側をみると、外販銑鉄に原料を依存していた平炉メーカーの一部が、銑鉄の自給を図ったことも原因となっている。即ち、戦中に高炉を建設していた小倉製鋼、中山製鋼、尼崎製鉄がそれぞれ高炉に火を入れた。さらに

表6-9　製鋼用銑生産・販売・在庫の推移

（単位：トン、％）

	月	生産A	販売B	在庫C	B／A	C／A
1951年	1～3	508,420	100,259	15,969	19.7	3.1
	4～6	612,181	122,211	20,440	20.0	3.3
	7～9	704,945	162,248	40,338	23.0	5.7
	10～12	705,790	163,987	43,099	23.2	6.1
52年	1～3	775,447	181,690	71,707	23.4	9.2
	4～6	762,624	174,115	91,391	22.8	12.0
	7～9	735,919	163,063	94.401	22.2	12.8
	10～12	702,572	155,691	68,853	22.2	9.8
53年	1～3	813,084	172,990	56,814	21.3	7.0
	4～6	882,200	200,493	51,015	22.7	5.8
	7～9	1,039,989	199,018	79,303	19.1	7.6
	10～12	992,542	173,522	58,578	17.5	5.9
54年	1～3	1,013,187	150,665	70,363	14.9	6.9
	4～6	1,001,274	107,487	92,866	10.7	9.3
	7～9	913,770	93,138	113,246	10.2	12.4
	10～12	955,964	113,948	96,882	11.9	10.1
55年	1～3	1,039,806	135,785	64,999	13.1	6.3
	4～6	1,169,437	159,427	59,631	13.6	5.1
	7～9	1,189,634	141,943	72,692	11.9	6.1
	10～12	1,201,708	157,703	61,807	13.1	5.1

（注）　在庫は、各期末の数字である。
資料：日本鉄鋼連盟『製鉄業参考資料』各年版から作成。

表6-10　関西三社製鋼用銑鉄消費・生産・不足量の推移（1950〜55年）

（単位：千トン）

	川崎製鉄			住友金属			神戸製鋼			
	消費量 A	生産量 B	不足量 A－B	消費量 A	生産量 B	不足量 A－B	消費量 A	生産量 B	不足量 A－B	不足量合計
1950年	110		110	88		88	117		117	315
51年	141		141	131	88	43	136		136	320
52年	167		167	140	107	33	152		152	352
53年	201	100	101	161	132	29	206	76	130	260
54年	225	220	5	152	141	11	143	61	82	98
55年	321	318	2	183	143	40	176	121	54	96

（注）住友金属には、合併前の小倉製鋼を含む。
神戸製鋼は、尼崎製鉄・尼崎製鋼を含む。
消費量は、製鋼用銑鉄の平炉・電炉における消費量、生産量は高炉による製鋼用銑鉄の生産量である。
資料：日本鉄鋼連盟『製鉄業参考資料』各年版から作成。

戦前・戦中には平炉メーカーにとどまっていた川崎製鉄、住友金属、神戸製鋼の三社、いわゆる関西三社がそれぞれ銑鉄の自給を図った。川崎製鉄は第四章で述べるように、千葉に一貫製鉄所の建設を計画し、一九五三（昭和二十八）年六月、第一高炉の操業を開始した。住友金属は、前述の小倉製鋼に対し一九五二（昭和二十七）年に資本参加し、さらに翌年には合併して高炉を手に入れた。神戸製鋼も、一九五四（昭和二十九）年に尼崎製鋼が破綻したため、銑鉄の供給先を失った尼崎製鉄を傘下におさめ、実質的に高炉を手に入れた。こうして関西三社は、それぞれ広い意味で一貫メーカーの仲間入りを果たし、表6-10にみられるように、一九五五（昭和三十）年まで外販銑鉄への依存を大きく減らした。

こうして関西三社が一貫メーカーとなったため、平炉及び転炉による製鋼量に占める一貫メーカーの比重は高くなった。即ち、一九五一（昭和二十六）年には一貫四社（八幡製鉄、富士製鉄、日本鋼管及び小倉製鋼）が平炉及び転炉による製鋼量の七〇・六％を生産していたが、一九五五（昭和三十）年には一貫六社（八幡、富士、日本鋼管、川崎製鉄、住友金属、中山製鋼）が八二・九％を生産した。尼崎製鉄を傘下に収めた神戸製鋼と系列化の尼崎製鋼を一貫メーカーに含めれば、八七・九％になる。[63]

表6-11　製鋼用外販高炉銑の需給関係

(1)1950（昭和25）年度　（単位：トン）

		供給者			計
		八　幡	富　士	日本鋼管	
	小倉製鋼	29,452			29,452
	中山製鋼		26,477	400	26,877
	尼崎製鋼	266	24,243	1,200	25,709
	住友金属工業	12,913	19,046		31,959
需	川崎製鉄		102,726	10,150	112,876
	神戸製鋼所		59,525	6,964	66,489
	東都製鋼		6,169	12,494	18,663
要	三菱鋼材	500			500
	大和製鋼		10,265		10,265
	大阪製鋼		3,169		3,169
者	日亜製鋼	202	24,403	4,940	29,545
	三菱製鋼	3,400			3,400
	日本製鋼所		29,372		29,372
	吾嬬製鋼		2,415	1,898	4,313
	日立製鋼所		7,578	3,218	10,796
		46,733	315,388	41,264	403,385

(2)1953（昭和28）年度　（単位：トン）

		供給者						計
		八　幡	富　士	日本鋼管	小倉製鋼	中山製鋼	尼崎製鉄	
	尼崎製鋼		7,129				97,105	104,234
	住友金属工業	7,115	12,718		18,050			37,883
	川崎製鉄		44,218	1,500				45,718
	神戸製鋼所		100,551					100,551
	東都製鋼		32,573					32,573
需	三菱鋼材					1,598		1,598
	日曹製鋼			12,481				12,481
	大和製鋼		34,058					34,058
要	大阪製鋼		45,471					45,471
	日亜製鋼	66,083						66,083
	日本製鋼所		25,006					25,006
者	吾嬬製鋼			26,234				26,234
	東京製鉄		11,234	6,667				17,901
	東芝製鋼			27,999				27,999
	大谷重工		17,030	16,999				34,029
	久保田鉄工所		1,090					1,090
	山陽製鋼		1,660					1,660
	その他（6社）	50	3,335	50				3,435
	計	73,248	336,073	91,930	18,050	1,598	97,105	618,004

資料：日本長期信用銀行調査部「鉄鋼業の再編成について」（同社『調査月報』1961（昭和36）年3月号）16〜17頁。

しかしこの段階では、三社とも一貫生産は不完全な状態であった。即ち、川崎製鉄は一九五四年（昭和二十九年）までに千葉製鉄所で製鋼工場及び分塊工場を建設したが、ここで生産した半成品であるスラブは、海路、神戸市の葺合工場まで輸送し、ここで厚板に圧延する、千葉では逆に葺合工場で生産した半成品であるシートバーを海上輸送して、プルオーバー・ミルによって薄板に圧延するという変則的な生産をせざるを得ない状態であった。また住友金属も、小倉製鉄所で生産した銑鉄を同所で製鋼・圧延するとともに、冷銑を和歌山、大阪、尼崎にそれぞれ海上輸送し、そこで製鋼・圧延するという、技術的にみれば平炉メーカーと変わらない形態をとっていた。また神戸製鋼も同様に、尼崎で生産した銑鉄を冷銑として神戸本社工場に輸送して、ここで製鋼・圧延していたのである。

他方、一貫化を果たしえなかった平炉メーカーは、この時期には必ずしも明確な形態ではないが、徐々に一貫メーカーに系列化されてゆく。

表6-11は製鋼用銑鉄の需給関係を、一九五〇（昭和二十五）年度と一九五三（昭和二十八）年度についてみたものである。五〇年度には平炉メーカー一五社のうち九社が複数の一貫メーカーから銑鉄の供給を受けていたが、五三年度には需給関係がほとんど一本化していることがみて取れる。

2　ストリップ・ミル製品の進出と薄板メーカーの再編成

圧延部門においても、とくに薄板類生産部門において業界の再編成の動きが開始された。

戦前型生産構造の特徴の一つは、中小単圧メーカーが多数存在することであった。そしてこれら中小メーカーが不況期に値崩れの原因ともなっていた。このことはとりわけ小形棒鋼と薄板の分野にみられた。また第一次合理化の過程で、棒鋼については目立った設備の近代化はみられなかったが、薄板生産の分野ではこれが顕著であった。このため、生産構造の再編成が大きく進行したのは薄板類の生産分野だった。

(1)　ストリップ・ミル製品の市場進出

第三章で述べたように、富士製鉄広畑製鉄所では、一九五二（昭和二十七）年にホット・ストリップ・ミルを、続いて一九五四（昭和二十九）年二月にはコールド・ストリップ・ミルを完成させた。また八幡製鉄でも、戸畑のホット・ストリップ・ミルを増強し、コールド・ストリップ・ミル工場を増設（第二冷延工場）して生産を増やし、それまでほとんどがブリキ原板用として自家消費されていたストリップ・ミル製品を市場に出した。また日亜製鋼は、幅は狭い（六〇〇ミリ）が、ホット・ストリップ・ミルを建設した。

富士製鉄は、広畑のコールド・ストリップ・ミルの完成に伴い、一九五四（昭和二十九）年一月末から二月にかけて、薄板市場にゆさぶりをかけた。すなわち冷延薄板を「従来のものよりはるかに安く市場に売り出すことを明らかにした」(64)のである。巨額の投資をしたため、この「高率操業をおし進める決意」であり、「薄板業界の協調なども場合によっては構っていられないといった態度の中には正に風雲をはらむ趣がある」とみられ(65)、「永野社長は、『国民の資金を使って合理化を遂行したのだから製品の価格をできるだけ引き下げるのは当然だ』とし(66)」、「『自動車用鋼板は独占してみせる』と意気込んでいる(67)」、と報道された。

結局、八幡、富士、川鉄の三メーカーの調整が行われ、まず八幡が二月十九日の先物協議会で薄板の値下げを決めた(68)。これは、冷間圧延薄板（〇・二九ミリ）を六万三〇〇〇円（熱間圧延薄板価格六万八〇〇〇円より五〇〇〇円安）、高級仕上鋼板〇・四ミリを八万二〇〇〇円（旧価格九万六八〇〇円より一万四八〇〇円値下げ）、並仕上鋼板〇・四ミリを七万六〇〇〇円（旧価格九万一〇〇〇円より一万五〇〇〇円値下げ）と、大幅な値下げであった。また富士製鉄も同月二十三日の先物協議会でこれに同調し(69)、ストリップ・ミルを持たない川崎製鉄は同月二十五日、八幡・富士よりさらに低い価格を発表した(70)。こうして薄板の価格は大きく下落した上に、新たに登場したストリップ・ミル製品はその品質においても既存のプルオーバー製品に比して著しく優れていた。このため、プルオーバー・ミルによって薄板を生産していたメーカーは苦境に陥ることになった。

こうして、表6-12にみるように、薄板類に占めるストリップ・ミル製品の比重は急速に上昇していった。

(2) 政府による再編成策

このように、薄板市場にストリップ・ミル製品が急速に進出したことは、薄板の過剰生産の対策が必要となったことも意味した。

そこで政府は、一九五四（昭和二十九）年の不況の際、「鉄鋼業合理化対策要綱」を打ち出した。これは、①鉄鋼業の重要問題を議する再編成委員会を設置する、②生産、原料、設備などのカルテルを認める、③設備の新設、更新は認可を要する、④企業合同を勧告する、などを内容としていた。[71] しかしこの「要綱」に対しては、鉄鋼業界は統制色が強いものとして反対の意見が強かった。

表6-12　薄板類の設備別生産高の推移

（単位：千トン）

	ストリップ製品	その他の圧延機製品	合　　計
1953年	274	783	1,057
54年	716	957	1,673
55年	659	743	1,402
56年	855	735	1,590
57年	1,024	720	1,744

（注）薄板類とは、狭義の薄板、冷延鋼板、熱延広幅帯鋼、冷延広幅帯鋼、熱延ローモ板、熱延ローモ板、珪素鋼板、冷延珪素鋼板の全てを含んだものをいう。

資料：戦後鉄鋼史編集委員会『戦後鉄鋼史』（日本鉄鋼連盟、1959年）439頁。

さらに政府は翌一九五五（昭和三十）年三月、「鉄鋼業の合理化の促進に関する法律案要綱」を発表した。これは「合同勧告とか、旧設備の使用停止廃却とかの強い表現を避け、もっぱら需給および価格にウェイトを置いたもの」[72]であったが、これに対しても業界は時期尚早として反対した。

(3) 薄板メーカー再編成の進行

このように、政府の業界再編成策には業界は反対し、結局自ら再編成を推し進めることとなった。

まず、薄板業界最大手でありながらストリップ・ミルを持たない川崎製鉄が苦境に陥り、とりわけ高級仕上鋼板の売上げは大幅に低下し、千葉製鉄所建設のスケジュールを一部変更してストリップ・ミルの建設を急いだことは第四章で述べた。

また日本鋼管も、前述のように薄板販売の不振から同社の粗鋼シェアの低下をまねき、川崎製鉄を追って、第二次合理化において、水江製鉄所にホット・ストリップ・ミルとレバーシング・ミルを建設することになる。

その他の薄板を生産していた中小の単圧メーカーも、何らかの対応を迫られることとなった。そのうち比較的大手のメーカーは、一貫メーカーの系列下に入り、その支援を得て、というより一貫メーカーの再編成の方向に従って、小規模なコールド・ストリップ・ミルともいうべきレバーシング・ミルを設置して、一貫メーカーからホット・ストリップ・ミル製品であるホット・コイル（熱延広幅帯鋼）の供給を受けてこれを冷延する体制をとり、旧式のプルオーバー・ミルによる生産からの転換を進めた。このことは、ホット・コイルを供給する八幡製鉄と富士製鉄にとっては、「量産設備としてのホットストリップミルの利点を最大に生かすには、大量に生産される製品を消化する市場を必要とした」[73]という事情によるのである。

八幡製鉄系列の徳山鉄板と大阪鉄板は、それぞれレバーシング・ミルの設置を計画した。

即ち大阪鉄板は一九五一（昭和二十六）年夏、レバーシングミルの設置を計画、同年十一月、大阪市島屋町の旧住友伸銅所跡約二万坪を建設用地として購入した。また徳山鉄板も、山口県光市に進出し平炉を建設する計画をたてたが、一九五二（昭和二十七）年に、第五章で述べたように八幡製鉄が同地に製鉄所を建設する計画を立てたため、中止となった。そこで、これに代わって、レバーシング・ミル設置を計画した。八幡製鉄としてもこれを支援することとなり[74]、「計らずも同一系列の両社が競合するような形となっ[75]」ため、八幡製鉄の慫慂により一九五三（昭和二十八）年に両社が合併して日本鉄板となり、レバーシング・ミルを建設、翌年十月から操業を開始した。その他、淀川

製鋼、東洋鋼鈑も八幡製鉄の援助を得て、レバーシング・ミルを建設した。(76)

また大同鋼板は、富士製鉄の援助を得てレバーシング・ミルの建設に着手し、一九五六(昭和三十一)年九月に完成した。(77) なお同社は、一九五二年及び五三年(昭和二十七年及び二十八年)にそれぞれ三一五名、三四六名を解雇していたが、一九五四(昭和二十九)年にレバーシング・ミルの建設を決定するとともに、八〇〇人の従業員を半減する計画をたて、争議を経て三八五名を解雇し、(78) 同時に不良資産の切捨てを実施した。こうした整理を終えた後に、富士製鉄から六億円、興銀から三億円、東芝系三社から三億円、合計一二億円の融資を得てレバーシング・ミルを建設したのである。(79)

これらの企業は、このレバーシング・ミルの導入と並行して、旧式のプルオーバー・ミルによる薄板生産を減らした。またこのような支援を得られない企業は、生産を縮小しながらその基軸を極薄ものに移すか、あるいは薄板生産そのものから撤退した。一九五四(昭和二十九)年には川崎製鉄に次ぐ薄板生産実績をあげていた大谷製鋼所は、同年末に恩加島工場の生産を中止し、さらに翌年には富山工場における生産を中止した。これに伴って従業員一八〇〇人全員を解雇した。(80)

こうして、表6-13にみられるように、一九五五(昭和三十)年には、一貫メーカーの薄板生産が前年から横ばいなのに対し、中小メーカーは薄板生産を減少させたのである。

3 一貫製鉄所の増加

第一次合理化においては、これまで述べてきたように、既存の一貫三社がその持つ製鉄所の一貫生産体制を整備した。また、戦中に新たに高炉を建設して一貫生産体制を持つにいたった小倉製鋼、中山製鋼、尼崎製鉄が、戦後一時休止していた高炉を再度稼働させ、一貫生産体制を復活させた。(81) すなわち、一九五一(昭和二十六)年には小倉製鋼が、一九五三（昭和二十八）年には中山製鋼と尼崎製鉄が、それぞれ高炉を再稼働させた。また第四章で述べたように、川崎製鉄は千葉に新たに一貫製鉄所の建設を開始し、一九五三（昭和二十八）年には高炉を稼働させ、翌一九五四（昭和二十九）年には平炉及び分塊設備を稼働させた。

表6-14は、一貫製鉄所における平炉及び転炉による粗鋼生産の推移である。一貫生産体制をもつ製鉄所数が増加していることがわかる。またそれに伴って、この一貫生産による粗鋼の生産高が全国の平炉及び転炉による粗鋼生産に占める割合も、一九四九（昭和二十四）年には六三・四%だったのが、一九五〇年代当初から半ばにかけて年々増加し、一九五五（昭和三十）年には七四・二%にまで上昇している。

一貫生産が日本鉄鋼業の主流を完全に占めたと言い切るには次の第二次合理化を待たなければならないが、すでに第一次合理化において、その方向性が明確にされていたことは間違いない。

表6-13　1954・55年の薄板生産の状況

（単位：トン）

		1954年	1955年
一貫メーカー	八幡製鉄	38,445(　4.2)	38,016(　5.1)
	富士製鉄	46,136(　5.1)	57,347(　7.7)
	日本鋼管	61,289(　6.7)	61,591(　8.3)
	川崎製鉄	175,702(19.3)	178,402(24.1)
	中山製鋼所	41,641(　4.6)	34,729(　4.7)
	小　計	363,213(39.9)	370,085(50.0)
平炉メーカー5社		41,235(　4.5)	24,943(　3.4)
電炉メーカー及びその他	大谷製鋼所	105,172(11.6)	8,774(　1.2)
	日本鉄板	51,445(　5.7)	36,900(　5.0)
	淀川製鋼所	77,825(　8.5)	52,888(　7.1)
	尼崎製鈑	63,649(　7.0)	56,942(　7.7)
	大同鋼板	53,451(　5.9)	38,065(　5.1)
	大阪造船所	46,810(　5.1)	47,045(　6.4)
	その他	107,635(11.8)	104,973(14.2)
	小　計	505,987(55.6)	345,587(46.7)
合　　計		910,435(100.0)	740,615(100.0)

（注）ここでいう薄板は、コイルは含まない狭義のものである。したがってコイルを含む広義の薄板類を見れば、八幡製鉄、富士製鉄の比重はもっと大きいことになる。

資料：日本鉄鋼連盟『製鉄業参考資料』から作成。

おわりに

戦後五年を経た一九五〇（昭和二十五）年ごろ、日本鉄鋼業は概ね生産の復興を終え、戦前の技術水準を回復すると同時に、戦前型生産構

表6-14　一貫製鉄所における平炉・転炉による粗鋼生産の推移

（単位：トン、％）

	八幡製鉄	富　士　製　鉄			日　本　鋼　管		小　計
	八　幡	室　蘭	釜　石	広　畑	川　崎	鶴　見	
1949年	897,524	121,731	151,198		307,049	108,681	1,586,183
50年	1,330,060	249,025	259,572	207,983	490,817	167,209	2,704,666
51年	1,642,565	369,476	341,510	522,802	588,023	223,186	3,687,562
52年	1,775,716	368,443	370,932	613,247	627,172	263,184	4,018,694
53年	1,856,426	469,220	390,101	588,295	668,899	225,523	4,198,464
54年	1,847,829	493,489	404,900	591,379	727,407	259,703	4,324,707
55年	2,253,517	570,998	511,047	768,821	790,219	365,249	5,259,851
55／50	1.69	2.29	1.97	3.70	1.61	2.18	1.92
55／53	1.21	1.22	1.31	1.31	1.18	1.62	1.22

	川崎製鉄	住友金属	中山製鋼	尼崎製鉄・尼崎製鋼	一貫製鉄所合計A	全国生産高B	一貫製鉄所比率A/B
	千　葉	小　倉	船　町				
49年					1,586,183	2,503,124	63.4%
50年					2,704,666	4,086,039	66.2
51年		173,033			3,860,595	5,569,676	69.3
52年		153,721			4,172,415	6,039,364	69.1
53年		163,228	170,789	153,801	4,686,282	6,627,374	70.7
54年	166,029	188,090	245,072	49,309	4,973,207	6,729,332	73.9
55年	316,195	218,120	309,808	68,007	6,171,981	8,220,296	75.1
55／50					2.26	2.01	
55／53		1.34	1.84	0.44	1.32	1.24	

（注）　1．住友金属小倉製鉄所は、合併前の小倉製鋼の生産も載せた。

2．この表では、銑鉄と粗鋼をともに生産している製鉄所を一貫製鉄所と考え、平炉及び転炉による粗鋼生産高を載せた。したがって、例えば1949年の小倉製鋼は、粗鋼は生産していたが、銑鉄は生産していなかったので一貫製鉄所ではないと考え、数字を載せなかった。逆に1953年の千葉製鉄所は、銑鉄は生産していたが粗鋼は生産していなかったので一貫製鉄所とは考えていない。但し鶴見製鉄所は、1949年及び50年には銑鉄は生産していなかったが、川崎製鉄所から溶銑を列車輸送していたので一貫製鉄所とみなし、数字を載せた。

3．55／50とは、1955年の1950年に対する比率である。55／53も同様である。

資料：日本鉄鋼連盟『製鉄業参考資料』から作成。

造も復活した。但し原燃料については、戦前のような安定した供給源を取り戻せていなかった。この初期条件の下に鉄鋼業の一九五〇年代前半（昭和二十年代後半）の投資行動が始まった。

戦後の日本経済の状況は、戦前のように鉄鋼業が繊維産業などの軽工業が稼いだ外貨に依存して存続することを許さなかった。鉄鋼業自身が自ら国際競争力を獲得し、自立することが求められたのである。にもかかわらず、戦前の水準を取り戻した技術は、世界的に見て大きく遅れをとっていた。また戦前には合理性を持っていた戦前型生産構造も、この時代の要請には応えられるものではなかった。

このため一九五〇年代前半（昭和二十年代の後半）に、原燃料の安定的な供給源を確保する努力をしつつ、鉄鋼各社は積極的な設備投資を開始した。第三章から第五章までに検討した富士製鉄・川崎製鉄・八幡製鉄の三社とともに本章で検討した日本鋼管・住友金属工業・神戸製鋼所もまた積極的な設備投資を開始した。またこの投資行動の結果として、戦前型生産構造も変容し、後に六社体制と呼ばれる競争的寡占体制に落ち着く再編成を開始したのである。

註

（1）以上の日本鋼管の沿革については、主に日本鋼管株式会社五十年史編纂委員会『日本鋼管株式会社五十年史』（一九六二年）による。

（2）日本鉄鋼連盟『製鉄業参考資料』昭和二十四、二十五年版。

（3）東京証券取引所『上場会社総覧』昭和二十六年版。

（4）「整備計画要綱」（昭和二十四年一月十三日決定）（日本鋼管五十年史編集委員会前掲『日本鋼管株式会社五十年史』二三二頁）。同社は敗戦後のＧＨＱの分割指令に対し「今ここで鉄を分けられたら船はつぶれてしまう」として抵抗した（「戦後の鉄鋼業を回顧する　第一回」（昭和三十三年七月十五日。戦後鉄鋼史編集委員会『戦後鉄鋼史』日本鉄鋼連盟、一九五九年、一四頁における河田重の回想）。

(5)「新春に飛躍する日本鉄鋼業／設備拡充計画の概要」(日本鉄鋼連盟『鉄鋼界報』第一三一、一三二号、昭和二十六年一月一日、八日)。

(6)「八幡製鉄、日本鋼管／近代化三ヶ年計画を発表」(『鉄鋼界報』第一二〇号、昭和二十五年十月十六日)。

(7)同右。

(8)前掲「新春に飛躍する日本鉄鋼業／設備拡充計画の概要」。

(9)「鉄鋼業の合理化／資金計画を大幅縮小／三社の最終案出揃う」(『日本経済新聞』昭和二十六年二月二日)。

(10)通商鉄鋼局鉄鋼政策課前掲『鉄鋼業の現状と合理化計画』七五頁。

(11)日本鋼管五十年史編集委員会前掲『日本鋼管株式会社五〇年史』五二一～五二二頁。

(12)同右五二四頁。

(13)「重化学工業用に需要の増加した高級管および石油井戸鑿井用として、輸出向けに大量需要の見込める油井用鋼管を製造するため、世界最高水準の継目無鋼管製造設備を輸入し、中径管工場を新設して品質の向上、原価の低減を図る」(日本鋼管五十年史編纂委員会前掲『日本鋼管五十年史』三〇五頁)。

(14)同右三〇三頁。

(15)鈴木謙一『住友――企業グループの動態②』(中公新書、一九六六年)八頁。

(16)社史編纂委員会『住友金属工業六十年小史』(一九五七年)一三一頁。なお、同社の社名は、戦後の財閥解体に伴い「扶桑金属工業」と改められ、さらに一九四九(昭和二十四)年七月には再建整備計画に基づく「新扶桑金属工業」となり、財閥商号禁止の解除後、一九五二(昭和二十七)年五月に「住友金属工業」にもどった(同右二四六～二四七頁)。本書ではこの時例を含めて「住友金属工業」あるいは「住友金属」と呼ぶ。

(17)鈴木前掲『住友』五八～五九頁。

(18)日向は、敗戦の前年に住友本社から住友金属に転出してきた、小倉製鋼との提携当時四六歳の常務取締役で、その周辺に、一九三五(昭和十)年以降に入社し、住友金属に配属されていた乾昇、小川義男らである(鈴木前掲『住友』五六頁)。

(19)「和歌山工場に高炉二基を建設してパイプその他鋼材二二万トンに増産する」(戦後鉄鋼史編集委員会前掲『戦後鉄鋼

史』一二四頁）計画で、「（十一月）二十二日日向部長が鉄鋼局を訪問説明」（『鉄鋼新聞』昭和二十五年一月二十七日）する。「資金は第一期九五億円、第二期三〇億円で約六割を国家資金に期待してい」（『朝日新聞』昭和二十五年十一月二十二日）た。

(20) 日向方斉（鉄鋼新聞社前掲『先達に聞く（下巻）』九三～九四頁）。

(21) 同右九三頁。

(22) 鈴木前掲『住友』六〇頁。

(23) 伊東光晴監修・エコノミスト編集部編『戦後産業史への証言　二　巨大化の時代』（一九七七年）五九頁。

(24) 住友金属工業株式会社『住友金属工業最近十年史　創業七十周年記念』三〇四頁

(25) 同右三〇五頁。

(26) 同右三一一頁。

(27) 下川義雄『日本鉄鋼技術史』（株式会社アグネ技術センター、一九八九年）四二八頁。

(28) 住友金属工業前掲『住友金属工業最近十年史』三〇六頁。

(29) 以下の実績は、「住友金属工業株式会社の設備合理化計画（上）」（『鉄鋼界』昭和三十六年九月号、一八頁）による。なお表6-3によると、同社の設備投資実績は八三億円となっている。

(30) 「老朽設備の近代化狙う／新機械の輸入申請が山積／鉄鋼業界の積極的動き注目」（『鉄鋼新聞』昭和二十五年一月二十三日）。

(31) 住友金属工業前掲『住友金属工業最近十年史』五～六頁。

(32) 八〇年史編纂委員会『神戸製鋼八〇年』（株式会社神戸製鋼所、一九八六年）九九頁。

(33) 同右一〇一頁。

(34) 「神戸製鋼が神戸の灘浜を埋め立て、そこに高炉を建てよう、と決めたのは、川鉄の千葉計画より前であった」（神戸新聞社編『海鳴りやまず　第四部』（一九七九年、一五九頁）。

(35) 「二十五年末、当時の一般財界の動向乃至原料関係から推して、少なくとも二十六年には高炉建設に手を染めないという態度を明らかにした」（「増産態勢に入る神戸製鋼」『東洋経済新報』昭和二十六年一月二十日号）。

(36) 八〇年史編纂委員会前掲『神戸製鋼八〇年史』一〇五頁。
(37) 神戸新聞社前掲『海鳴りやまず　第四部』一六〇～一六一頁。「神鋼は鈴木商店時代に一度は倒産した会社である。台湾銀行を失って以来、主力銀行にも恵まれていない。そのための世間的な信用の薄さと金融パイプの弱さ。戦後、わけても三十年代以降の高度成長時代には、つねにこれが足かせとなってつきまとった」(同右一七七頁)。
(38) 『東洋経済新報』昭和三十一年一月二十一日号。
(39) 『東洋経済新報』昭和三十一年二月二十五日号。
(40) 八〇年史編纂委員会前掲『神戸製鋼所八十年史』一〇四頁。
(41) 「設備合理化の実績と展望　株式会社神戸製鋼所」(『鉄鋼界』昭和三十六年十一月号)三五～三六頁。
(42) もっとも、表6-3にあるように、別の資料では設備投資の実績は五三億円であり、また製銑部門への進出となった尼崎製鉄を獲得するための投資額を加えれば、さらに数字は大きくなる。
(43) 前掲「設備合理化の実績と展望　株式会社神戸製鋼所」四二頁。
(44) 産業合理化審議会鉄鋼部会前掲「鉄鋼業の合理化に関する報告」。
(45) 戦後鉄鋼史編集委員会前掲『戦後鉄鋼史』。
(46) 飯田ほか前掲『現代日本産業発達史IV　鉄鋼』四三五頁。なお同書は、「第一次合理化によるコスト切下げの効果については、圧延設備の近代化・更新によって、賃金コストの大幅な切下げをただちに単純に類推する誤りがしばしばみられるが、わが国の鉄鋼業の場合、鋼材価格に占める労務費の比率が本来小さい」ため、その切下げ効果は小さい、としている。
(47) 通商産業省『技術白書――わが国鉱工業技術の現状――』(昭和三十一年一月)。
(48) 同右三四～三五頁。
(49) ①②③は、同書を上岡が分類したもので、①は「山元選炭の強化および高品質の輸入炭配合比率の増加によるコークス品質の向上」、②は「粒度調整の強化、焼結技術の進歩および焼結鉱配合比の増加」、③は「計量管理の徹底、装入原料の散布状態の改善、送風温度の上昇および風量の増大等」(同右)。
(50) 同右三五頁。

(51)　同右四六頁。
(52)　「一般に炉容が大きいほど製鋼能率が向上する」（同右一五七頁）。
(53)　日本鉄鋼協会前掲『原燃料からみたわが国製銑技術の歴史』二〇二頁。
(54)　「従来から自主的技術発展が阻害されているわが国では、大規模な技術開発にともなうリスクに対応する準備もなく、自主的技術発展に必要な各産業部門間の内的関連にも乏しく、しかも戦時中の技術的混乱のためにこの事前処理法は実用化されなかった」（有沢前掲『現代日本産業講座II　各論I鉄鋼業付非鉄金属鉱業』一〇一頁）。
(55)　日本鉄鋼協会他前掲『原燃料からみたわが国製銑技術の歴史』一九三頁。
(56)　新日本製鉄『社史編さんのための座談会速記録（三）　八幡製鉄発展期の回顧』（新日本製鉄株式会社所蔵）。
(57)　戦後技術調査小委員会『戦後復興期におけるわが国鉄鋼技術の発展』（日本鉄鋼協会、一九九二年）一一三頁。
(58)　日本鉄鋼協会他前掲『原燃料からみたわが国製銑技術の歴史』二〇四頁。
(59)　中村直人『高炉物語』（株式会社アグネ技術センター、一九九九年）四八頁。
(60)　有沢前掲『現代日本産業講座II　各論I鉄鋼業付非鉄金属鉱業』一三九頁。
(61)　飯田他前掲『現代日本産業発達史IV　鉄鋼』四三一頁。
(62)　同右四三三～四三四頁。
(63)　日本鉄鋼連盟『製鉄業参考資料』。
(64)　「鉄鋼界乱売戦へ／富士製鉄、薄板を安売り」（『日本経済新聞』昭和二十九年一月三十日）。
(65)　『鉄鋼新聞』昭和二十九年一月二十五日。
(66)　「鉄鋼界乱売戦へ／富士製鉄、薄板を安売り」（『日本経済新聞』昭和二十九年一月三十日）。
(67)　「ゆれる鉄鋼業界／『合理化』の調整が不足／輸出不振や不況も原因」（『朝日新聞』昭和二十九年二月八日）。
(68)　「富士鉄も同調せん／八幡、薄板など大幅値下」（『日本経済新聞』昭和二十九年二月二十日）。
(69)　「富士薄板値下／八幡に同調」（『日本経済新聞』昭和二十九年二月二十四日）。
(70)　「薄板、八幡の二千円安／川崎製鉄、鋼材の新建値を発表」（『日本経済新聞』昭和二十九年二月二十六日）。
(71)　川崎前掲『戦後鉄鋼業論』五九六頁。

(72) 同右。
(73) 社史編さん委員会前掲『炎とともに　八幡製鉄株式会社史』五〇頁。
(74) 光市の計画を中止させたことで「八幡としてはある負担を感じているわけですね。徳山鉄板を何とかしてやらなければならんという気持ちがあったわけです」。「そんなわけで、稲山さんが徳山鉄板と合併せいという。当時八幡としてもあるていどの面倒をみなければいかんというモーラルオブリゲーションがあったわけです」と、合併の相手方の大阪鉄板社長（当時）岡田儀一は回想している（鉄鋼新聞社前掲『先達に聞く（上巻）』二〇九頁）。
(75) 日本鉄板株式会社社史編纂委員会『日本鉄板株式会社史』（一九五六年）一八五頁。
(76) 飯田他前掲『現代日本産業発達史Ⅳ　鉄鋼』四三三頁。
(77) 社史編さん委員会前掲『炎とともに　富士製鉄株式会社史』八五〇頁。
(78) 労働争議調査会『戦後労働実態調査第七巻　鉄鋼争議』（中央公論社、一九五八年）二一八頁。
(79) 「大欠損計上の大同鋼板／新鋭設備建設への下工作／カゲに富士製鉄の支援」（『東洋経済新報』昭和三十年十一月二十六日号）。
(80) 市川弘勝「薄板操短の背景（Ⅲ）」（『政経月誌』三五）一〇～一一頁。
(81) このうち、尼崎製鉄は製鉄設備しか持たない。しかし系列の尼崎製鋼に溶銑を列車輸送する体制をつくっており、両者を合わせて一貫生産体制を持った。

終章　総括

はじめに

以上述べてきたように、鉄鋼大手六社はいずれも、一部の工事を除いては一九五五（昭和三十）年までに第一次合理化をほぼ完了した。しかしこれも前述のように、各社とも近代的な一貫生産体制の確立は実現途上にあった。また日本経済も高度成長を開始する兆しをみせ、鉄鋼需要も急成長する見通しが徐々に明確になってきた。実際、表終-1にみられるように粗鋼生産量は増大しつづけた。このため各社は、一九五六（昭和三十一）年末までに第二次合理化計画を策定することとなった。本章では、まず各社の第二次合理化当初計画について概観し、その後、本書の検討内容を総括したい。

1　第二次合理化を開始した各社

(1)　八幡製鉄

八幡製鉄は、表6-5にもみられるように、第一次合理化期に他社の追い上げを受けて粗鋼生産シェアが低下した。また第五章で述べたように、第一次合理化の過程で八幡地区の限界を認識し、隣接する戸畑地区に新規の一貫生産体制を建設する方向性を検討していたが、一九五六（昭和三十一）年一月の社長年頭所感においてこの戸畑地区に一貫生産体制を建設するという構想を明らかにし、四月になってこれを具体化した「所要資金二六〇億円の第二次設備合理化当初計画を策定」した。(1)

即ち、戸畑地区の約七七〇万平方メートル（二三三万坪）に、既存のストリップ・ミルと連続する一貫生産体制を建設する。具体的には日産一二〇〇トンの高炉一基及び純酸素上吹転炉（五〇トン）二基を新設する。分塊設備につ

表終-1　各社平炉・転炉による鋼生産の推移（1955～57年）

（単位：千トン　%）

	八幡製鉄	富士製鉄	日本鋼管	川崎製鉄	住友金属	神戸製鋼	全国合計	対前年比
1955年	2,254	1,851	1,155	721	540	315	8,220	122
	(27.4)	(22.5)	(14.1)	(8.8)	(6.5)	(3.8)	(100.0)	
56年	2,521	2,032	1,307	831	633	398	9,416	115
	(26.8)	(21.6)	(13.9)	(8.8)	(6.7)	(4.2)	(100.0)	
57年	2,827	2,153	1,369	926	699	450	10,384	110
	(27.2)	(20.7)	(13.2)	(8.9)	(6.7)	(4.3)	(100.0)	

（注）（　）内はシェア。
資料：日本鉄鋼連盟『鉄鋼業参考資料』各年版から作成。

いては八幡地区から第二分塊を移設する。また既存のストリップ・ミル工場については、既設の第一熱延工場を増強する。八幡地区では、純酸素上吹転炉二基と厚板分塊を新設し、建設中の新厚板工場にスラブを供給する。光製鉄所には、完成した線材工場に鋼片を供給する連続鋳造設備を建設するほか、熱間押出し設備を建設する、という計画であった。

そして、この計画はすぐにより積極的なものに変更された。即ち、同年八月及び十一月に変更された計画では、目標年次を昭和三十七年に延長するとともに、高炉は一二〇〇トン一基を一五〇〇トン二基に、転炉は五〇トン二基を六〇トン三基に、また分塊設備は移設ではなく新設に、熱延工場は既設の第一熱延工場の増強ではなく、第二熱延工場の新設に、と変更された[2]。

ところで、同社の戸畑構想は、戸畑に一貫生産体制を建設することが主軸ではあったがそれとともに、八幡地区をも一体として運営し、八幡地区の一貫生産体制の改善を図るという目的も併せ持ったものであった。すなわち、「従来の八幡では相つぐ拡張の結果、生産の流れ系統が実に複雑で、作業能率の向上と品質管理の強化に対する隘路とされ、『風通しをよくする』という理念が痛切に必要とされていた点と、八幡港は大型船の入港が不可能である点を併せて、一挙に戸畑新立地計画によって解決しようと考え[3]」、戸畑港を五～六万重量トンの輸送船が入港できるようにし、①八幡港へ直航できる軽吃水の船舶（一万重量トン型以下）は、八幡揚げ、②重吃水の船舶は、戸畑港で揚げ切るか、上荷を陸揚げしたうえで八幡港に回送、③戸畑で陸揚げした八幡港の原料は、戸畑ヤードからコンベヤで貨車積みし、直接八幡の炉前に運ぶ、といった形で効率化することをも計画したのであった。(4)

また、この戸畑の新一貫生産体制建設にあたっては、先に同社が一九五二（昭和二十七）年に管理局を設置した際に目指しながらも、さしたる成果を収めることができなかった管理システムの見直し、即ち、いわゆる戸畑管理方式を導入することとなった。このライン・スタッフ制度、作業長制度を特長とするこの管理方式はその後、同社八幡地区にも適用され、また他社にも波及していった。

(2)　富士製鉄

富士製鉄は、前述のように、広畑製鉄所という近代的一貫製鉄所を持っており、第一次合理化によってはまだ完成していなかった。また、新鋭の設備と広い拡張余地を持つ室蘭製鉄所はさらに未完成であった。このため同社の第二次合理化の出発は、新規の一貫製鉄所の建設という方向をとらず、広畑・室蘭両製鉄所の圧延工程の充実による近代的一貫生産体制の整備と拡充という形で開始された。

第二次合理化計画策定当時は、造船向けの厚板需要が急増していた。広畑製鉄所のホット・ストリップ・ミルは、厚板も製造できる設備だったが、厚板を増産すればホット・コイルの生産を圧迫し、同所のコールド・ストリップ・ミルの稼働率が下がることになる。この対策が検討されていたが、一九五六（昭和三十一）年一月二十日に、室蘭製鉄所にホット・ストリップ・ミルを建設することに決定した。(5)

これにより、室蘭のホット・ストリップ・ミルで製造したホット・コイルを一部は広畑製鉄所に輸送するとともに、他の一部を大同鋼板や大阪造船のレバーシング・ミルの素材として販売するという計画で、広畑ではこの室蘭から輸送されたホット・コイルをコールド・ストリップ・ミルに供給できるため、自らのホット・ストリップ・ミルで厚板を増産できることになるわけである。

同社の第二次合理化計画の当初の計画では、このほか室蘭製鉄所に分塊ミルを新設し、ホット・ストリップ・ミルに素材を提供する。また広畑製鉄所では、高炉（一五〇〇トン）一基、転炉（四〇トン）二基、広幅厚板ミル新設、電気ブリキ工場新設が計画された。[6]

こうして同社の第二次合理化は、その出発点においては戦時期の遺産である広畑・室蘭両製鉄所の整備に全力をあげるものとして開始された。

(3) 日本鋼管

前述のように、日本鋼管も八幡製鉄と同様に、第一次合理化の過程で既存の一貫生産体制の限界を認識し、第二次合理化計画において新規の一貫生産体制建設を目指した。その立地が既存の一貫体制に隣接した水江地区であったことも八幡製鉄と似ている。しかし八幡の新規立地が約七七〇万平方メートル（二三三万坪）という近代的一貫製鉄所の建設に充分な面積を持つものであったのに対し、水江地区は八二万五〇〇〇平方メートル（二五万坪）という、近代的一貫製鉄所としては狭い土地であった。

同社は第二次合理化計画によってこの水江製鉄所に一貫生産体制を建設する計画をたてたうえで、とりあえず、純酸素上吹転炉（六〇トン）二基、分塊ミル、ホット・ストリップ・ミル、レバーシング・ミルを建設し、銑鉄は川崎製鉄所と鶴見製鉄所から溶銑を列車輸送することとした。そしてこのため川崎製鉄所の高炉一基を復旧・稼働させた。

このように水江製鉄所は既存の川崎製鉄所と一体となって運用されるという意味合いの強いものとなった。[7] なお、水江製鉄所に高炉が建設され、同所における一貫生産体制が稼働するのは一九六二（昭和三十二）年になってからである。

日本鋼管の第二次合理化計画はこのほか、川崎製鉄所に転炉（四二トン）二基を新設し、また大径溶接管製造工場を新設することとした。

(4)　川崎製鉄

第四章で述べたように、川崎製鉄は第一次合理化において千葉製鉄所建設第一期工事である高炉一基、平炉三基を軸とする製銑・製鋼工程及び分塊工程までの建設を完了した。これにより表6-10にみられるように千葉製鉄所だけでなく、葺合等の既存の製鋼設備において必要とする銑鉄を含めて自給できる体制を確立した。またさらに千葉の第二期工事として、ストリップ・ミルの建設をも、世銀借款を得て開始した。これが完成すればとりあえず千葉における一貫生産体制ができるわけである。

しかし同社の当初の千葉製鉄所建設計画の実現のためにはさらに高炉一基、平炉三基などを増設する必要があった。またそれだけではなく、さらにこの時期の川崎製鉄をとりまく状況は厳しさを増していた。即ち、表終-1にみられるように、日本経済が高度成長を開始したのに伴い日本鉄鋼業の粗鋼生産も急増し、一九五六（昭和三十一）年には前年と比べ一四・五％増加し、さらに一九五七（昭和三十二）年には同じく一〇・三％増加した。川崎製鉄の粗鋼生産もこれに並行して増加し、そのシェアを確保した。しかしこの粗鋼増産に伴い、製鋼用銑鉄の必要量は増加したが、表終-2にみられるように同社（千葉製鉄所）の銑鉄生産はこれに追いつかず、再度大量の外販銑鉄への依存が始まってしまったのである。川崎製鉄にとっては、このことからも高炉の増設が急がれた。

かくて同社はさらに第二高炉と平炉三基の建設にとりかかることになるのである。

表終-2　関西三社製鋼用銑鉄消費・生産・不足量の推移（1955～57年）

（単位：千トン）

	川崎製鉄			住友金属			神戸製鋼所			
	消費量 A	生産量 B	不足量 A－B	消費量 A	生産量 B	不足量 A－B	消費量 A	生産量 B	不足量 A－B	不足量合計
1955年	321	318	2	183	143	40	176	121	54	96
56年	387	338	49	245	247	-2	219	147	71	118
57年	480	334	146	308	237	71	293	220	73	290

（注）　神戸製鋼所は、尼崎製鉄・尼崎製鋼を含む。
　　　消費量は、製鋼用銑鉄の平炉・電炉における消費量、生産量は高炉による製鋼用銑鉄の生産量である。
資料：日本鉄鋼連盟『製鉄業参考資料』各年版から作成。

(5)　住友金属工業

住友金属は、第六章でみたように、小倉製鉄所を獲得することにより銑鉄供給源を確保したが、しかし阪神地区の三工場には小倉で生産した銑鉄を冷銑として輸送しなければならなかった。また表終-2にみるように、小倉の製銑能力の増強により一九五六（昭和三十一）年には同社の所要銑鉄を自給することが可能となったが翌年には再度外販銑鉄に依存するようになってしまった。このような状況下、一九五六（昭和三十一）年十二月、和歌山製鉄所の一貫生産体制建設を中心とする第二次合理化計画を発表した。総予算四九四億二三〇〇万円、うち和歌山に六一・一%に当たる三〇一億八〇〇〇万円、小倉に一五・八%に当たる七八億二五〇〇万円を投下するという計画であった(8)。

和歌山に独立した一貫生産体制を建設するという意味では川崎製鉄千葉の後を追う積極的なものといえる。しかしこの第二次合理化計画においては、高炉の建設は一基のみであり、建設時期も製鋼・圧延部門の整備の後、一九六二（昭和三十七）年とされていた(9)。やや積極性に欠ける計画であった。同社の激しい追撃が本格化するにはまだ間があった。

(6)　神戸製鋼所

尼崎製鉄を傘下に収め、神戸製鋼所は銑鉄の供給源を一応確保し、さらに製鉄能力の増強を行ったが、表終-2にみられるように相変わらず外販銑鉄への依存が続いた。しかも神戸工場では相変わらず冷銑を使用した製鋼作業を余儀なくされていた。「脇浜の平炉で溶銑操業を行い、熱コストを低減することが大きな課題として残されていた。尼崎から脇浜への溶銑列車も検討したが、結論としては、やはり脇浜に近い地区に高炉を建設することとした」[10]。こうして同社は、第二次合理化において、灘浜地区の埋立地に高炉を建設し、既設の脇浜地区と一体として一貫生産体制を確保することとなり、日産六〇〇トン高炉一基と付帯設備の建設工事を、一九五七（昭和三十二）年二月に着工した。そしてこの灘浜と脇浜を結んで溶銑を運搬するための約二キロメートルの軌道を建設することにより脇浜で溶銑操業を計画した。

こうして神戸製鋼は、第二次合理化においても、既存の脇浜地区の製鋼・圧延工程に新規立地の灘浜高炉をリンクさせるという漸進的な方法をとった。この意味では、やはり既設の製銑工程を利用して、隣接の水江地区に圧延設備を建設した日本鋼管の行き方に共通したものがあった。この方針は結果的にみれば、高度成長を開始した日本経済の成長力を過小評価したものと言え、後に、「灘浜で道草をくった」、「慎重でありすぎた」という反省[11]につながるのである。

2　総　括

日本鉄鋼業が第一次合理化において積極的な設備投資を実施した動因として、序章において、第一に製鉄技術の二重の後進性、第二に生産構造の後進性（戦前型生産構造）に注目し、そこから「二つのバネ」を想定した。またこの二つに関連して、近代的一貫製鉄所が建設されていく経緯について注目した。

第一のバネは、製鉄技術の後進性、しかも単に戦前以来の後進性ではなく、明治以来のキャッチアップの努力によって、かなりの程度に追いつくことができたにもかかわらず、戦時期の停滞によって再度差をつけられた、いわば技術の〝二重の後進性〟であった。この二重の後進性が、戦前のキャッチアップの蓄積と、キャッチアップを成功させた自信、そしてにもかかわらず、再度大きく差をつけられてしまった悔しさが重なって創り出されたバネである。

第二のバネは、戦前型生産構造が戦後も復活したことによって形成された。この戦前型生産構造は、一九三〇年代に至って動揺し、発展の桎梏と化しつつあったにもかかわらず、この時期には、政策的な介入もあって変革されなかった。そして戦後の復興の過程でこの生産構造が復活したが、しかしこれは戦後の国際・国内情勢からみて、鉄鋼業の発展を阻害するものであった。そしてとくにこの戦前型生産構造において、そのひずみを体現していた企業にとって存亡の危機として認識され、積極的な設備投資を開始するバネとなったのである。

この二つのバネが、各社各様に認識され、また各様の投資行動につながり、近代的一貫製鉄所建設に帰結する。

まず本書第三章で明らかにしたように、富士製鉄が戦前型生産構造によってもたらされた自社の製鋼・圧延能力が製銑能力に比して過小であるという問題と鋼材品種が貧困であるという問題を、過大な部分の縮小整理によってではなく、過小な部分、すなわち圧延能力の拡大によって解決しようとする積極的な意思決定を行い、これに取り組んだ。同社の場合、まず第一に戦前型生産構造のもたらした、製銑・製鋼・圧延三工程の能力のアンバランスという事態が同社の経営者をして経営上の危機という認識をもたらし、積極的な設備計画を策定せしめた。戦前型生産構造の破綻という第二のバネが有効に機能したのである。

その際、同社には広畑製鉄所という、未完成ではあるが、敗戦前の日本の製鉄技術の頂点とも言える近代的一貫製鉄所となりうる遺産を持っていたことが重要である。アンバランスの是正を図ろうとした富士製鉄は、この最良の遺産である広畑製鉄所を最大限有効に活用することを意図し、同所に重点的に設備資金を注ぎ込んだ。こうして同社の第一次合理化は、その後の日本鉄鋼業の強さの秘訣となった近代的一貫製鉄所の建設競争の第一歩となった。

この富士製鉄の意思決定のインパクトを最も強く受けたのが、戦前型生産構造のひずみを最も強く体現していた平炉メーカーである川崎製鉄であった。第一に、富士製鉄から供給される銑鉄に依拠して製鋼・圧延作業を行っていた平炉メーカーにとって、富士製鉄の意思決定は銑鉄供給の相対的減少を意味したからであり、また第二に富士製鉄の圧延能力の拡大の中心となったのはストリップ・ミルの建設であったため、川崎製鉄の得意とする薄板生産と競合し、これを圧迫するものであったからである。この事態に同社を率いる西山弥太郎は、銑鉄生産に進出するという意思決定を行い、千葉に近代的一貫製鉄所を建設するという大胆な計画を立て、既存の一貫メーカーや通産省・日銀などに抗して断固として実現した。この経緯は本書第四章で明らかにしたとおりである。戦前型生産構造のひずみがバネとなって、千葉製鉄所建設が開始された。これが日本鉄鋼業の近代的一貫製鉄所建設競争の第二歩であり、そのインパクトは広畑製鉄所よりはるかに大きかった。

八幡製鉄の第一次合理化は、常に日本鉄鋼業をリードし、技術の面でもそのトップに位置した八幡製鉄所の近代化として取り組まれた。それは、日本鉄鋼業の存亡を賭ける意気込みで、おそらく同社がその策定に大きく関与したであろう政府の合理化方針に従って、圧延部門の設備の近代化を中心としたものであった。ここでまず生きたのは、日本の製鉄技術のトップに位置するプライドを賭けて、技術の二重の後進性を克服しようとしたのであり、第一のバネが有効に働いたのである。

ところが八幡製鉄のこの投資行動は、八幡製鉄所が、設備のみならず一貫生産体制全体が老朽化していたことから、激しい勢いで開始された富士製鉄、川崎製鉄の投資行動の成果と比較して、様々な問題点を露呈し、八幡地区の一貫生産体制の見直し、光製鉄所の建設、そして戸畑一貫生産体制の検討に至ったことは第五章で明らかにしたとおりである。ここでも第一次合理化の帰結は次の時期における戸畑新一貫生産体制の建設であり、それが近代的一貫製鉄所建設競争の第三歩である。

さらに本書第六章では、以上の三社以外の三社、すなわち日本鋼管、住友金属、神戸製鋼の三社についても簡単な検討を行った。

まず日本鋼管は、八幡製鉄と同様、すでに一貫生産体制を持っていたが、第一次合理化ではこれを基礎に圧延部門の近代化を実施した。しかしこの過程で、これも八幡製鉄同様、既存の一貫生産体制の非効率性に気づき、次の時期には水江地区に一貫生産体制を建設する計画を実現する。その規模は八幡製鉄の戸畑地区一貫生産体制と比較すると小規模なものではあったが、やはり一貫生産体制の建設に向かったのである。

また住友金属と神戸製鋼は、第一次合理化における設備投資は比較的小規模だった。また両社とも自ら一貫生産体制を建設するのではなく、既存の小規模な高炉を持つメーカーを獲得することによって一応一貫生産を実現した。しかし両社ともにこれでは充分ではないことは明らかであり、次の時期に、住友金属は和歌山に一貫生産体制を建設する計画に、ややスローテンポではあったが、取り組んだ。また神戸製鋼も、既存の脇浜地区の本社工場に隣接した灘浜地区に新一貫生産体制を建設する計画を実施する。これが八幡製鉄戸畑地区の一貫生産体制とほぼ同時期の、近代的一貫製鉄所建設の第四歩となった。

こうして第一次合理化の過程で開始された六社の設備投資競争は、その必然的帰結として第二次合理化につながり、六社が近代的一貫製鉄所を持ち、日本鉄鋼業に国際競争力を獲得させることになったのである。

註

(1) 社史編さん委員会前掲『炎とともに　八幡製鉄株式会社史』六三頁。
(2) 同右六四頁。
(3) 同右二四九頁。
(4) 同右六六頁。
(5) 『日本経済新聞』昭和三十一年一月二十二日。
(6) 田畑新太郎「鉄鋼第二次合理化計画を概観して」(『鉄鋼界』昭和三十二年二月号)一七頁。

(7)「鶴見製鉄所の鋼塊を受託分塊圧延し、鶴見製鉄所の分塊能力を補完」したり、「川崎製鉄所はコークス炉ガスを水江製鉄所に、水江製鉄所は酸素を川崎製鉄所にそれぞれ両所を結ぶパイピングによって供給」するなど「三事業所を総合し、一つの製鉄所として運営」した。(日本鋼管五〇年史編纂委員会前掲『日本鋼管株式会社五〇年史』五一三〜五一四頁)。

(8) 張紹喆「一九五〇年代住友金属工業の銑鋼一貫企業化」(京都大学経済学会『経済論叢』第一五〇巻第二・三号、平成四年八・九月号) 三三頁。

(9) 住友金属工業前掲『住友金属工業最近十年史』一五頁。この第一高炉の建設時期は、一九五八(昭和三十三)年に変更され、三十六年九月完成予定へと早められ、翌年にはさらに、完成時期を一九六一(昭和三十六)年三月とされた。またこの変更の過程で炉容も一二〇〇トンとされた。

(10) 八〇年史編纂委員会前掲『神戸製鋼八〇年』(株式会社神戸製鋼所、一九八六年)一〇六頁。

(11) 山野上重喜談(鉄鋼新聞社前掲『先達に聞く(下巻)』二七六頁)。山野上は、一九二〇(大正九)年に神戸製鋼所入社、同社常務取締役から一九五四(昭和二十九)年尼崎製鉄社長に転出し、一九五八年に神戸製鋼所に専務として戻り、後に日本高周波鋼業社長。また川崎製鉄の西山弥太郎は神鋼外島社長に、「灘浜なんかほうっておいて、加古川からやるべきだったよ」と言ったという(神戸新聞社前掲『海鳴りやまず　第四部』一九七九年、一七三頁)。

あとがき

本書は私の博士論文に加筆・修正を加えたものである。はなはだ稚拙なものではあるが、それでも、学問が本職ではない私にとってそれなりの苦労があった。なんとかここまでたどりついたのも、手とり足とり助けて下さった多くの方々のおかげである。

今から三十年以上前、したがって私が二〇歳代だったころ、戦前の日本資本主義論争に興味を持った際に、大内力先生のこの論争についての明晰な総括に感激し、以来、大内先生を中心とした先生方の著作、とりわけ柴垣和夫先生、山崎広明先生をはじめとする方々による日本経済史研究、そして馬場宏二先生をはじめとする方々による現代資本主義研究などが私のバイブルであった。しかし当時の私にとって先生方の世界は雲の上のもので、一度は覗いてみたいと思いながら、決して叶わぬ夢と思っていた。

私が四〇歳を少し過ぎた頃、そして世間でも生涯学習の環境つくりがぼちぼちはじまった頃、遅蒔きながら私も本格的に勉強してみたいと考え、まず一九九一年に放送大学に入学した。ここでは三和良一先生の日本経済史の講義が興味深いものであった。また、経済を理解するためには産業・企業の分析が不可欠であると考え始めていたため、会計学関係の講義をいくつか聴講したが、これが後に役に立った。卒業論文では一九五〇年代前半の鉄鋼業を扱った。これが私の鉄鋼業との出会いであった。鉄鋼業を取り上げたのは、当時から興味を持っていた高度成長期の日本経済にとって鉄鋼業が重要であるとなんとなく感じたからであったが、すぐに他の産業や産業間の関係、さらに大企業の行動が地域経済にもたらす影響などに移行していくつもりであったが、それから約一〇年間、鉄鋼業の研究が続いた。

放送大学の卒業論文を書き終え、ぼちぼち大学院に挑戦してみたい、と考えたところ、雲の上をのぞき見るという夢がかなう思わぬ幸運にめぐりあった。埼玉大学大学院で社会人入試を行っており、しかも東大を定年退官された山崎広明先生が着任なさっていることを知ったのである。さっそく応募し、幸いなことに合格させていただいた。それから二年間、先生の適切なご指導により、修士論文を書き上げることが出来た。

その後、次の勉強の機会を探していたところ、大東文化大学大学院博士後期課程で社会人入試を行っており、そこにやはり東大を定年退官された馬場宏二先生がおいでになることを知った。早速、山崎先生の紹介をいただき、試験にも合格して、一九九九年四月から馬場先生にご指導をいただけることとなった。

大東文化大学では馬場先生のご指導をいただき、充実した勉強ができたが、博士論文の執筆には五年もかかってしまった。馬場先生もやきもきされたのではないかと思う。最大の原因は私の能力の問題であるが、もうひとつ、私の勤め先である市役所の仕事が急激に忙しくなってきたことにもよる。民間企業よりは楽だろう、と言われるかもしれないが、いずれにせよ、もう少し余裕を持って生きることができる社会でなくてはならないのではないだろうか。

繰り返しになるが、私がこの著書を刊行できるにいたったのは多くの方々のおかげである。

山崎広明先生には、埼玉大学でご指導いただいて以降、経営史学会でも、そして本書の刊行についても、お世話になった。また馬場先生には、大東文化大学で、五年間もの間ご指導いただくと同時に、経済学の世界にとどまらないダイナミックな世界観のすばらしさを拝見させていただいた。また本書の刊行についてもお世話になった。両先生には改めて、心からお礼申し上げたい。

また放送大学で卒論執筆に際しては坂井素思先生に、資料文献の探し方という研究のいろはからご指導いただいた。これが私の研究の出発点となった。

埼玉大学では、中野一郎先生、箕輪徳二先生をはじめとする多くの先生方にお世話になった。中村尚史先生には、埼玉大学でお世話になり、さらにその後も経営史学会においてもお世話になった。の皆様にもお世話になった。大学院の仲間たち、そして社会人のために夜遅くまで教室や図書室をあけておいて下さった職員の皆様にもお世話になった。

大東文化大学では、大河内暁男先生に戦後鉄鋼業についてご指導いただくと同時に、博士論文の審査の際にも貴重なご指摘をいただいた。また今城光英先生にも博士論文の審査の過程でやはり貴重なご指摘をいただいた。さらに今年一年間、非常勤講師の経験をさせていただく機会をつくって下さった先生方、大学院を支えて下さった大学の職員の皆様にもお世話になった。

経営史学会では、関東部会における私の報告に際して、鉄鋼業研究の大先輩である奈倉文二先生はじめ多くの先生から貴重なご指導をいただいた。また法政大学大学院博士後期課程でやはり戦後日本鉄鋼業について研究していた濱田信夫氏とお会いできたのも経営史学会関東部会においてであった。私と同じ年に博士号を取られた氏には多くの点でご教示いただくと同時に、氏の研究に打ち込む姿が、同じ社会人として大変励みになった。

書物を通じて学ばせていただいた方は多い。鉄鋼業研究に限ってあげると、岡崎哲二、故橋本寿朗、長島修、奈倉文二、堀切善雄、安井國雄、米倉誠一郎の各先生などである。米倉先生の著作には、その大胆な構図には学ばせていただく点が多く、私の戦後鉄鋼業研究の道しるべともなった。

下澤良造氏、浅井昭夫氏、渡邊泰雄氏など新日本製鉄関係者の方々にも、八幡製鉄、富士製鉄の様子を調べるうえで、大変お世話になった。

本書の刊行を快諾して下さった日本経済評論社の栗原哲也社長と谷口京延氏には心から感謝している。谷口氏には校正の過程でずいぶんご迷惑をおかけしてしまった。大変申し訳ない次第である。

私の勤め先の皆様にも様々な面で迷惑をかけてしまった。

以上の方々に厚くお礼申し上げたい。

また私の研究を支えてくれた家族に感謝したい。夫婦共稼ぎであるため家事育児などが忙しい中での私の研究は様々な面で負担をかけたと思う。

なお本書は、第三章が『経営史学』第三四巻第二号（一九九九年）に掲載していただいた「日本鉄鋼業における競争的寡占体制の成立過程－昭和二十年代後半における富士製鉄の投資行動を中心として」を大幅に書き替えたものであるが、その他は書き下ろしである。

二〇〇五年二月八日

人名索引

【な行】

【は行】

【ま行】

【や行】

【さ行】

【た行】

索　　引

収録対象は本文、注、図表。但し、資料名、引用文献名は除く。また第3章における富士製鉄、第4章における川崎製鉄、第5章における八幡製鉄は頻出するので省略した。

事項索引

【あ行】

【か行】

【著者紹介】

上岡一史（かみおか・かずふみ）

1949年　東京都練馬区生まれ
1973年　東京教育大学理学部（地理学専攻）卒業
　同年　国分寺市役所入職、現在に至る
1991年　放送大学入学、4年間在籍
1997年　埼玉大学大学院経済科学研究科修士課程修了
2004年　大東文化大学大学院経済学研究科博士後期課程修了
　　　　博士（経営学）

戦後日本鉄鋼業発展のダイナミズム

2005年2月18日　第1刷発行　定価（本体5200円＋税）

著　者　上　岡　一　史
発行者　栗　原　哲　也

発行所　株式会社　日本経済評論社
〒101-0051　東京都千代田区神田神保町3-2
電話　03-3230-1661　FAX　03-3265-2993
E-mail: nikkeihy@js7.so-net.ne.jp
URL: http://www.nikkeihyo.co.jp/
印刷＊藤原印刷・製本＊山本製本所
装幀＊渡辺美知子

乱丁落丁本はお取替えいたします.　Printed in Japan

ISBN4-8188-1725-2